奶牛阶段饲养管理与疾病防治

杨红建　主编

中国农业大学出版社

主　编　杨红建

副主编　吴福华　乔　璋

编　委　（按姓氏笔画排列）

丁洪涛　幺学博　王恩玲　刘　辉
乔　璋　朱聘舜　岳　群　李艳华
吴福华　杨红建　黄国敏　谢春元
黎大洪

内容提要

本书是根据我国“十一五”奶业科技发展计划和2001—2010年“农业科技发展纲要”中提出的“以奶业发展为契机、切实增加农牧民收入”的战略发展要求，结合我国农村贫困地区农牧民奶牛养殖实践需求，系统总结国内外最新奶牛科技成果编制而成的一部实用科普技术图书。全书共分七章，针对我国奶牛养殖良种化水平低、饲料转化效率低、快速扩繁技术缺乏、奶牛疾病发生率高等养殖户关心的热点问题，介绍了我国奶牛养殖发展现状、适用的奶牛品种与体型选择、奶牛生活习性与消化生理特点、奶牛粗饲料加工技术、日粮配制要点与典型日粮实例、奶牛的分群与阶段饲养管理要点、奶牛快速扩繁实用技术以及奶牛常见的传染病、营养代谢疾病、繁殖障碍与产科等常见疾病的现场快速鉴别和相关预防治疗措施。在本书的撰写中，笔者采用基本理论知识与养殖实践相结合的方式，力求将本书写成通俗易懂、可操作性强的科普图书，同时也为奶牛养殖从业者提供不可缺失的实用技术参考。

前　言

我国贫困地区农村存在着大量的剩余劳动力，由于性别和受教育程度等原因，大部分农村农民的就业机会少，农民增收脱贫形势仍然十分严峻。2007 年 10 月 17 日，联合国“国际消除贫困日”为期三天的“关注贫困，行动起来”国际研讨会在北京召开。国务院扶贫办在当日发布的《中国扶贫开发报告》显示，从世界范围来看，有 70 多个国家制定了贫困线，其中有 11 个国家的标准低于每天 1 美元生活费的标准，中国是其中之一。截至 2006 年，我国农村尚未解决温饱问题的绝对贫困人口仍有 2 148 万人，已解决温饱但发展水平仍然很低的低收入人口有 3 550 万人，两项合计 5 698 万人，占农村总人口比重的 6%，西部地区甚至高达 13.7%。胡锦涛总书记在十七大报告中提出要深入贯彻落实科学发展观，以促进农民增收为核心，加强社会主义新农村建设。为实现这些目标，科技部在“十五”奶业科技重大专项的基础上，再次将奶业生产列入“十一五”（2006—2010 年）计划调整农业结构、增加农民收入的优先发展领域。与此同时，农业部在“十一五”农业行业科技行动计划中再次将奶牛养殖列入了科技和资金重点支持领域，并出台了退耕还草、退耕还林、奶牛冻精补贴、奶牛冷冻胚胎补贴等一系列扶农支农政策和配套资金。

奶牛养殖本身存在投资大、周期长，同时面临的自然风险和市场风险较大，是一项技术密集型和资金密集型的行业，如何让奶牛养殖户短时间内掌握奶牛养殖的基本规律、饲养管理和常见疾病防治实用技术已经成为提高我国贫困地区农民参与奶业生产脱贫能力建设面临的首要问题。在联合国开发计划署（UNDP）批准项目“中国贫困地区农民参与奶业生产扶贫能力建设”项目（项目编号：CPR/04/207）框架内容指导下，依照课题组所承担项目子课题“贫困地区农民参与奶牛养殖脱贫实用科普技术开发”实施要求，针对我国中西部贫困地区农民参与奶业生产所面临的信息、资金、奶牛饲养和疫病防治技术等问题，配合项目框架中“奶农管理培训计划”的顺利实施，作者特编制本实用科普培训教材用书，以期为提高贫困地区农民参与奶业生产脱贫能力提供通俗易懂、可操作性强的实用科普技术参考。鉴于项目实施计划时间紧急，编写水平和时间有限，书中难免有疏漏和不妥之处，敬请广大读者和农民朋友们提出宝贵意见。

本书的出版得到了北京益农饲料中心和大连中农金牛奶牛发展有限公司的全力支持和资助，在此一并表示衷心的感谢！

中国农业大学“贫困地区农民参与奶牛养殖脱贫实用科普技术开发”课题组

2007 年 11 月　北京

目　录

第一章　我国奶牛养殖业的发展现状与趋势

第一节　我国奶牛养殖业的现状

一、品种及其分布

我国饲养最多的奶牛品种是中国荷斯坦牛，又称中国黑白花奶牛。现存栏总数约 350 万头，约占我国奶牛总数的 75%。主要分布在京、津、沪、沈、渝等全国各大中城市郊区，并逐步向小城市发展。我国饲养荷斯坦牛最多的是黑龙江、内蒙古和新疆。

我国除饲养荷斯坦品种外，在草原地区还饲养有我国培育的中国西门塔尔牛、新疆褐牛、三河牛、草原红牛和科尔沁牛。其中，西门塔尔牛主要分布在内蒙古、黑龙江、新疆和四川；新疆褐牛主要分布在新疆伊犁、塔城地区；三河牛主要分布在呼伦贝尔盟的三河地区；草原红牛主要分布在吉林省白城地区，内蒙古的昭乌达盟、锡林郭勒盟南部以及河北省张家口地区；科尔沁牛主要分布在内蒙古科尔沁草原地区。

二、饲养方式与繁育体系

我国大中城市郊区的奶牛业均为舍饲圈养，其中大部分仍为传统式的拴系饲养方式，少部分奶牛场采用散放饲养方式，目前新建的奶牛场有向现代化散放饲养方式发展的趋势。在广大农区奶牛场大部分亦采用舍饲方式；在草原地区，目前已从以往完全放牧的饲养方式逐步向半舍饲半放牧方式发展，部分仍保持全放牧饲养方式；但在无草场条件的地区，则采用半舍饲半放牧的方式。

另一方面，在养殖规模上，据统计，我国 90%以上的奶牛饲养在农民家里，平均饲养规模在 3～5 头，而且奶牛分布在千家万户，人牛混居，非常分散，生产水平很低。统计资料显示，2003 年全国共有奶牛养殖场(户)177.4 万个，其中养殖规模在 20 头以下的场(户)为 173.5 万个，奶牛存栏 638.2 万头，占奶牛总数的72.7%，牛奶产量为 1 182.8 万 t，占总产量的 65.2%。养殖规模在 21～100 头的场(户)为 22.4 万个，奶牛存栏 130.8 万头，占奶牛总数的 14.9%，牛奶产量为291.5 万 t，占总产量的 16.5%。

随着我国奶牛业的发展，良种繁育体系已初步形成。目前我国已建立起大小种公牛站100余处，其中饲养种公牛在30头以上的约占13%，被收入《全国种公牛生产信息汇编》的种公牛站有35个。以饲养荷斯坦种公牛为主、设施较为先进、较有影响的种公牛站有：北京市奶牛育种中心种公牛站、黑龙江省家畜繁育指导站和上海市奶牛育种中心种公牛站等。饲养的种公牛基本上分3个来源：

(1)引进加拿大、澳大利亚等国的冷冻胚胎进行胚胎移植繁育的后代。

(2)直接从国外引进冷冻精液或育成种公牛。

(3)直接从国外引进妊娠青年母牛。

(4)我国牛场选育的优良品种。

农业部分别在北京和南京建立牛冷冻精液质量监督检验测试中心。全国各地的奶牛场配种均采用冷冻精液人工授精(AI繁育体系)，个别地区开始应用胚胎生物工程技术(MOET育种体系)。

我国种公牛站饲养的公牛均必须通过后裔测定。中国荷斯坦牛的育种工作，是按照中国奶业协会制定的育种方案进行，每年由奶业协会组织后裔测定并定期公布结果，但是奶牛的生产性能测定工作仍由各地自行测定。

三、国内奶牛业的生产水平

据中国奶业协会统计，2000年以来我国奶业的产量都是以两位数快速增长，到2004年底，我国良种和改良种奶牛年末存栏1 100万头，比2003年的840万头增长了31.0%；奶类总产量2 400万t，比2003年的1 625万t增长了47.7%。奶牛这个产业占整个畜牧业产业的比重也迅速增加。人均奶类产品的占有量也由1999年的7 kg增加到2004年底的18 kg。

另一方面，据FAO统计数字，过去20年我国奶牛单产没有显著变化。到2004年，我国奶牛年平均单产2 040 kg，成母牛头数按56%计算，则成母牛年平均单产为3 643 kg。而世界平均水平为5 500 kg，发达国家更是远远高于6 000 kg。如美国为8 400 kg、加拿大为6 935 kg、日本为7 447 kg。

第二节　奶牛业的发展趋势

一、奶牛品种向单一化方向发展

世界上著名的奶牛品种颇多，但是至今仍没有一个品种的生产性能超过荷斯坦奶牛，并且该品种具有广泛的适应性和风土驯化能力，成为世界各国发展奶牛的首选品种。我国除草原地区外，在大中城市郊区及农区城镇奶牛业，荷斯坦奶牛单一品种趋势日益明显。

二、提高奶牛单产是今后的主要任务

据最新资料统计，我国农民养殖的荷斯坦奶牛（俗称黑白花奶牛）每头平均年产奶量为 3 300 kg 左右，而新西兰、澳大利亚、美国等奶牛业发达国家，每头奶牛的平均年产奶量在 7 000～8 000 kg。据统计，2004 年，我国的奶牛饲养头数与美国相当，但鲜奶总产量只是美国鲜奶总产量的 37.8%。也就是说，美国农民1 头牛的产奶量，约相当于我国农民 2 头奶牛的产奶量。

三、加强奶牛养殖小区规范化管理

我国奶牛养殖业发展的初级阶段，奶牛养殖小区是奶牛养殖的可行模式，是奶牛养殖业由初级向高级阶段发展的过渡类型。随着奶牛养殖业的发展，适度的家庭规模牛场和股份合作制奶牛养殖公司将是未来我国奶牛养殖业的主体。目前，奶牛养殖小区是解决我国分散农户集中饲养，集中挤奶，统一防疫，统一技术服务的合理养殖模式。但是小区的管理，养殖户的积极性还有待提高。

四、奶牛的饲养管理更加科学化

现阶段，我国的奶牛饲养主要以舍饲圈养模式为主。散栏式管理是将自由牛床饲养和挤奶厅集中挤奶相结合的奶牛现代化饲养模式，它比拴系式管理更复杂，在北美和西欧已推行 30 余年，我国则刚刚兴起。散栏式饲养模式有以下优点：更加符合奶牛的自然和生理需要，使奶牛根据生理需要全天候自由采食、自由饮水、自由运动；奶牛的饲喂方式由精粗分开饲喂向精粗混的全混合日粮饲喂方式转变，全混合日粮饲喂机械的广泛应用，可以极大地提高劳动生产率；挤奶由人工挤奶、管道式挤奶向挤奶厅鱼骨式挤奶、转盘式挤奶转变，做到了奶牛饲养区和挤奶区的完全分开，保证了原料奶的卫生和质量。欧盟已经规定到 2004 年所有奶牛场必须采用散栏式饲养，充分体现了欧盟重视动物福利，以动物舒适、健康，产品安全为宗旨的原则。

五、科学配制日粮，提高饲料利用率

为了满足营养需要，保证营养平衡，以充分发挥奶牛的泌乳潜力，“十五”以来，我国在反刍动物营养的研究上取得了较大进展，农业部相继颁布了《奶牛饲养标准》(NY/T 34—2004，见附录一）和《肉牛饲养标准》(NY/T 815—2004)，为配合饲料的科学配制提供了基础参数。同时饲料加工技术的改进、各种非激素类添加剂的开发，大大提高了饲料的利用效率。

此外，美国、加拿大、以色列等国普遍使用的全混合日粮饲养技术（TMR），由于其既便于与散养式饲养相配套，便于规模化、工厂化，又能让奶牛采食到平衡的营养，保持奶牛健康和提高生产性能及劳动生产率，因此在国内一些奶牛场已逐步引进该技术。

六、胚胎生物工程技术在奶牛繁殖上的广泛应用

所谓胚胎生物工程技术，是指以胚胎移植为基础的一整套胚胎生物技术，包括：同期发情、超数排卵、活体采卵、体外受精、胚胎收集、性别鉴定、胚胎分割、胚胎克隆、胚胎冷冻保存和胚胎移植等。胚胎生物技术的推广和应用健全了良种繁育体系，提高了奶牛繁殖潜力，使优秀种牛的功能得以最大发挥。北京地区利用MOET 核心群育种方案（超数排卵和胚胎移植），已获得 1 000 多头良种牛，母牛的繁殖率提高了 20 倍，使奶牛的遗传改良速度较常规加快，大大缩短了育种的进程，取得了显著的经济效益。

近年来，我国北京、上海、新疆等地先后应用胚胎生物技术进行良种繁育工作，每年生产胚胎牛 2 000～3 000 头，其移植的成功率已接近国际水平，大大加速了产业化的进程，提高了经济效益。

七、推广优质牧草的种植

一般认为，影响奶牛产奶量的主要因素及其对产奶量的贡献率为，品种遗传因素占 30%；饲料饲养因素占 50%；管理因素占 20%。另一方面，奶牛的产奶量和原料奶质量，在相当大程度上取决于日粮干物质进食量和粗纤维质量，继而取决于粗饲料的品种和质量（在奶牛遗传性能、繁殖效率、管理水平基本相同的情况下），特别是干草的品种和质量。

在新西兰，奶牛营养几乎完全来自饲草。欧美国家的奶牛饲料中精料占有较高的比例，但是饲草仍是奶牛的主要营养来源。据分析奶牛的生产成本的 50%～70%是饲料成本，为了降低生产成本，降低奶牛营养代谢病的发生，最佳的奶牛饲养策略是：在保持奶牛产量的前提下尽可能多地利用优质饲草。以苜蓿干草作为蛋白质来源，以一定量的精料和玉米等作物的青贮饲料作为能量饲料为奶牛饲料的基本结构。所以，在发达国家饲草已作为主要的种植作物。在我国农区，种植业的“粮＋经”的二元结构也将逐渐向“粮＋经＋饲”的三元结构转变，尤其是培育优质牧草品种，增加优质牧草的种植面积。

第二章 奶牛品种与体型选择

第一节 世界著名品种

一、荷斯坦牛

荷斯坦牛原名叫荷斯坦·费里森牛(图 2-1)。

图 2-1 荷斯坦牛

(一)原产地及分布

荷斯坦牛原产于荷兰的北荷兰省和西费里兹兰省,起源于欧洲原牛,是最老的品种之一。荷兰是低地,沿海地区土壤肥沃,气候温和,温差很小,全年温度在 2～17℃之间,雨量丰富,年降水量为 550～850 mm,空气湿润,牧草繁茂,草地面积大,且沟渠纵横贯穿,是养奶牛的天然宝地。养牛是农民主要职业,平均每 3 人 1 头牛,所养的牛大部分是乳肉兼用牛。荷兰出产的黄油和干酪历来在国际市场上很负盛名,近年来除出口乳产品外,还出口种牛和冷冻精液。

荷斯坦牛风土驯化能力强,在世界各地分布最广,在北美、欧洲、大洋洲、东亚、拉丁美洲都有分布。据统计,全世界荷斯坦牛现有头数占奶牛总数的 60%以上。其产奶量在各种牛品种中也是最高的,最高单产可达 34 175 kg,提供了世界各地的大部分奶量。

(二)外貌特征

荷斯坦牛是乳用牛中最大的品种,母牛平均体重为 500～700 kg,公牛为 800～1 300 kg。犊牛初生重为 40～50 kg,约为母牛体重的 8%。公牛体高 145 cm,体长 190 cm,胸围 226 cm,管围 23 cm,母牛依次为 135 cm,170 cm, 195 cm,19 cm。

荷斯坦牛具有典型的奶牛体型外貌特征,母牛侧望呈楔形,后躯较前躯发达。个体结构匀称,头清秀,颈细长,四肢长而强壮,后躯两腿间距离宽,皮肤柔软富弹性,被毛细软,皮下结缔组织和脂肪较少,乳房大,乳静脉非常发达。

荷斯坦牛毛色为黑白花,界限分明,额部多有白星,腹下、四肢下部和尾帚为白色。在荷兰、加拿大等国也有红白花荷兰牛。

从类型上看,分乳用型与乳肉兼用型两种。乳用型体格高大,开张,清秀;乳肉兼用体躯低矮粗壮,早熟,皮肤柔软而稍厚,肌肉丰满,后躯发育较好,毛色与乳用型相同,但花片更美观。美、日、加、澳等国的荷斯坦牛属乳用型,西欧、北欧等国多为乳肉兼用型,这是由于这些国家人多地少,养兼用牛一方面可以解决食肉;另一方面也可解决吃奶问题。

(三)生产性能

荷斯坦牛在乳用品种中产奶量最高,其平均产奶量在 4 500～5 500 kg,最好的母牛可产 6 000～10 000 kg 或更多,终生产奶量一般都在 70 000 kg 以上。牛奶中乳脂肪球小,乳色发白,平均乳脂率过去为 3.45%,近年来已增加到 3.70%左右。

(四)品种特性

荷斯坦牛成熟较晚,一般在 18～20 月龄开始配种,6～8.5 岁产奶量达到高峰,但兼用型荷兰牛比较早熟,在 14～18 月龄开始配种。这种牛性情较温驯,易于管理,外界的刺激对其产奶量影响较小。产奶量能力特高,最近创记录的母牛,在 305 天产奶 3 万 kg。

二、娟姗牛

(一)原产地及分布

娟姗牛(Jersey)是英国的一个古老乳牛品种(图 2-2),原产于英吉利海峡南端的娟姗岛,岛上气候温和,冬季短,夏季酷热,多雨,牧草茂盛。它是由法国大型红色的诺曼底牛与小型的黑色不列塔尼牛杂交后经过选种选配和近亲交配,加之牧民对牛精心饲养选育，从而育成了性情温顺、体型轻小、高乳脂率的奶牛品种。这种牛目前已分布在世界的许多国家，如澳大利亚、加拿大、丹麦、美国、新西兰、日本、印度等。

图 2-2 娟姗牛

（二）外貌特征

娟姗牛为小型的乳用型牛，体型细致紧凑，轮廓清晰。头小而轻，两眼突出、间距宽，额部稍凹陷，耳大而薄。角中等大小，颜色从浅黄褐色至黑色，向前弯曲。颈细长，有皱褶，锁垂发达。鬐甲狭长，肩直立，胸深宽，背腰平直，腹围大，尻部宽平。中躯和后躯发育良好，后躯较前躯发达，呈楔形。尾帚细长发达，四肢较细短且端正，关节明显，蹄小。乳房发育匀称，形状美观，质地柔软，乳静脉粗大而弯曲，乳头略小。被毛细短而有光泽，毛色以灰褐色为最好，黑褐色次之，还有褐色，黄褐等颜色，无论全褐或褐色中间有白斑都是合格的。鼻镜及舌为黑色，嘴、眼周围有浅色毛环，口的周围有白圈，尾帚为黑色。母牛体重为 340～450 kg，公牛为 650～750 kg，公犊初生重约为 28 kg，母犊约为 24 kg。成年母牛体高为 113.5 cm，体长 133 cm，胸围 154 cm，管围 15 cm。

（三）生产性能

娟姗牛牛奶的突出特点是乳质浓厚，乳脂率在 5.5%～6.0%，最高可以达到 8%，乳脂球大，容易分离制作奶油，乳色黄，风味浓，其鲜乳及乳制品备受欢迎。娟姗牛一般年平均产量在 3 500～4 000 kg。美国记录娟姗牛产量在 20 世纪 80 年代为 4 500 kg 左右。英国有最高产量达到 18 000 kg 的记录。其性成熟早，通常在 24 月龄产犊。具有耐热、耐牧的特点，适于高温多湿地区饲养。

(四)品种特性

娟姗牛早熟,性情活泼,但有时感觉过敏,管理上如杂乱无章会影响其产奶量。这种牛体型小、耐热性强,适宜养育在夏季持续高温高湿的我国广东等南方部分地区,在育种上多采用它来提高牛群的乳脂率。

三、西门塔尔牛

(一)原产地及分布

西门塔尔牛(Simmental)原产于瑞士西部的阿尔卑斯山区的河谷地带。在法国、德国、奥地利等国家边邻地区也有分布。西门塔尔牛是世界上著名的乳肉兼用大型品种(图 2-3),世界各地都有饲养。

图 2-3　西门塔尔牛

(二)外貌特征

属大型乳肉兼用品种,体躯长,体格粗壮结实,肋骨开张,前后躯发育好,尻宽平,四肢结实,大腿肌肉发达,乳房发育好。被毛黄白花或红白花,头、胸、腹下和尾帚多为白毛。成年公牛体重达 1 050～1 250 kg,成年母牛体重达 650～750 kg。

(三)生产性能

平均年产奶量 3 500～4 500 kg,最高达 12 702 kg,乳脂率 3.64%～4.13%。乳肉兼用型西门塔尔牛平均日增重 1.2 kg 以上,屠宰率 65%左右。

四、爱尔夏牛

(一)原产地及分布

爱尔夏牛属于中型乳用品种(图 2-4),原产于英国爱尔夏郡。该牛种最初属肉用,1750 年开始引用荷斯坦牛、更赛牛、娟姗牛等乳用品种杂交改良,于 18 世纪末育成为乳用品种。爱尔夏牛以早熟、耐粗,适应性强为特点,先后出口到日本、美国、芬兰、澳大利亚、加拿大、新西兰等 30 多个国家。我国广西、湖南等许多省区曾有引用,但由于该品种富神经质,不易管理,如今纯种牛已很少。

图 2-4 爱尔夏牛

(二)外貌特征

体格中等,结构匀称,躯干呈楔形,额稍短,颈垂皮小,胸深较窄,关节粗壮,被毛为红白花,有些牛白色占优势。该品种外貌的重要特征是其奇特的角形及被毛有小块的红斑或红白纱毛。鼻镜、眼圈浅红色,尾帚白色。角细长,形状优美,公牛角先向上生长,后向内侧弯曲;母牛角先向上生长,后向外弯曲,类似竖琴的形状。角质蜡白,角尖呈黑色。乳房发达,发育匀称呈方形,乳头中等大小,乳静脉明显。成年公牛体重 800 kg,母牛体重 550 kg,体高 128 cm,犊牛初生重 30～40 kg。

(三)生产性能

爱尔夏牛的产奶量一般低于荷斯坦牛,但高于娟姗牛和更赛牛。平均年产奶量 4 000～ 5 000 kg,年平均产奶量为 5 448 kg,乳脂率 3.9%,个别高产群体达 7 718 kg,乳脂率 4.12%。爱尔夏牛适应性强,耐粗饲,产奶性能好。

五、更赛牛

(一)原产地及分布

更赛牛属于中型乳用品种(图 2-5),原产于英国更赛岛。该岛距娟姗岛仅 35 km,故气候与娟姗岛相似,雨量充沛,牧草丰盛。1877 年成立更赛牛品种协会,

1878年开始良种登记。

图 2-5 更赛牛

19世纪末开始输入我国，1947年又输入一批，主要饲养在华东、华北各大城市。目前，在我国纯种更赛牛已绝迹。

（二）外貌特征

头小，额狭，角较大，向上方弯；颈长而薄，体躯较宽深，后躯发育较好，乳房发达，呈方形，但不如娟姗牛的匀称。被毛为浅黄或金黄，也有浅褐个体；腹部、四肢下部和尾帚多为白色，额部常有白星，鼻镜为深黄或肉色。成年公牛体重750 kg，母牛体重500 kg，体高128 cm，犊牛初生重27～35 kg。

（三）生产性能

平均年产奶量3 500～4 500 kg，乳脂率4.48%～4.86%。最高个体365天产奶达14 578 kg，乳脂率4.4%。更赛牛以高乳脂、高乳蛋白以及奶中较高的胡萝卜素含量而著名。同时，更赛牛的单位奶量饲料转化效率较高，产犊间隔较短，初次产犊年龄较早，耐粗饲，易放牧，对温热气候有较好的适应性。

六、瑞士褐牛

（一）原产地及分布

瑞士褐牛属乳肉兼用品种（图 2-6），原产于瑞士阿尔卑斯山区东南部。由当地的矮角牛在良好的饲养管理条件下，经过长时间选种选配而育成。在美国、加拿大、德国、波兰、奥地利等国都有饲养，并参加了一些品种的形成。

（二）外貌特征

体型较荷斯坦牛稍小，成年公牛体重为1 000 kg，母牛500～550 kg。被毛为

图 2-6 瑞士褐牛

褐色，由浅褐、灰褐至深褐色，在鼻镜四周有一浅色或白色带，鼻、舌、角尖、尾帚及蹄为黑色。头宽短，额稍凹陷，颈短粗，垂皮不发达，胸深，背线平直，尻宽而平，四肢粗壮结实，乳房匀称，发育良好。

（三）生产性能

瑞士褐牛年产奶量为 2 500～3 800 kg，乳脂率为 3.2%～3.9%。瑞士褐牛成熟较晚，一般 2 岁才配种。耐粗饲，适应性强，

七、乳用短角牛

（一）原产地及分布

短角牛原产于英国英格兰东北部的诺森伯兰、达勒姆、约克和林肯等郡（图 2-7）。由于是从当地土种长角牛改良而来，改良后的牛角较短小，故称为短角牛。目前，短角牛有肉用、乳用和乳肉兼用 3 种类型。

（二）外貌特征

乳用与肉用矮角牛的毛色没有区别，被毛多为深红色或酱红色，少数为红白沙毛或白毛，部分个体腹下或乳房部有白斑，鼻镜为肉色，眼圈色淡。短角牛分为有角和无角两种。角细短，呈蜡黄色，角尖黑。体型清秀，乳房发达。成年公牛体重 900～1 200 kg，母牛 600～700 kg，犊牛初生重 32～40 kg。

（三）生产性能

乳肉兼用型，年产奶量一般为 2 800～3 500 kg，乳脂率 3.5%～4.2%。美国

图 2-7　短角牛

于 1969 年育成乳用型短角牛，乳用短角牛年产奶量平均为 6 950 kg，乳脂率为 3.57%，乳蛋白率3.29%。

八、丹麦红牛

(一)原产地及分布

丹麦红牛原产于丹麦的默恩、西兰、洛兰等岛地。1841—1863 年间，用安格斯和乳用短角牛与当地北斯勒准西牛杂交改良的基础上经多年选育而成(图 2-8)。目前该牛在世界许多国家都有分布，我国曾引入并进行了杂交改良，取得良好效果。

图 2-8　丹麦红牛

(二)外貌特征

被毛红或深红,鼻镜、眼圈为浅灰到深褐色,部分牛只腹部和乳房部有白斑毛,公牛一般毛色较深。体大,体躯长而深,胸部向前突出,有明显的垂皮,背腰平直,尻宽平,四肢粗壮结实,乳房发达而匀称,乳头长 8～10 cm。成年公牛体重 1 000～1 300 kg,体高 148 cm;母牛体重 650 kg,体高 132 cm;犊牛初生重 40 kg 左右。

(三)生产性能

丹麦红牛以奶产量、含脂率和乳蛋白率高而闻名于世。在原产地平均产乳量为 6 712 kg,乳脂率 4.31%,乳蛋白率 3.49%。最高个体产奶量 11 896 kg,最高终生产乳 10 万 kg 以上。该牛在我国表现良好,365 天产奶量 5 400 kg,乳脂率 4.21%,最高个体达 7 000 kg。肉用性能也很好,生长速度快,性成熟早,耐粗饲、耐严寒,采食快,适应性好。

九、蒙贝利亚牛

(一)原产地及分布

蒙贝利亚牛属乳肉兼用品种(图 2-9),原产于法国东部的道布斯(Doubs)县。18 世纪通过对瑞士的胭脂红花斑牛(Pie Rouge,亦称红花牛,通常认为是西门塔尔牛的一个类型)长期选育而成。在法国,它被列为主要的乳用品种之一,其产奶量仅次于荷斯坦牛居全国第 2 位。蒙贝利亚牛有较强的适应性和抗病力,耐粗饲,适宜于山区放牧,目前已出口到 40 多个国家。1987 年我国从法国引进蒙贝利亚牛并进行改良育种,目前,蒙贝利亚牛已适应我国的生态环境,并在数量及生产性能上均有一定的发展和提高。

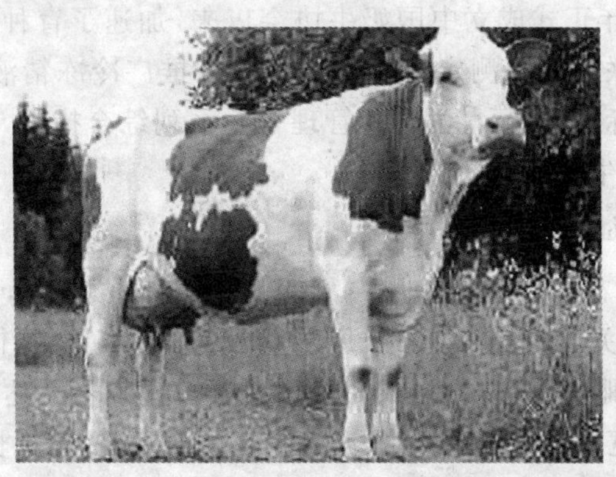

图 2-9 蒙贝利亚牛

(二)外貌特征

被毛多为黄白花或淡红白花,头、胸、腹下、四肢及尾帚为白色,皮肤、鼻镜、眼睑为粉红色。具兼用体型,乳房发达,乳静脉明显。成年公牛体重为 1 100～1 200 kg,母牛为 700～800 kg,第一胎泌乳牛(41 319 头)平均体高 142 cm,胸宽 44 cm,胸深 72 cm,尻宽 51 cm。

(三)生产性能

具有良好的产奶性能,较高的乳脂率和乳蛋白率,以及较为突出的肉用性能。法国 1994 年蒙贝利亚牛平均产奶量为 6 770 kg,乳脂率 3.85%,乳蛋白率3.38%;新疆呼图壁种牛场引入蒙贝利亚牛平均产奶量为 6 668 kg,乳脂率 3.74%。18 月龄公牛胴体重达 365 kg。

第二节　中国培育品种

一、中国荷斯坦牛

中国荷斯坦牛原称中国黑白花奶牛,1992 年更名为"中国荷斯坦奶牛",是我国奶牛的主要品种,分布全国各地,而以北方(华北、西北、东北)草原地区数量较多,其主要分布地在城镇郊区及部分近郊农村地区。

(一)育成简史

中国荷斯坦牛源于纯种荷斯坦牛与中国各地黄牛的高代杂交种(图 2-10),是经过 100 多年的选育而形成的良种奶牛。自 1972 年原中国黑白花奶牛育种科研协作组成立、1982 年正式成立中国奶牛协会以来,加速了育种工作进程。通过选择优秀公牛,实行联合后裔测定,进行良种登记,推广冷冻精液配种,进行饲养试验,制定奶牛饲养标准,进行科学饲养管理等一系列综合措施,育成了适应中国特点的中国荷斯坦奶牛。

(二)外貌特征

毛色多呈黑白花,花片分明,黑白相间。被毛细致,皮薄,弹性好。额部有白斑,腹部底、四肢膝关节(飞节)以下及尾端呈白色。体格高大,体质细致结实,结构匀称,头清秀狭长,眼大突出,颈瘦长,颈侧多皱纹,垂皮不发达。前躯较浅、较窄;肋骨弯曲,肋间隙宽大。背线平直,腰角宽广。尻长而平,尾细长。四肢强壮,开张良好。乳房大,向前后延伸良好,附着良好,质地柔软,乳静脉粗大弯曲,乳头长而大,分布适中。肢势端正,蹄质坚实。

图 2-10　中国荷斯坦牛

(三)生产性能

泌乳期长,产奶量高。泌乳期 365 天,胎次平均产奶量为 6 359 kg,乳脂率 3.56%。重点育种场群 305 天平均产奶量可达 7 000～8 000 kg。少数最优秀者产奶量在 10 000 kg 以上。性成熟早,具有良好的繁殖性能,年平均受胎率为 88.8%,情期受胎率为 48.9%。性情温顺,易于管理,适应性强;缺点是耐热性差,乳脂率偏低。

二、中国西门塔尔牛

中国西门塔尔牛属乳肉兼用品种(图 2-11),目前有山区、草原、平原三大类群并具有高质量育种核心群。该牛种肉乳兼用较适合农区、半农半牧区饲养,对于贫困地区农牧民脱贫致富起到了重要作用。

(一)育成简史

西门塔尔牛早在 20 世纪初期就开始引入我国,而后在 50 年代,特别是在 70 年代以来从前苏联、德国、奥地利和瑞士等国陆续引入了乳肉兼用、肉乳兼用型西门塔尔牛,1987 年又从法国引入西门塔尔牛(蒙贝利亚牛)。进入 20 世纪 90 年代还从加拿大和美国引进肉用型西门塔尔牛,这些牛除在一些国营农牧场纯繁外,主要用于改良我国黄牛。1986 年农业部发布的全国牛的品种区域规划中,确定了西门塔尔牛为改良农区、半农半牧区黄牛主要品种。该品种杂交改良后代遍及全国 28 个省市自治区。1981 年中国农科院畜牧所主持国家攻关专题中国西门塔尔牛"新品系选育"并成立"中国西门塔尔牛育种委员会",经过近 20 年来选育初步建全了纯繁和杂交改良体系,饲料加工体系、畜产品加工流通体系、推广了西杂改良牛

图 2-11　中国西门塔尔牛

挤奶、育肥、饲料加工等一整套技术，制定了高产西门塔尔牛饲养管理规范、种公牛后裔测定操作规程和良种登记规则，还拟定了中国西门塔尔牛国家鉴定标准。这些体系的建立、配套技术推广、规范及标准的制定和实施，加速了中国西门塔尔牛的育种进程。其杂交改良后代大约占我国各类杂交改良牛的 50%，据不完全统计，我国现有西门塔尔牛 3 万余头，各代杂交改良牛 1 200 多万头。

（二）外貌特征

被毛光亮，红（黄）白花，花斑分布整齐，头、胸、腹下和尾帚多为白色，角蹄蜡黄色，鼻镜肉色。体躯深宽高大，结构匀称，颈长中等，肋骨开张，前后躯发育良好，尻宽平，体质结实，肌肉发达，行动灵活，乳房发育好。成年公牛体重 800～1 200 kg，母牛 600～750 kg。

（三）生产性能

纯种繁育上，最高个体产奶量达 11 740 kg，乳脂率 4.0%；在杂交改良上，育种核心群平均产奶量达 4 500 kg 以上，最高个体产奶量达 6 400 kg，乳脂率 4.2% 以上。经肥育其杂一代日增重 800～1 000 g，杂二代日增重 1 000～1 200 g，屠宰率达到 60%，净肉率达到 50%，生产高档牛肉已进入国内涉外饭店，其品质高于新西兰水平，接近澳大利亚、美国水平，其乳肉产品颇受欢迎。

三、三河牛

三河牛乳肉兼用型（图 2-12），90% 以上分布在呼伦贝尔盟，其次分布在兴安盟、哲里木盟、锡林郭勒盟。优秀的三河牛大多集中在国营农牧场。近年来，三河牛已被引至其他各省、自治区、直辖市（除台湾省外），总数达 10 万余头，也曾被输出到蒙古等国。

图 2-12　三河牛

（一）育成简史

三河牛由西门塔尔牛与三河地区本地黄牛杂交经选育而成，是我国培育的第一个乳肉兼用品种，是多品种杂交后经选育而成，牛群血统来源有 10 个以上。因产于内蒙古呼伦贝尔盟大兴安岭西麓的额尔古纳右旗三河（根河、得勒布尔河、哈布尔河）地区而得名。

（二）外貌特征

毛色为红（黄）白花，花片分明，头白色或额部有白斑，四肢膝关节以下、腹部下方及尾尖呈白色。有角、稍向上向前方弯曲，有少数牛角向上。体躯高大、结实，骨骼粗壮。乳房发育较好，但乳头不够整齐。成年公牛体重 1 050 kg，体高 156.8 cm；母牛体重 548 kg，体高 131.8 cm。

（三）生产性能

年产乳量平均为 2 000 kg，但在良好的饲养管理条件下，其产乳量会有显著提高。2 月份产犊者产乳量最多，9 月份产犊者产乳量最少。乳脂率平均在 4%以上，三河牛泌乳天数一般为 300 天左右，饲养管理条件好的为 300～330 天，条件差的为 270～300 天。初配月龄一般在 20～24 月龄内，可繁殖 10 个胎次以上，繁殖成活率一般为 60%左右。肉用价值高，2～3 岁的育成公牛屠宰率可达 50%以上，净肉率 40%～48%。耐粗饲，容易放牧，抗严寒的优良品质，抗病力强，但对高温、潮湿的亚热带气候不能很好适应。

四、草原红牛

草原红牛是乳肉兼用品种(图 2-13),主产于吉林省白城地区、内蒙古的昭乌达盟和锡林郭勒盟南部、河北省张家口地区。

图 2-13　草原红牛

(一)育成简史

早在 1936 年,内蒙古乌兰浩特就引进乳肉兼用短角牛与当地黄牛杂交,1952 年开始有计划的杂交育种,1986 年通过国家验收,正式命名为中国草原红牛。

(二)外貌特征

全身被毛为紫红色或红色,部分牛的腹下或乳房有小片白斑,鼻镜、眼圈粉红色。大多数有角,角多伸向前外方,呈倒“八”字形,略向内弯曲,角呈蜡黄、褐色。体格中等,头较轻,体质结实,整体结构匀称。成年公牛体重 700～800 kg,体高 137.3 cm;母牛体重 450 kg,体高 124.2 cm。犊牛出生重 30～32 kg。

(三)生产性能

以放牧为主,冬春稍加补饲的条件下,年产奶量平均为 1 800～2 000 kg,乳脂率 4.03%;在纯放牧条件下,青草期 100 天,平均产奶量为 800 kg,乳脂率 4%以上。繁殖性能良好,初情期多在 18 月龄。牧场条件下,繁殖成活率 68.5%～84.7%。产肉性能良好,18 月龄体重可达 300 kg,屠宰率达 52%以上,肉质鲜美,蛋白质含量较高,据对 19 月龄肉的主要化学成分分析,粗蛋白质含量达 19%～20%。适应性强,耐粗饲。夏季完全依靠草原放牧饲养,冬季不补饲,仅依靠采食枯草即可维持生活。对严寒酷热气候的耐力很强,抗病力强,发病率低。

(四)适应性能

草原红牛是在半干旱草原、饲养管理较为粗放的条件下培育而成的新品种。它既具有父本的优良品质,又保持了蒙古牛的耐寒耐粗饲,抗病性强,抓膘快,恋膘性能良好的特点,宜于华北、东北草原地区放养。

(五)遗传性能

草原红牛的遗传性能稳定,横交后代的毛色、体型变异不大,与蒙古牛杂交其后代的体型外貌表现良好,提高了产奶、产肉生产性能。

五、新疆褐牛

新疆褐牛是乳肉兼用品种(图 2-14),主要产于新疆天山北麓的西端伊犁地区、准噶尔界山塔城地区的牧区、半农半牧区。分布于全疆的天山南北,主要有伊犁、塔城、阿勒泰、石河子、昌吉、乌鲁木齐、崐阿克苏等地区。

图 2-14 新疆褐牛

(一)育成简史

新疆褐牛是引进瑞士褐牛及含有该牛血液的前苏联阿拉塔乌牛与本地黄牛进行长期杂交选育而成的,1983 年通过国家鉴定。

(二)外貌特征

毛色呈褐色,深浅不一,额顶、角基、口轮的周围和背线为灰白色或黄白色,眼睑,鼻镜,尾尖,蹄呈深褐色。体躯健壮,头清秀,角大小适中,角尖稍直,呈深褐色,向侧前上方弯曲呈半椭圆形。成年公牛体重 950.8 kg,体高 144.8 cm;母牛体重 430.7 kg,体高 121.8 cm。犊牛出生重 28～30 kg。

(三)生产性能

新疆褐牛在伊犁、塔城牧区草原终年放牧饲养,挤乳期主要在5~9月,产奶量1 000 kg左右,乳脂率4.43%。城郊牛场是舍饲为主加放牧的方式,平均年产奶量2 100~3 500 kg,乳脂率4.03%~4.08%,乳干物质13.45%。产肉性能好,在天然草场放牧的条件下,于9~11月进行屠宰测定,一般为中等膘度,少数是上等膘度,包括阉割公牛(1.5岁)、公牛(2.5岁)、成年和空怀母牛。它还是牧区驮挽的主要役畜。该牛适应性强,为其他牛所不及,可在高海拔地区放牧,耐严寒,耐高温,耐粗饲,抗病力强。

(四)繁殖性能

在一般放牧条件下,6月龄左右有性行为表现,但一般母牛1岁、体重250 kg时初配,公牛1.5~2岁、体重330 kg以上初配。母牛发情周期21.4(16~31.5)天,发情持续期1~2.5天。配种方法,一般在5~9月配种旺期为人工授精,其他期间为自然交配。采用常规人工授精,一般一头公牛配200头母牛。自然交配群,一头公牛配30~50头母牛。繁殖成活率一般为50%~70%,高的可达91.8%以上,低的仅33.5%,低的原因主要是营养不良和管理不善。

(五)适应性能

新疆褐牛适应性强,为其他品种杂种牛所不及。它能在海拔2 500 m高山、坡度25°的山地草场放牧,可在冬季-40℃、雪深20 cm的草场用嘴拱雪觅草采食,也能在低于海平面154 m、最高气温达47.5℃的吐鲁番盆地——“火洲”环境下生存。宜牧,耐粗饲的米食增膘、保膘方面与木地黄牛相同。但在冬季缺草饥寒时,由于新疆褐牛个体大,需要营养多,入不敷出,比本地黄牛掉膘快,损失大。在抗病力方面,与本地黄牛同样强。

六、科尔沁牛

科尔沁牛属乳肉兼用品种,主要分布在内蒙古东部地区的科尔沁草原。

(一)育成简史

科尔沁牛是由西门塔尔牛公牛与科尔沁草原母牛杂交选育而成,1990年通过鉴定。

(二)外貌特征

毛色为黄(红)白花,白头,体大结实,结构均称,头大小适中,颈肩结合良好,四肢端正,胸宽深,肋骨扩张,背腰平直,后躯及乳房发育良好,乳头分布均匀,大小适中。成年公牛体重 991.2 kg,体高 142.4 cm;母牛体重 507.8 kg,体高 131.4 cm。犊牛出生重 38.1~41.7 kg。

(三)生产性能

全放牧条件下,各胎平均产奶量为 1 256 kg,乳脂率为 4.17%。在常年放牧,短期中等饲养水平育肥条件下,18 月龄屠宰率为 53.34%,净肉率为 41.93%,20 月龄的屠宰率和净肉率分别为 52.6%、41.74%,30 月龄的则分别为 57.33%和 47.57%。该牛适应性强,耐粗饲,是适合草原放牧的新品种,在牧区有广阔的发展前途。

第三节 奶牛的体型选择

一、奶牛体表部位

奶牛的躯体可分为头颈部、前驱、中躯和后躯四部分:

1. 头颈部 在体躯最前端,以鬐甲和肩端的连线与躯干分界,以头骨和 7 个颈椎为解剖基础。

2. 前肢 在颈后至肩胛骨后缘垂直切线之前,以前肢骨骼和胸椎为解剖基础,包括鬐甲、前肢和胸部。

3. 中躯 在肩胛软骨之后,腰角垂线之前,包括背、腰、胸、腹。

4. 后躯 是腰角之后的部分,以荐骨和后肢骨骼为解剖基础,包括尻部、臀部、后肢、乳房、生殖器官、尾等。

二、奶牛的体型外貌要求

(一)整体特点

皮肤较薄,被毛细短且有光泽,骨骼细而坚强,棱角明显,血管显露,肌肉和皮下脂肪不发达,胸腹宽深,体躯容量大,后躯和乳房十分发达,体呈三角形,全身清秀,为细致紧凑体型。由于肌肉和皮下脂肪不发达故主要关节和结节显露,肋骨微露。

关于奶牛的理想体型的学说主要有"三角形"学说和"腹围型"学说两种。

"三角形"学说认为:对于高产奶牛,从侧望、前望、上望均呈三角形。一侧观察奶牛的整体外貌,后躯因附着乳房而显得较前躯重而深即前驱浅、后躯深,以致背线与腹线形成三角形。从前面观察,鬐甲明显,肋骨向前、后开张良好,使躯体有较大的容量，从鬐甲左右两角作直线与胸下直线相交，构成前三角形。从上方观察，鬐甲和两侧腰角明显，背部肌肉不发达，鬐甲和两侧腰角构成三角形的三个顶点。

“腹围型”学说则认为腹围型式奶牛的理想型，要求腹围率等于125%或略高于此；躯长率为120%或略高于此；腹躯率等于122.5%或略高于此。腹围率=(腹围÷胸围)×100%；躯长率=(体斜长÷体高)×100%；腹躯率=(腹围率+躯长率)÷2。腹围为产后两三个月内饱腹后测定的最大围度。

高产奶牛体型的乳用特征明显，头部清秀，棱角分明，颈部偏细，背部平直，四肢健壮，肢蹄良好，无卧系。体型前窄后宽，腹围大，成梯形。乳房像浴盆，前伸后延、附着紧凑，乳静脉粗状、弯曲发达，乳头分布均匀、长短一致。中等膘情，体高1.4 m以上，体长1.7 m以上。

(二)头部

奶牛的头较小、狭长，应为体斜长的26%～34%。母牛的头形清秀细致，公牛的头略宽深，但明显不同于肉牛的头形。眼睛圆大、明亮、灵活、有神，目光温和、不露凶相。口宽阔、下颚发达，鼻孔圆大、鼻境宽且湿润。耳中等大小，薄而灵活。留角的牛，角的大小与体格相称，角质致密光润，向前上方弯曲。一般来说，角粗大，皮厚毛粗，头部笨重的奶牛生产能力低。

(三)颈部

颈长而平直，颈长一般占体长的27%～30%，较薄，肌肉发育适中，垂肉较小，两侧皮肤皱褶细密，用手指可以在体躯上牵拉起皮肤。颈部与躯干的连接自然，结合部没有凹陷。

(四)鬐甲和肩

鬐甲宜长平而较狭，多与背线呈水平状态。分岔、尖锐、短薄、低凹等均为不良性状。

(五)前肢

前肢包括肩、臂、前臂、前管、球节、系及蹄。

奶牛的肩呈45°角倾斜，肩形应为广长斜肩，肩脚骨宽而长，肩部与体躯结合自然，有力但不粗糙。过肥的牛肩部丰满圆润，脂肪厚，对奶牛是不良的肩形；过瘦的牛肩胛骨棘突显露，两侧凹陷成沟。松弛肩和翼状肩是严重的缺陷，前者的成因是肩胛骨与躯干结合无力，通常伴随出现分岔鬐甲；后者为前躯松弛无力所致，肘端与躯干明显分离。

牛的前臂应有适当的长度，肌肉发达，与地面垂直。前膝整洁有力，正直坚实，无前曲后弓、内外弧等形态；前管粗细适中，光整，筋腱明显，血管显露；球节要强大，系部要有弹性，与地面呈 45°～55°夹角。

（六）胸

胸应宽而深长，肋骨开张良好。窄胸、平肋影响呼吸、循环，是严重的缺陷。

（七）背

背应长宽，平直，强健。凹背、鲤背、垂背则是严重的缺陷。

（八）腰

腰应长宽，平直，健壮。凹、窄、长的腰，属体弱表现。

（九）腹

腹应宽大，深圆，结实，不下垂，腹线与背线平直。卷腹、垂腹是严重的缺陷。

（十）后躯

奶牛的尻部要求长宽，平方，其长度要达到体长的 1/3。腰角与坐骨端的连接线基本与地面平行，两腰角的距离要宽，肌肉要充实。短、窄、尖、斜的尻，都是严重的缺陷。尾根着生良好，粗细适中，皮薄毛短。臀部及后肢内侧肌肉不发达，乳房发育的空间大。后肢肢势端正，系部结实、有弹性。

（十一）乳房

奶牛的乳房应有良好的外形、发达的乳腺组织和良好的血液循环系统。乳房容积要大，形方、圆，向前后伸延，附着良好，从侧面看向前应超过腰角，底线平坦，略高于飞节。4 个乳区发育匀称，乳头分布均匀，大小、长短适中而呈圆柱状，乳头位于乳区下方的正中央，前乳头长为 7～9 cm，后乳头 6～8 cm，乳头孔应松紧适度。乳房向前自然过渡到腹壁，向后悬着的位置要高，乳镜要宽大。乳房皮薄，被毛稀短，皮肤有弹性，悬着乳房的韧带坚实有力。乳房内部乳腺组织发达，结缔组织较少，有弹性。若腺体组织占 75%～80%，结缔组织占 20%～25%，则乳房极富弹性，挤乳前后变异较大，是理想的“腺质乳房”。两条乳静脉显著外露、粗大、弯曲多、分支多，乳井圆大而深。一个发育良好、容积大的标准乳房是高产奶牛所必需的。重乳房、山头乳房、不匀称的乳房均为不良性状。

（十二）四肢

要求四肢要正实、健壮。前踏、后踏、内向、外向、“O”形、“X”形的肢势，都是严重的缺陷。

（十三）蹄

形正、质地坚实，蹄底平、短而圆，蹄踵壁与地面呈 40°～50°夹角。“猪蹄”、“上靴蹄”、“山羊蹄”，均为严重缺陷。

三、如何挑选荷斯坦奶牛

鉴于目前我国饲养的奶牛品种是荷斯坦牛，在交易中大多数奶牛也是荷斯坦牛。因此，以下主要介绍如何挑选纯种的以及健康的荷斯坦奶牛。

(一)挑选纯种的荷斯坦牛

1. 根据系谱进行挑选　在大中型奶牛场，大多数建立了奶牛系谱。系谱中明确记载了奶牛的三代血统。根据记载，可以很容易判断该牛是否为纯种。一般地说，三代血统清楚的牛大多都是纯种的，当然也不排除有弄虚作假的。如果牛场未建立系谱或对系谱记载有怀疑的，可以根据奶牛的体形外貌来挑选。

2. 根据奶牛的体型外貌进行选择

(1)根据奶牛的毛色进行选择。荷斯坦奶牛的毛色特征主要为黑白花，有部分红白花牛，它和黑白花属同一来源，也有好的产乳性能。全世界有许多优秀的荷斯坦公牛，含有红色基因，其后代也会出现毛色为红白花的牛。黑色荷斯坦牛的毛色有如下特征：黑白相间，花色分明，额部多有白斑(白星)，腹底部、四肢膝关节以下及尾端呈白色。角体蜡色，角尖黑色。凡出现下列情况的奶牛往往是荷斯坦与黄牛(或其他品种)杂交的一代牛、二代牛：①全黑；②全白；③尾帚黑色；④腹部黑色；⑤一条或几条腿环绕黑色直到蹄部者；⑥灰色。

(2)根据头型和关键部位的特征进行挑选。头部特征：清秀，鼻镜宽，鼻孔大，鼻梁直。荷斯坦牛与杂种牛头型的最大区别是头轻并狭长，杂种牛头型则相对较短而宽，个别牛还显粗重。荷斯坦牛的角根不粗，多数由两侧向前向内弯曲，形状如新月；杂种牛的角根则较粗，有的向前向上弯曲，酷似黄牛的龙门角，有的则向两侧直长、无弯曲，长成“八字角”。

其他特征：荷斯坦牛的颈部较薄，长而且平直，颈侧有细致的皱纹；杂种牛的颈部较粗，肌肉发达。荷斯坦牛的尻部不但宽大而且有棱角，乳房宽阔，四肢较高。杂种牛的尻部一般较窄，有的虽然不窄，但是缺乏棱角。

(3)根据体型大小挑选。我国的荷斯坦牛以大体型为主，一产牛的体高一般为135～145 cm，而一产杂种牛只有110～130 cm。

(二)选择健康无病、机能正常的荷斯坦牛

1. 不引进有传染病的牛　首先要调查一下要引进牛的牛场或奶牛养殖小区在3年内是否发生过传染病或检出过阳性牛，如结核、布氏杆菌病等。请当地兽医部

门检疫并出具证明，搞清楚当地每年注射疫苗的种类和时间。对3年内曾发生过传染病或检出过阳性牛或未进行有关疫苗注射的牛群，最好不要引进。

2.不引进瞎乳头及患乳房炎的牛　注意辨别瞎乳头，并试挤奶牛，看看4个乳池是否都饱满，4个乳头是否都畅通，乳头内有无异物感，如是否正常，乳房是否红肿，奶牛是否有疼痛感。

3.不引进有先天性繁殖障碍的牛　计划引进未配种的育成母牛时，一定要检查其生殖器官，以防异性孪生、两性畸形和患幼稚病的牛。

异性孪生牛：阴道短小，一般只有正常阴道1/3长（15～16月龄的牛阴道仅长10 cm左右），阴门狭小，阴蒂较长，直肠检查时摸不到子宫颈，子宫角细小，卵巢大小如西瓜子，很难摸到。另外，乳房极不发达，乳头与公牛相似。

两性畸形牛：阴门狭窄，而且阴唇不发达，但其下角较长，阴蒂特别发达，类似小阴茎，呈暗红色突出，阴毛长且粗。患幼稚病的牛阴道和阴门都特别狭小。

4.不引进易流产及不易受孕的牛　对怀孕的牛，首先要通过直肠检查确认其确实怀孕，其次要注意其怀孕的时间与母牛年龄或产后天数是否相称，如是月龄较大的育成牛或产后时间已很长的经产牛其怀孕天数却很短时，则应慎重，这样的牛很可能是易流产及不易受孕的牛。对未怀孕的牛，则要通过直肠检查其子宫、卵巢、阴道是否正常，如是否患子宫炎及卵巢疾病。

5.不引进肢蹄不良的牛

6.不引进有恶癖的牛

第四节　奶牛体型外貌鉴定方法

一、评分鉴定

评分鉴定主要是鉴定人员依据奶牛体躯各部位的重要程度，给奶牛的体型外貌打分的一种方法。鉴定时，应使鉴定的牛自然地站在宽广而平坦的场地上。首先，鉴定人员站在距牛10～15 m远的地方，进行一般的观察，对整个畜体环视一周，把握牛体的轮廓。然后走近牛，根据每个鉴定性状的观察部位逐一进行鉴定，评出分数。最后汇总分数，确定该牛的等级。表2-1为1983年颁布的中国荷斯坦母牛外貌鉴别评分表，表2-2为等级评分标准。

表 2-1 母牛外貌鉴定评分表

项目	细目与给满分要求	标准分
一般外貌与乳用特征	1.头、颈、甲、后大腿等部位棱角和轮廓明显	15
	2.皮肤薄而有弹性,毛细而有光泽	5
	3.体高大而结实,各部位结构匀称,结合良好	5
	4.毛色黑白花,界限分明	5
	小计	30
体躯	5.长、宽、深	5
	6.肋骨间距宽,长而开放	5
	7.背腰平直	5
	8.腹大而不下垂	5
	9.尻长、平、宽	5
	小计	25
泌乳系统	10.乳房形状良好,向前后延伸,附着紧凑	12
	11.乳房质地:乳腺发达,柔软而有弹性	6
	12.四乳躯:前乳区中等大,4 个乳区匀称,后乳区高、宽而圆,乳镜宽	6
	13.乳头:大小适中,垂直呈柱形,间距匀称	3
	14.乳静脉弯曲而明显,乳井大,乳房静脉明显	3
	小计	30
肢蹄	15.前肢:结实,肢势良好,关节明显,蹄质坚实,蹄底呈圆形	5
	16.后肢:结实,肢势良好,左右两肢间宽,系部有力,蹄形正,蹄质坚实,蹄底呈圆形	10
	小计	15
	总计	100

表 2-2 奶牛外貌鉴别等级标准

级别	特等	一等	二等	三等
分数	80	75	70	65

对于乳用犊牛及周岁育成牛,由于泌乳系统尚未发育完全,泌乳系统可作为次要部分,而把重点放在一般外貌、乳用特征和体躯容积三部分上。

二、线性评定

体型线性评定是根据性状的生物学特点进行,客观性强,被誉为“功能性”鉴定方法，有助于选育高产、健康、耐用，适于机械挤奶的优质牛群。评定的体系主要有50分和9分两种，我国主要采用50分制，也允许使用9分制。这两类评分制可以相互转换，50分制的25分，约等于9分制的5分。

(一)奶牛线性评定的性状

奶牛线性评定的性状分为主要性状、次要性状和管理性状3类。

1. *主要性状* 指那些具有经济价值且变异范围较大可作为选择对象的性状。有15个：体高、体强度(胸宽)、体深、乳用性(棱角性)、尻角度、尻宽、后肢侧视、蹄角度、前房附着、后房高度、后房宽度、乳房悬垂(悬韧带)、乳房深度、乳头长度、乳头后望(乳头位置)。

2. *次要性状* 指用于试验目的，或能从中取得更多判断信息的性状。有14个：前躯相对高度、肩、背、尾根、阴门角度、后肢踏位、后肢后望、系部、蹄尖、动作灵敏度、前房长度、乳房匀称、乳头侧望、尻长。

3. *管理性状* 指与生产管理、机械化挤奶以及奶牛本身的使用寿命密切相关的一些性状，分主要管理性状和次要管理性状。主要管理性状有4个：行为气质、挤奶速度、乳房炎抗性、繁殖性能；次要管理性状有3个：乳房浮肿、健康状态、产犊难易。

(二)评定方法

我国的线性鉴定，1994年中国奶牛协会确定主要性状14项，次要性状1项。具体鉴定要求和标准(以荷斯坦奶牛为准)如下：

1. *主要性状(14项)*

(1)体高：测量尻高，中等体高为140 cm，给25分，每±1 cm，评分±2分。体高高于150 cm为极高，给45～50分。低于130 cm为极低，给1～5分。

(2)胸宽(又称体强度)：胸宽指两前肢之间胸底宽，宽25 cm为25分，每±1 cm评分±2分。35 cm以上，评为45～50分，15 cm以下评为1～5分。

(3)体深：根据中躯深度定分，主要看肋骨最深处的长度、开张度、深度。胸宽是鬐甲高的一半，肋骨开张度70°评为25分。大于一半，每多1 cm多加1分；小于一半，每少1 cm减少1分。极深的评为45～50分，极浅的评为1～5分。

(4)棱角性(又称清秀度)：主要看肋骨开张度和骨骼的明显程度。肋骨间宽两指半为25分，肋骨间越宽，骨骼越明显越加分，非常明显45～50分，非常不明显1～5分，以35～45分为最佳。此外，还要看雌相是否明显、皮肤薄厚而定。

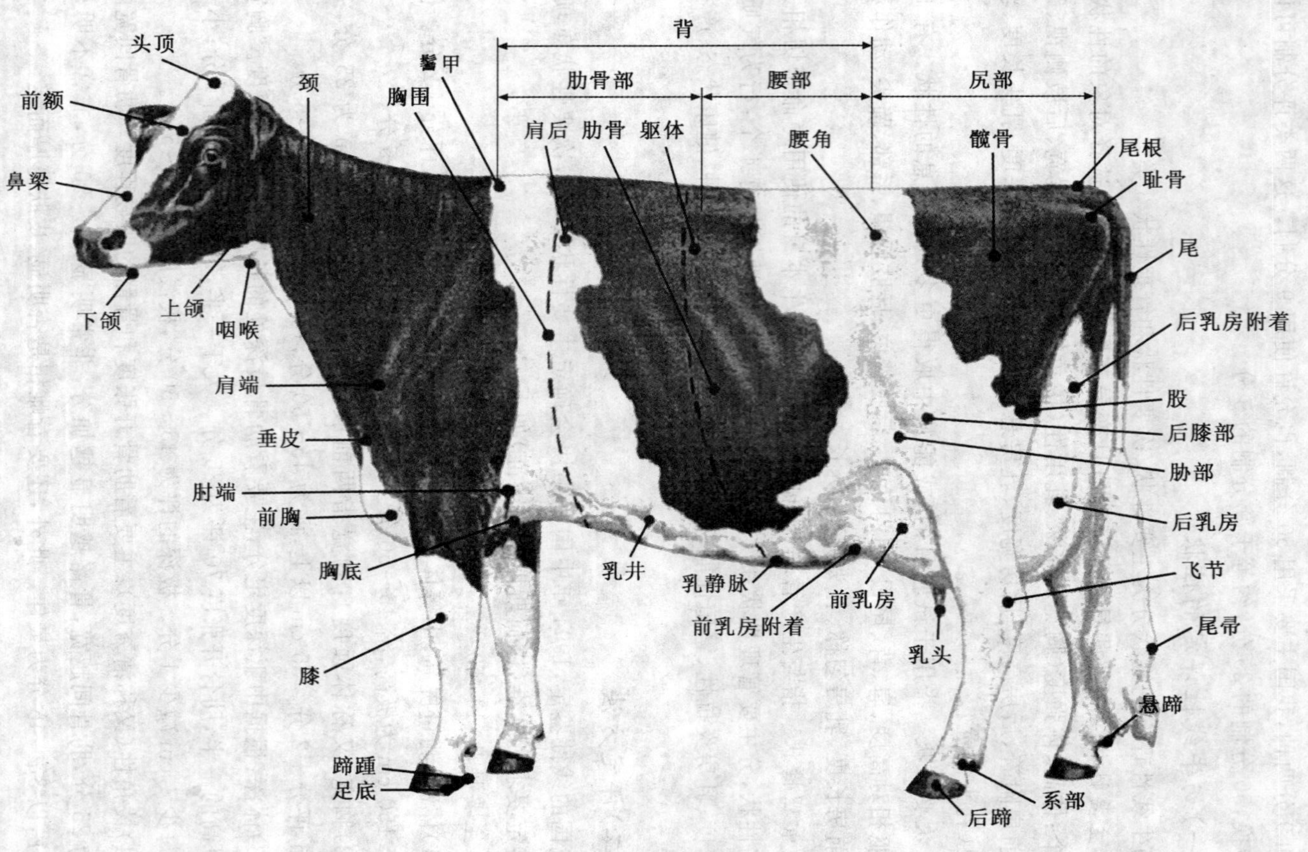

图 2-15　奶牛体部位的识别

(5)尻角度:主要根据腰角至尻角连线与水平线的夹角(从牛体侧面观察)评分。尻角明显高于腰角的(—10°)1～5 分,尻角略高于腰角的(—5°)15 分,水平尻的 20 分,腰角略高于尻角的(5°)25 分,腰角明显高于尻角的(10°)45～50 分。

(6)尻宽:为两坐骨端之间的宽度,20 cm 评为 25 分,每±1 cm 评分±2 分,15 cm 以下评为 1～5 分,24 cm 以上评为 45～50 分。

(7)后肢侧视:飞节角度 145°评为 25 分,每±1°评分±2 分。135°以下(曲飞)评为 45～50 分,155°以上(直飞)评为 1～5 分。

(8)蹄角度:后蹄前缘与地面夹角 45°评为 25 分,每±1°评分±1 分,25°以下评为 1～5 分,65°以上评为 45～50 分。

(9)前乳房附着:侧面韧带与腹壁连接附着的结实程度(构成的角度)。90°评为 1～5 分,110°评为 25 分,130°的评为 45～50 分。

(10)后乳房高度:鉴定员主要从牛体后方观察后乳房与后腿连接点即乳腺组织上缘到阴门基部的距离。30 cm 评为 25 分,距离±1 cm 评分±2 分,40 cm 以上评为 1～5 分,20 cm 以下评为 45～50 分。

(11)后乳房宽度:为后乳房左右两个附着点之间的距离。15 cm 评为 25 分,7 cm 以下评为 1～5 分,23 cm 以上评为 45～50 分。

(12)悬韧带:后乳房基部至中央悬韧带处的深度,中等深度(3 cm)评为 25 分;极深(6 cm),评为 45～50 分;无深度(0 cm),韧带松弛评为 1～5 分。

(13)乳房深度:后乳房基底与飞节的相对高度,高于飞节 5 cm 评为 25 分,飞节以上 15 cm 评为 45～50 分,飞节以下 5 cm 评为 1～5 分。

(14)乳头位置:为前后乳头在乳区内的位置。在中央部位的评为 25 分;向外减分,极外 1～5 分;向内加分,极内 45～50 分。

2. 次要性状(1 项)

(15)乳头长度:9 cm 以上评为 45 ～50 分,7. 5 cm 评为 35 分,6 cm 评为 25 分,4. 5 cm 评为 15 分,3 cm 评为 5 分。

3. 线性评分转换为功能分　线性评分是用 1～50 分来描述体型性状从一个极端到另一个极端不同程度的表现状态。这种线性评分的大小仅是代表性状表现的程度,不能直接用其数值大小说明性状的优劣,因为有些形状处在极佳,而另外一些性状则处在中间状态为最好。因此还需将线性评分转化为功能分。功能分为百分制,见表 2-3。

表 2-3 15 个性状线性评分与功能分的转换关系

线性分	功能分														
	体高	胸宽	体深	楞角性	尻角宽	尻宽	后肢侧视	蹄角度	前乳房附着	后乳房高度	后乳房宽度	悬韧带	乳房深度	乳头位置	乳头长度
1	51	51	51	51	51	51	51	51	51	51	51	51	51	51	51
2	52	52	52	52	52	52	52	52	52	52	52	52	52	52	52
3	54	54	54	53	54	54	53	53	53	54	53	53	53	53	53
4	55	55	55	54	55	55	54	55	54	56	54	54	54	54	54
5	57	57	57	55	57	57	55	56	55	58	55	55	55	55	55
6	58	58	58	56	58	58	56	58	56	59	56	56	56	56	56
7	60	60	60	57	60	60	57	59	57	61	57	57	57	57	57
8	61	61	61	58	61	61	58	61	58	63	58	58	58	58	58
9	63	63	63	59	63	63	59	63	59	64	59	59	59	59	59
10	64	64	64	60	64	64	60	64	60	65	60	60	60	60	60
11	66	65	65	61	65	65	61	65	61	66	61	61	61	61	61
12	67	66	66	62	66	66	62	66	62	66	62	62	62	62	62
13	68	67	67	63	67	67	63	67	63	67	63	63	63	63	63
14	69	68	68	64	69	68	64	67	64	67	64	64	64	64	64
15	70	69	69	65	70	69	65	68	65	68	65	65	65	65	65
16	71	70	70	66	72	70	67	68	66	68	66	66	66	67	66
17	72	72	71	67	74	71	69	69	67	69	67	67	67	69	67
18	73	72	72	68	76	72	71	69	68	69	68	68	68	71	68
19	74	72	72	69	78	73	73	70	60	70	69	69	69	73	69
20	75	73	73	70	80	74	75	71	70	70	70	70	70	75	70
21	76	73	73	72	82	75	78	72	72	71	71	71	71	76	72
22	77	74	74	73	84	76	81	73	73	72	72	72	72	77	74
23	78	74	74	74	86	76	84	74	74	74	73	73	73	78	76
24	79	75	75	76	88	77	87	75	75	75	74	74	74	79	78
25	80	75	75	76	90	78	90	76	76	75	75	75	75	80	80
26	81	76	76	76	88	78	87	77	76	76	76	76	76	81	83
27	82	77	77	77	86	79	84	79	77	76	77	77	77	81	85
28	83	78	78	78	84	80	81	81	78	77	78	78	79	82	88
29	84	79	79	79	82	80	78	83	79	77	79	79	82	82	90
30	85	80	80	80	80	81	75	85	80	78	80	80	85	83	90
31	86	82	81	81	79	82	74	87	81	78	81	81	87	83	89
32	87	84	82	82	78	82	73	89	82	79	82	82	89	84	88

续表 2-3

线性分	功能分														
	体高	胸宽	体深	楞角性	尻角宽	尻宽	后肢侧视	蹄角度	前乳房附着	后乳房高度	后乳房宽度	悬韧带	乳房深度	乳头位置	乳头长度
33	88	86	83	83	77	83	72	91	83	80	83	83	90	84	87
34	89	88	84	84	76	84	71	93	84	80	84	84	91	85	86
35	90	90	85	85	75	85	70	95	85	81	85	85	92	85	85
36	91	92	86	87	74	86	68	94	86	81	86	86	91	86	84
37	92	94	87	89	73	87	66	93	87	82	87	87	90	86	83
38	93	91	88	91	72	88	64	92	88	83	88	88	89	87	82
39	94	88	89	93	71	89	62	91	90	84	89	89	87	87	81
40	95	85	90	95	70	90	61	90	92	85	90	90	85	88	80
41	96	82	89	93	69	91	60	89	94	86	90	91	82	88	79
42	97	79	88	91	68	93	59	88	95	87	91	92	79	89	78
43	95	78	87	89	67	95	58	87	94	88	91	93	77	89	77
44	93	78	86	87	66	97	57	86	92	89	92	94	76	90	76
45	90	77	85	85	65	95	56	85	90	90	92	95	75	90	75

4.计算各部分得分　将被评定奶牛各性状查取的功能得分，分别填入一般外貌、乳用特征、体躯容积和泌乳系统给分表中（表 2-4 至表 2-7），并计算加权后得分。

表 2-4　一般外貌给评分表

体型性状	体高	胸宽	体深	尻宽	后肢侧视	尻角度	蹄角度	合计
权重(%)	15	10	10	10	20	15	20	100
被评定牛得分								
加权后得分								

表 2-5　乳用特征给分表

体型性状	楞角性	尻宽	尻角度	后肢侧视	蹄角计	合计
权重(%)	60	10	10	10	10	100
被评定牛得分						
加权后得分						

表 2-6 体躯容积给分表

体型性状	体高	胸宽	体深	尻宽	合计
权重(%)	20	30	30	20	100
被评定牛得分					
加权后得分					

表 2-7 泌乳系统给分表

体型性状	前乳房附着	后乳房高度	后乳房宽度	悬韧带	乳房深度	乳头位置	乳头长度	合计
权重(%)	20	15	10	15	25	7.5	7.5	100
被评定牛得分								
加权后得分								

5. 计算整体得分 将一般外貌、乳用特征、体躯容积和泌乳系统等 4 部分的得分填入表 2-8 中,并计算被评定奶牛的整体得分。

表 2-8 整体评分表

项目	权重(%)	被鉴定奶牛得分	加权手得分
一般外貌	30		
乳用特征	15		
体躯容积	15		
泌乳系统	40		
合计	100		

6. 具体要求

(1)线性鉴定牛个体条件。评定的主要对象是母牛,根据母牛的线性评分评定其父亲的外貌改良效果。参加各种范围的公牛后裔测定的公牛,都需要应用女儿的线性鉴定资料,采用最佳线性无偏预测法计算出每头公牛的各性状的估计传递力及标准化传递力,绘制出公牛体型柱形图,这些柱形图就是反映各性状的公牛的改良情况,可作为牛场选配工作的依据。但是,母牛在干奶期,产犊前后,患病,以及 6 岁以上的母牛,不宜作为线性鉴定的对象。最理想的鉴定时间应该是母牛头胎分娩后 60～150 天之间。一般对公牛个体本身不进行线性鉴定。

(2)评定打分时性状之间不要相互比较,每个性状根据生物学特性独立打分。这一点也正是线性鉴定的特点,与其他鉴定方法不同,这样评分才能使评定的结果向两个极端拉开距离。这一点也说明线性鉴定的评分不是以分数值的高低来评定性状的好坏，只是表现性状距两个极端的差异。15 个线性评分完成以后，可转换为功能评分，然后用这些功能评分乘以不同的权重系数，即可得四大部分的分数，相加后则可得出总评分。鉴别等级标准如表 2-9。

表 2-9 鉴别等级标准

级别	优秀(EX)	良好(VG)	佳(G^+)	好(G)	中(F)	差(P)
整体评分	90～100	85～89	80～84	75～79	65～74	51～64

三、高产奶牛选购的快速挑选标准

高产奶牛是指一个泌乳期 305 天产奶量 6 000 kg 以上、乳脂率 3.4%的牛群和个体奶牛。在不同年代和不同国家高产奶牛的产奶水平是不同的。现就挑选高产奶牛的标准归纳如下：

1. *奶牛品种* 当前全世界奶牛品种，主要有荷斯坦牛、娟珊牛、更赛牛、爱尔夏牛及瑞士褐牛。我国饲养奶牛品种中，95%以上是中国荷斯坦牛。荷斯坦牛属大体型奶牛，产奶量最高，年产 10 吨以上的牛群比较多见，我国最高牛群已达 8 773.2 kg。美国个体产奶量最高的 1 头母牛里斯达 365 天产奶已达 30 833 kg，乳脂率 3.3%。因此，为了获得奶牛高产，首先应选择荷斯坦牛。在饲养条件较差的地区，也可选择其他品种。

2. *产奶成绩* 测定牛的产奶和乳脂率两项指标，是挑选高产牛最重要的依据。生产者对每头产奶牛，每个月应由自己测量 1 次产奶量和由收奶单位分析 1 次乳脂率，两次测定的间隔时间不能少于 26 天，不能长于 35 天。奶牛在正常情况下，1 年产犊 1 次，产前停奶 2 个月，所以 1 个泌乳期产奶时间规定为 305 天，高产牛也可为 365 天。从遗传学角度讲，产奶量和乳脂率呈负相关，产奶量越高，乳脂率越低。所以挑选高产牛，除根据产奶量外，对乳脂率更应重视。对低乳脂率的公牛，千万不可选作种用。

3. *体型外貌* 奶牛体型外貌的优劣与其产奶成绩关系非常密切。挑选好的体型外貌，特别是好的乳房及肢蹄对提高产奶成绩十分重要。高产牛体型必须有这样的特点：体格高大，中躯容积多，乳用体型明显，乳房附着结实，肢蹄强壮，乳头大小适中。其要求是：①体重体高。美国荷斯坦成年公牛体重为 1 100 kg，体高 160 cm，成母牛分别为 650 kg 和 140 cm。②整体呈三角形，即从前望，顺两侧肩部向下引两条直线，这两条直线越往下越宽，呈一三角形；从侧面看，后躯深，前躯浅，背线和腹线向前伸延相交呈一三角形；从上边向下看，前躯窄，后躯宽，两体侧线在前方相交也呈一三角形。③乳房是最重要的功能性体型特征，乳房基部应前伸后延，附着良好。4个乳区匀称，后乳区高而宽。乳头垂直呈柱形，间距匀称。④肢蹄尤其后肢更为重要。母牛生殖器官及乳房均在后躯，需要坚强的后肢。总之，凡具备体型高大，乳用特征明显，消化、生殖、泌乳器官发达的奶牛，必然能吃、能喝，产奶多。

4. 系谱谱系　内容包括：奶牛品种，牛号，出生年、月、日、出生体重、成年体高、体重，外貌评分，等级，母牛各胎次产奶成绩。系谱中还应有父母代和祖父母代的体重、外貌评分、等级，母牛的产奶量、乳脂率、等级，另外牛的疾病和防检疫、繁殖、健康情况也应有详细记载。根据上述资料挑选高产奶牛很重要。如购买奶牛，必须采取防疫措施，避免传入疾病，特别是结核病、传染性流产、钩端螺旋体病、滴虫病以及乳房炎等。

5. 年龄与胎次　年龄与胎次对产奶成绩的影响甚大。在一般情况下，初配年龄为16～18月龄，体重应达成年牛的70%。初胎牛和2胎牛比3胎以上的母牛产奶量低15%～20%，3～5胎母牛产奶量逐胎上升，6～7胎以后产奶量则逐胎下降。根据研究，乳脂率和乳蛋白率随着奶牛年龄与胎次的增长略有下降。所以，为使奶牛或奶牛群高产，生产者必须注意年龄与胎次的选择。多数人认为，一个高产牛群，如果平均胎次为4胎，其合理胎次结构为：1～3胎占49%，4～6胎占33%，7胎以上占18%。

6. 饲料报酬　评定饲料报酬是一项挑选高产牛的指标，也是评定牛奶成本的依据。为此，生产者应收集每头产奶牛精、粗饲料采食量，并计算其饲料报酬和全泌乳期总产奶量。高产奶牛最人采食量至少应达体重4%的干物质。每产2 kg牛奶至少应吃干物质1 kg，低于这个标准可导致体重下降或引起代谢等疾病。

7. 排乳速度　测定排乳速度是挑选高产牛的一项重要指标。据测定，美国荷斯坦每分钟排乳3.61 kg，上海市黑白花为2.28 kg。所以高产奶牛应挑选排乳速度快的个体。

以上是挑选高产奶牛常用的几种方法。为达到既高产又高效的目的，建议对第6条、第7条反复进行测定，不断寻求提高高产牛生产效益的途径，并防止高产不高效。

四、年龄鉴定

(一)根据牙齿鉴别

牛的年龄与体重，生长速度，育肥效果，牛肉品质，牛的繁殖和产奶量等有密切关系，识别牛的口齿在购销牛种起着重要作用。牛有32枚牙齿，其排列为上腭33033/下腭33833。识别牙齿的口诀是：一岁不扎牙，两岁一对牙，三岁两对牙，四岁三对牙，五岁第一对门齿损，六岁第二对门齿损，七岁第三对门齿损，八岁第四对门齿损，九岁内、外中间齿磨成四方形，十岁中间凹陷出现齿星，以后年龄齿星逐年变圆，齿面磨完。见图2-16。

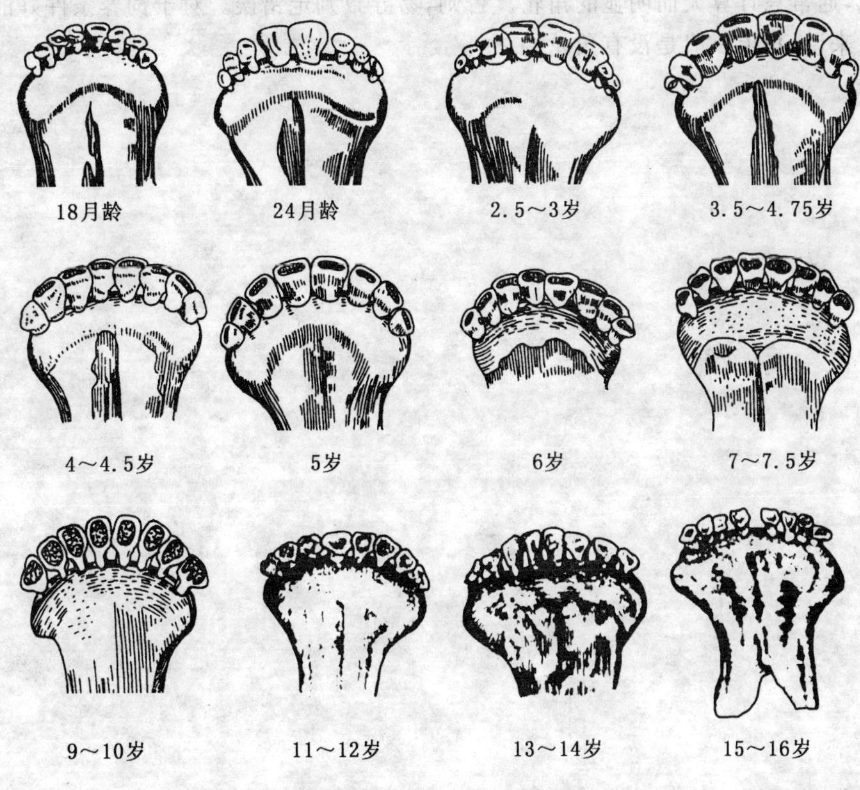

图2-16 根据牙齿鉴别牛的年龄

（二）根据外貌鉴别

根据外貌鉴别牛的年龄，只能鉴定其老幼，而不能判断准确年龄。

一般，年轻的牛被毛有光泽，粗硬适度，皮肤柔润而富有弹性，眼盂饱满，目光明亮，举动活泼有力；而老年牛则相反，四肢站立姿势不正，被毛乱而无光泽，皮肤干枯，眼盂凹陷，目光呆滞，眼圈多皱纹，举动迟缓。水牛除上述变化外，随年龄增长毛色变深，而密度变稀。

(三)根据角轮鉴别

角轮意如树木的年轮。角轮一般是在饲草枯乏季节,或在怀孕期间,由于营养不足形成的。母牛每分娩1次,角的表面即形成一凹轮。所以,角轮数加配种年龄,即为母牛年龄。但这只是正常情况下才准确,若母牛空怀、流产、患病或营养不平衡时,角轮的深浅,宽窄都不会一样,而且往往界限不清,每年也不止形成一个。因此,通常只计算大而明显的角轮。否则,易导致判定错误。对于饲养条件好的种公牛来说,角上一般是没有角轮的。

第三章　奶牛的习性与消化生理特点

第一节　奶牛的习性

奶牛的习性主要是指奶牛在其自然环境中的生活习惯或行为特征。我们可以根据其习性特点来改善饲养管理、防病治病，从而最大限度地提高奶牛的生产性能。

一、奶牛的一般行为习性

奶牛的一般行为习性主要有：温顺性及争斗行为；合群行为；好静性；好奇行为；护犊和恋母行为；模仿行为；寻求遮蔽行为。

（一）温顺性及争斗行为

母牛一般比较温顺，特别是高产奶牛。但也有少数母牛在牛群中好斗，特别是在采食、饮水和进出牛舍时以强欺弱，对这样的牛，应将角尖锯平。对特别好斗的、凶猛的牛最好从牛群中挑出去。如在犊牛期去角，则可减少此类现象的发生。

（二）合群行为

若干母牛在一起组成一个牛群时，开始时有相互顶撞的现象，但待确立统治地位和群居等级后就能合群，一般需 6～7 天。母牛在运动场上往往三五头在一起，但又不是紧靠在一起，而是保持一定距离。

（三）好静性

奶牛比较好静，不喜欢嘈杂的环境。强烈的噪声会使奶牛产生应激反应，产奶量会下降或产生低酸度的酒精阳性乳，而轻柔的音乐则有利于泌乳性能的发挥。

（四）好奇行为

奶牛有好奇和探索周围环境的脾性，且犊牛比成年牛的好奇性要强。当陌生人经过牛舍饲槽前，它会立即抬头观望，甚至伸头与之接近。当奶牛进入新的环境时，它的第一反应就是进行探索。

（五）护犊和恋母行为

母牛有时在运动场产犊后，往往表现出极明显的护犊行为，会驱赶欲靠近犊牛的其他母牛，当饲养员抬走犊牛时，母牛往往会追赶，但不会攻击人。犊牛断奶后会依恋原牛群，如将犊牛从牛群隔开后，会产生强烈的逆境反应而紧张不安，甚至跳越围栏以重新回到原牛群。带犊的奶牛的泌乳性能偏低，所以只有将母犊分开饲养，母牛才能发挥良好的生产性能。

（六）模仿行为

奶牛之间会相互模仿。当牛群中有1头牛做出某动作时，其他牛就会跟着做，从而也使得原来的这头牛继续做下去。如1头奶牛走入挤奶厅，则其他奶牛也会跟着走入厅内。

（七）寻求遮蔽行为

奶牛具有躲避风吹日晒雨淋及蚊虫袭扰的行为。不同品种奶牛的热耐受性不同，如荷斯坦牛的潮热耐受性就比较差。

二、奶牛的生理行为习性

奶牛的生理行为习性主要有：采食习性、反刍习性、饮水习性、爱洁习性、排便习性和发情行为，其中采食习性与反刍习性将于第二节中进行详述。

（一）采食习性

牛采食时往往不加选择，狼吞虎咽，采食时不经仔细咀嚼即匆匆吞下，待休息时进行反刍再咀嚼。因此，饲喂块根饲料时要注意不要过大，过圆，最好切成片状或铡碎后饲喂，否则，容易发生食道阻塞。饲喂草料时要注意清除铁钉，铁丝等尖锐金属异物，否则容易发生创伤性网胃炎及创伤性心包炎。放牧时要选择牧草高度10厘米以上的草场，否则牛难以吃饱。奶牛习惯自由采食，高产奶牛一天要采食12次，每次平均25分钟，一天采食5～8小时。

（二）反刍习性

奶牛采食时经初步咀嚼混入唾液形成食团匆匆吞下，进入瘤胃贮存，经被带入的碱性唾液软化和瘤胃内水分浸泡后，待休息时再进行反刍。反刍包括逆呕、再咀嚼、再混入唾液、再吞咽四个过程。牛一般采食后30～60分钟开始反刍，每次反刍持续时间40～50分钟，一昼夜反刍9～12次，反刍时间6～8小时。因此，饲养奶牛为满足其大量采食的需要，应给予适口性好、精粗搭配的饲料，采食后应给予充分的休息时间和安静舒适的环境，以保证正常反刍。正常反刍是奶牛健康的标志之一，反刍停止或次数减少、时间缩短，表明奶牛可能已患病。

（三）饮水习性

奶牛是饮水量很大的动物，一天的饮水量一般是日粮干物质进食量的4～5

倍,是产奶量的3~4倍。奶牛采食后2小时内需要饮水,最好让其自由饮水,水温10~25℃为宜,冬天宜饮温水,夏天宜饮凉水。夏天饮水量较大,放牧牛比舍饲牛饮水量要大。在保证充足的饮水的同时,还应注意水质。如一头600千克体重、日产奶20千克的奶牛,日粮干物质进食量应是16千克,一天的饮水量是60~80千克。夏天饮水量更大,放牧牛比舍饲牛饮水量大1倍。

(四)爱洁习性

牛喜欢吃新鲜饲料,不爱吃剩余饲料。因此,饲喂时应少给勤添,剩余草料可晾晒后重新加工利用。牛爱喝新鲜、清洁的饮水,因此应定期刷洗水槽。牛喜欢清洁、干燥的环境,因此,牛舍地面在每次饲喂后应清扫、冲洗干净,运动场内的粪便要及时清理,保持平整、干燥、清洁、防止积水,夏季要注意排水。

(五)排粪尿习性

由于奶牛的采食量和饮水量大,粪尿的排泄量也大,奶牛是家畜中排粪排尿量最多的家畜。一头成年母牛一昼夜排粪量约30千克,占日采食量的70%左右,一昼夜排尿量约22千克,占饮水量的30%左右。一年的排粪量达到11 t,排尿量达8 t。牛粪中水分占83.3%,有机物占14.5%,氮、磷、钾分别占0.32%、0.25%、0.16%。牛尿中水分占93.8%,有机物占3.5%,氮、磷、钾分别占0.95%、0.03%、0.95%。因此,牛粪尿是一种很好的有机肥,一头成年母牛,一年随粪尿排出的有机物近1.9 t,排出的氮、磷、钾总量达235千克。牛粪尿是农作物的一种环保型肥料,但应合理利用,如果利用不当,会对环境造成污染。

(六)发情行为

奶牛发情时,首先表现性兴奋,不停地走动、哞叫,与其他母牛在运动场相互追逐、顶撞、打转,随后接受其他母牛亲近,然后接受其他母牛嗅闻,最后接受其他母牛爬跨时站立不动,发情结束后则逃脱其他母牛的爬跨。发情持续时间平均18小时(6~30小时),发情开始的时间70%是发生在晚7时至早7时。

第二节 奶牛的消化生理

奶牛属于反刍家畜,它的消化系统主要包括口腔、食道、胃(包括瘤胃、网胃、瓣胃及皱胃)、小肠(包括十二指肠、空肠及回肠)、大肠(包括盲肠、结肠及直肠)、肛门及唾液腺、肝脏、胰腺、胆囊、肾脏等附属消化腺和器官。奶牛瘤胃是一个庞大的厌氧"发酵罐",虽不能分泌消化液,但存在大量的微生物,它们可使饲料营养成分经发酵转化成可被自身吸收利用的小分子营养物质,这是奶牛与单胃动物主要的不同之处，俗称养牛必先养好胃。

一、奶牛的消化道结构

（一）口腔

唇、齿和舌是口腔中主要的采食器官。唾液腺也位于口腔，分泌唾液。牛的唇不很灵活，但对于采食鲜嫩青草或小颗粒食物有重要作用。牛无上切齿，而由角质齿板代替。牛舌长而灵活，舌面粗糙，可卷食草料，尖端有大量坚硬的角质化乳头，可收集细小的食物颗粒。奶牛的唾液分泌量很大，含有大量的缓冲物质，可调控瘤胃的酸碱度，为瘤胃微生物的发酵提供一个良好的环境。

（二）食道

食道是起始于咽，延伸至瘤胃的管道，是饲料与唾液混合物进入瘤胃及瘤胃内容物反刍回口腔的通道。犊牛有食道沟，是食道与瓣胃之间的一条沟，当饮用牛奶或代乳品时，食道沟闭合使牛奶避开瘤网胃直接进入真胃，食物由消化酶分解后，经小肠壁吸收进入血液中。然而随着年龄的增长，犊牛开始采食饲料，食道沟逐渐失去功能，到成年时只留下一痕迹，闭合不全。

（三）胃

胃有 4 室，分别为瘤胃、网胃、瓣胃和皱胃（图 3-1）。前 3 室无可分泌消化酶的腺体，不分泌胃液，总称前胃。皱胃黏膜内分布有消化腺，可分泌胃液，功能与单胃动物的胃相同，又称为真胃。这 4 室的相对容积和机能随年龄的增长变化很大。

牛刚出生时，前两胃很小，皱胃最大，瘤胃功能不完善，微生物区系达未建立，消化主要在真胃和小肠内进行。犊牛开始采食饲料后，前两胃迅速生长发育，瘤胃中的细菌区系开始建立，瘤胃壁也开始发育，真胃的绝对容积虽增大，但相对容积逐渐变小。瓣胃的发育缓慢，达到相对成年大小的时间比瘤胃或网胃长。

到 3 月龄时，瘤网胃容积显著增加，瘤胃黏膜乳头逐渐变大变硬，微生物区系逐渐完善，3～6 月龄便可较好的消化植物性饲料了。若犊牛仅饲喂牛奶或代乳品，会延滞前胃的发育。植物性饲料的采食可以刺激瘤胃的发育，使瘤胃乳头发育正常，促进瘤胃容积的增大。这是由于瘤胃微生物发酵产生的挥发性脂肪酸（VFA）可以刺激瘤胃黏膜乳头的生长发育，其效果次序为丁酸＞丙酸＞乙酸。因此，提早对犊牛补饲植物性饲料，并进行瘤胃微生物接种（将母牛反刍食团取出，挤出液体后拌入奶中喂犊牛或直接塞入犊牛口中），可促进消化器官的发育。

1. 瘤胃　瘤胃容积很大，大型牛 140～230 L，小型牛 95～130 L，约为全胃容

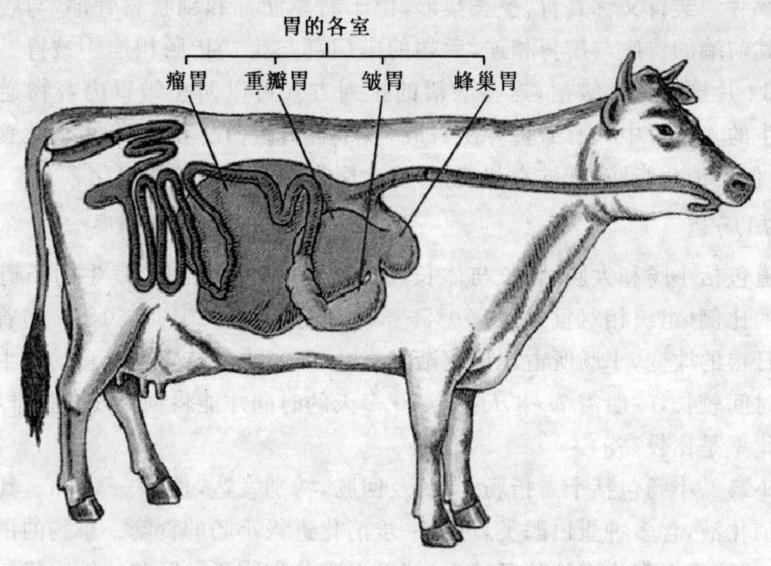

图 3-1 牛的胃室结构

积的 80%。它呈椭圆形,几乎占整个腹腔的左半,前端与第 7～8 肋间隙相对,后端达骨盆口,具有暂时储存食物的功能。瘤胃虽不能分泌胃液,但胃壁强大的纵形肌环能强有力的收缩与松弛,进行节律性蠕动以搅拌食物。胃黏膜表面有无数密集的角质化乳头,长约 1 cm,使食糜与胃壁的接触面积大大增加,有利于对食糜的揉磨。瘤胃是一个很大的活体厌氧发酵罐,存在着大量的瘤胃原虫和细菌。这些瘤胃微生物对于饲料的分解和营养物质的合成有着重要的作用,奶牛可以利用纤维性饲料正是由于这些微生物可降解植物性饲料中的结构性碳水化合物。

2. 网胃　网胃位于瘤胃前方,是 4 个胃中最小的,约占全胃容积的 5%,其上端的瘤网口与瘤胃相通,瘤网口下方的网瓣口与瓣胃相通。饲料颗粒可在瘤胃和网胃之间自由移动,故二者常被称为瘤网胃。网胃壁存在许多网格状皱褶,形似蜂巢,布满角质化乳头,所以网胃又称为蜂巢胃。网胃的主要功能是将随饲料吃进的重物(钉子、铁丝等)贮藏起来。

3. 瓣胃　瓣胃呈球形,位于右季肋部,网胃与瘤胃交界处的右侧,占全胃容积的 7%～8%,其上端的网瓣口与网胃相通,下端的瓣皱口与皱胃相通。瓣胃黏膜形成 100 片左右的新月形瓣叶,故瓣胃又称百叶胃,瓣叶间充满着较干燥的饲料细粒。瓣胃的主要功能是进一步研磨食糜,吸收有机酸和水分,使进入真胃的食糜更细,含水量更低,以便于消化。

4. 皱胃　皱胃又称真胃，呈长梨形，位于右季肋部和剑状软骨部，与腹腔底部紧贴。其前端的胃底与瓣胃相连，后端的幽门部与十二指肠相连。皱胃黏膜折叠成12～14片螺旋形大皱褶，这些皱褶的排列方式可以防止皱胃内容物逆流回瓣胃。奶牛的4个胃中只有皱胃分泌胃液，其中含胃蛋白酶和胃酸，可消化食糜中的蛋白质，但不消化脂肪、纤维素和淀粉，使食糜得到初步的化学消化。

（四）肠道

肠道包括小肠和大肠，肠长与体长的比例为27∶1。初生犊牛的肠道占整个消化道的比例（组织相对重%）为70%～80%，成年牛为30%～50%。随着日龄的增长和日粮的改变，小肠所占比例逐渐下降，大肠基本保持不变。食物在牛消化道内存留时间较长，一般需7～8天甚至10多天的时间才能将饲料残余物排尽，故食物的消化率是比较高的。

1. 小肠　小肠包括十二指肠、空肠及回肠，特别发达，长27～49 m。其内存在大量的消化液，含多种蛋白酶类，可进一步消化进入小肠的食糜。小肠的内表面折叠，折叠的表面上有许多柱状肠绒毛，绒毛上吸收细胞面向肠腔的细胞膜折叠成刷状，使小肠的表面积增加为光滑平面的18 000倍，从而使消化后的营养物质得到充分吸收。

2. 大肠　大肠包括盲肠、结肠和直肠，盲肠为0.75 m，结肠为10～11 m。大肠中有微生物，可对食糜进行降解，能消化饲料中纤维素的15%～20%，产生大量挥发性脂肪酸（VFA），可被机体吸收利用。大肠的主要作用是吸收水分、水溶性物质、矿物质及胆酸盐等。

二、奶牛的消化特点

（一）采食与反刍

奶牛的采食方式与单胃动物不同。其在采食过程中，未经充分咀嚼，就匆匆将食物吞咽入瘤胃，在瘤胃内经过一段时间的浸泡和软化，再通过返回口腔，重新咀嚼并混入唾液，重新咽下，这一过程称为反刍。

1. 反刍的作用　①使反刍动物能在短时间内迅速吞下大量食物，等到了安全地带时再进行反刍，仔细地咀嚼和消化，这样能更有效地躲避强敌的侵袭；②草料中的纤维素在瘤胃中各种微生物的作用下发酵分解，经初步消化后的食物再返回口中重新咀嚼，可以最大限度地吸取其中的营养。

2. 注意事项　牛采食整粒谷料时通常未被咬碎而直接吞咽，大部分沉入胃底转入第三、第四胃，不能被重新咀嚼而造成过料现象（整粒未经消化随粪便排出），浪费饲料。因此，对成年牛、生长牛可喂压扁或粉碎玉米，粉碎后的颗粒直径以不超过 2 mm 为宜，粒度要均匀。对那些年幼或年老的、不能充分咀嚼的牛，饲喂前须将籽实磨碎，直径以不超过 1 mm 为好。对咀嚼良好的青年牛，可以整粒饲喂，也可稍加破碎。高粱和各种麦类籽实小而坚硬，喂牛时要磨碎或碾压。喂给整个块根、块茎饲料时，大块饲料异物容易阻塞食道而引起的吞咽障碍，称食道梗阻，危及生命，因此喂这类饲料时最好将其切成小块或切片。牛舌卷入的异物吐不出来，特别是食入饲草中的铁钉等尖锐异物，往往会造成创伤性网胃炎、心包炎等，甚至死亡，所以要注意消除饲料中的异物。

3.反刍的特点　奶牛每昼夜的采食时间为 6～8 小时，放牧或饲料粗糙时，采食时间延长，气温过高或过低也会使采食时间延长。因此，夏天应以夜饲为主，冬天以舍饲为主；日粮品质较差时，应延长饲喂时间。反刍时间与采食时间之比大约为 1∶1，成年牛每昼夜有 10～15 个反刍周期，每次约 30 分钟。反刍周期的发生和停止主要与前胃食糜的状态和运转情况有关。一般晚上的反刍时间较白天多，大概有 10 次左右，且每次反刍的持续时间也较长，这主要是由于白天的干扰比较多，晚上比较放松，即使在深度睡眠状态下也能进行反刍。当处于安静环境时，反刍常在饲喂结束 20～30 分钟后才出现，若存在外界干扰因素，则反刍会延迟。

反刍的作用是将饲料颗粒进一步磨碎，至不再随逆呕食团进入口腔。每个逆呕食团再咀嚼的持续时间和次数主要决定于食糜的性质，一般每个食团从瘤胃经食管沟到口腔需 1 秒，咀嚼时间需 40～50 秒，咀嚼次数为 40～70 次，且吞咽后 5 秒即可发生再次逆呕。若奶牛患病、过度劳累、饮水不足或饲料质量较差，则反刍会受到抑制甚至发生异常。

(二)唾液分泌

唾液是由位于口腔的唾液腺分泌的，奶牛的唾液分泌量是很大的，为100～200 L/天。其主要起到湿润饲料、调节瘤胃 pH 值、杀菌及抗泡沫的作用。唾液中含大量的盐类，特别是碳酸氢钠和磷酸氢钠，它们可以中和瘤胃发酵过程中产生的有机酸，避免瘤胃 pH 值迅速下降，维持瘤胃内环境的酸碱平衡，使瘤胃 pH 值稳定在 6.0～7.0，为瘤胃的发酵提供良好的环境。唾液的分泌量受饲料影响较大，当日粮中粗饲料较多时，反刍时间较长，唾液分泌量较多，瘤胃 pH 值较高，属乙酸型发酵；当日粮中精饲料较多时，反刍时间较短，唾液分泌量较少，瘤胃 pH 值较低，属丙酸型发酵或乳酸型发酵。若瘤胃 pH 值过低，则会引起酸中毒。

(三)瘤胃微生物与瘤胃发酵

奶牛胃内的消化主要是在瘤胃内进行的，而瘤胃内的消化主要是由瘤胃微生物进行的，这是奶牛消化的最大的特点。

1. 瘤胃微生物　奶牛的瘤胃中寄居着大量的微生物，每毫升瘤胃液中有10^9～10^{10}个，其微生物区系十分复杂，种类众多，主要有瘤胃细菌、厌氧真菌和瘤胃原虫3大类。各种微生物种群所占比例受饲料种类、饲喂制度及奶牛年龄等的影响。

(1)瘤胃细菌。瘤胃细菌是瘤胃内最主要的微生物，是后天通过饲料或由外界引入的。其中约70%黏附在饲料颗粒上，30%在瘤胃内自由移动，少数黏附于瘤胃黏膜层上、其他细菌或原虫体上。

(2)厌氧真菌。厌氧真菌约占瘤胃微生物总量的8%，具有很强的穿透能力和降解纤维的能力，能深入到植物纤维组织中释放阿魏酸酯酶等木质素分解酶，破坏无法被细菌和原虫降解的木质素，提高饲料的利用率。

(3)瘤胃原虫。瘤胃原虫为专性厌氧微生物，大多属于纤毛虫纲，具有分解多种营养物质的能力，并有一些细菌在其体内共生，故有"微型反刍动物"之称。

瘤胃微生物不仅与牛之间存在共生关系，各微生物种群之间也是相互联系和制约的，三者形成一个动态的平衡，共同构成瘤胃微生物的生态系统。这些微生物在瘤胃内能抑制病原菌的生长，协助消化各种饲料，并合成蛋白质、氨基酸、多糖及维生素，供自身生长和繁殖，最后随食糜进入真胃和小肠，在各种消化酶类的作用下分解为可供宿主利用的营养物质。优化瘤胃微生物菌群能最大限度地提高采食量、纤维消化率和微生物蛋白的合成，以实现稳定高产；还可促进挥发性脂肪酸(VFA)的生产，降低有机酸的积累，防止酸中毒。

2. 瘤胃发酵　由于瘤胃微生物在瘤胃内的发酵作用，奶牛采食的饲料中有75%～80%的干物质及50%以上的粗纤维是在瘤胃内消化的。饲料中各种营养物质的瘤胃发酵分述如下：

(1)碳水化合物。反刍动物饲料中的糖类包括纤维素、半纤维素、淀粉、果胶、可溶性糖等，其中有55%以上是在瘤胃微生物的作用下被消化的。

高分子的碳水化合物(纤维素、半纤维素、淀粉等)首先被降解为单糖(葡萄糖、果糖、木糖、戊糖等)，再与饲料中原有的单糖一起被降解为挥发性脂肪酸(VFA)，其为2～6个碳原子的脂肪酸，分子量较小，具挥发性。VFA主要包括乙酸、丙酸、丁酸、异丁酸、戊酸、异戊酸、正己酸等，其中乙酸占50%～65%，丙酸占18%～25%，丁酸占12%～20%，三者是VFA的主要类型。VFA是奶牛糖代谢的关键物质，不仅是最大的能源(约占机体所需能量的2/3)，而且还参与各种代谢，形成产品，如乙酸和丁酸能形成乳脂肪，丙酸作为最大的糖源可通过糖异生途径形成葡萄糖。实践中，适当在饲料中添加双乙酸钠，或促进粗饲料分解的纤维素酶、木聚糖酶、阿魏酸酯酶、益生酵母等均可有效提高牛奶中乳脂肪的含量。

如果饲料中部分淀粉未被瘤胃降解而直接进入皱胃和小肠(称为过瘤胃淀粉),在消化酶的作用下分解为葡萄糖被吸收利用,可以为奶牛提供一部分的外源性葡萄糖,减少体内合成葡萄糖的能量消耗,提高淀粉类饲料的利用率。当然,如果过瘤胃淀粉量过大,则会引起乳脂合成量的减少。因此应通过选择某些特殊的饲料或饲料加工处理,在一定程度上调控瘤胃降解淀粉和过瘤胃淀粉的比例,使动物发挥出最佳的生产性能。

乙酸、丙酸、丁酸三者的比例受很多因素的影响。粗料发酵产生的乙酸比例较高,被奶牛瘤胃吸收的乙酸约有40%是被乳腺利用的。精料在瘤胃中的发酵率很高,产生大量VFA,丙酸比例提高,乙酸比例下降,有利于体脂肪的沉积,但不利于乳脂的合成。将饲料粉碎或加工成颗粒也能提高丙酸的比例。

所以若想获得高的乳脂率,则精料不能过多,粗料不能加工太细。然而,高的产奶量又需要足够的精料为奶牛提供足够的能量。我们可以采取各种措施,如控制精粗料的比例不要超过70∶30,向日粮中添加防止酸中毒的缓冲剂(碳酸氢钠、氧化镁等)等,在供给足够能量的同时,维持瘤胃正常的pH值,使各种VFA间保持合适的比例,从而兼顾乳脂率和产奶量。如果想使产奶量达到6 000~7 000 kg,精料需占总营养价值的40%以上。碳酸氢钠的添加量为日粮总干物质的0.8%或精料量的1.5%~2.0%,氧化镁为总干物质的0.4%时,可使有机物消化率由69%提高到72%,纤维素消化率由36%提高到48%。

(2)含氮化合物。

①含氮化合物的降解。饲料中的蛋白质在瘤胃微生物酶的作用下按照蛋白质⟶多肽⟶二肽⟶氨基酸⟶氨的顺序逐步降解,同时还产生直链或支链的挥发性脂肪酸(VFA)。很大程度上讲,饲料蛋白质主要是在瘤胃内降解的。因此,瘤胃蛋白质降解率是决定饲料蛋白质营养价值的最重要的定量指标,决定着为瘤胃微生物所提供的氨和支链脂肪酸的供应量,同时也决定着作为潜在小肠可吸收氨基酸的过瘤胃蛋白质的供给量。

饲料中的非蛋白氮化合物(如尿素、铵盐等)也可在瘤胃微生物酶的作用下分解为氨和CO_2。

②含氮化合物的利用。微生物可以利用多肽、氨基酸和氨合成菌体蛋白,最后为奶牛消化利用。瘤胃将低质的饲料蛋白和非蛋白氮转化为生物学价值高的菌体蛋白,这是对动物有利的。但优质饲料蛋白(如豆粕)转化为菌体蛋白会降低蛋白质的利用率,这是其不利的一面。实验证明,如果饲料蛋白避过瘤胃的降解而直接进入皱胃和小肠,其利用率可达85%;如果先转化为菌体蛋白再进入后段消化道,其利用率将降到50%左右。因此,我们应采取各种措施如膨化热处理及物理包被

等来保护优质饲料蛋白质在瘤胃内不被降解，提高过瘤胃蛋白质的量。

③氨的去路。在瘤胃中降解产生的氨一部分被细菌用做氮源，合成菌体蛋白；另一部分被瘤胃上皮迅速吸收，并在肝脏中经鸟氨酸循环生成尿素。一部分尿素能通过唾液分泌或直接通过瘤胃上皮进入瘤胃，并被细菌分泌的尿素酶重新分解为二氧化碳和氨，可被瘤胃微生物再利用，通常将这一循环过程称为尿素再循环。另一部分尿素随尿排出体外。

尿素再循环对于提高饲料中含氮化合物的利用率具有重要意义，尤其在低蛋白日粮(粗蛋白含量低于12%时)的条件下，反刍动物依靠尿素再循环可以节约氮的消耗，保证瘤胃内氮的浓度，利于瘤胃微生物菌体蛋白的合成。但在高蛋白日粮条件下，瘤胃中会产生过多的氨，来不及被微生物全部利用，将有很大一部分以尿素的形式被排出而造成浪费。同时若长期饲喂精料过量，使瘤胃氨浓度居高不下，会造成慢性氨中毒。因此应注意控制瘤胃内的氨浓度，保证机体对饲料蛋白质和非蛋白氮的有效利用。如根据微生物优先利用多肽合成菌体蛋白的特点，使用乙酸酐或其他类似酸酐处理饲料蛋白质来抑制多肽的降解，促进菌体蛋白的合成，减少饲料蛋白质转化为氨所造成的损失。

(3)脂肪。一般来说，反刍动物日粮中的脂肪含量较低，仅占4%～7%。瘤胃内脂肪的发酵主要包括水解、氢化和生物合成作用。有研究表明，植物来源的脂肪酶在瘤胃脂肪降解中起重要作用，而微生物脂肪酶仅起次要作用。脂肪大部分被彻底水解成低级脂肪酸和甘油等物质，其中甘油可发酵生成丙酸，少量被转化成琥珀酸和乳酸；来源于甘油三酯的不饱和脂肪酸经瘤胃微生物氢化，转变成饱和脂肪酸，其中不饱和程度高的脂肪酸或游离脂肪酸的氢化速度较快。因此反刍动物的体脂和乳脂所含的饱和脂肪酸比单胃动物要高得多。如单胃动物体脂中饱和脂肪酸占36%，而反刍动物则高达55%～62%。

微生物还能合成少量特殊的长链或短链的奇数碳脂肪酸、支链脂肪酸，以及脂肪酸的各种反式异构体和立体异构体。瘤胃微生物的脂肪酸合成受饲料成分的制约，当饲料中脂肪含量少时，合成作用增强；反之，当饲料脂肪含量高时，会降低脂肪酸的合成。瘤胃微生物不能贮存甘油三酯，脂肪酸主要是以膜磷脂或游离脂肪酸形式存在。未被瘤胃降解的脂肪称过瘤胃脂肪，是一种不影响瘤胃发酵且易被瘤胃后消化系统消化吸收的能量来源。

对于处在泌乳高峰期的高产奶牛，常规日粮是无法满足其能量需要的，常常出现能量负平衡。为了增加日粮中的能量浓度，传统的方法是在日粮中添加未保护的脂肪，但这样会使采食量和纤维消化率下降，乳脂率也随之降低，还易引起瘤胃功能紊乱和酮病等。而在日粮中添加过瘤胃脂肪既可以在不影响瘤胃发酵的同时提高日粮能量浓度，又可以避免因为过量饲喂精料而引起的瘤胃酸中毒等问题。这些过瘤胃脂肪被消化后可直接合成乳脂，提高乳脂合成的能量利用率，减少热应激、降低葡萄糖的氧化作用，使更多葡萄糖用于泌乳。当然添加量要适当，使日粮中粗脂肪保持在5%～6%，过多则会引起负效应。

(4)无机盐。瘤胃内的无机盐主要来自于日粮，还有一部分来源于唾液和瘤胃壁的透过。它们可以作为微生物的营养成分被利用，同时还可改变瘤胃内环境，进而影响微生物的生命活动。许多元素都是瘤胃微生物生命活动中所必需的，如磷是参与糖代谢的，钙、镁皆为细胞壁的组成成分，钴是维生素B_{12}的组成成分，硫则是菌体蛋白合成所必需的。

(5)维生素。实验证明，瘤胃细菌需要一种或数种维生素或维生素对它的刺激作用。一般，生物素是最重要的一种必需维生素。瘤胃微生物能合成多种B族维生素，其中硫胺素绝大部分存在于瘤胃液中，40%以上的生物素、泛酸和吡哆醇也存在于瘤胃液中，能被瘤胃吸收。叶酸、核黄素、尼克酸和维生素B_{12}等大都存在于微生物体内，瘤胃只能微量吸收。此外瘤胃微生物还能合成维生素K。因此，在瘤胃发育完全、瘤胃内各微生物区系完善后，维生素B和维生素K就不必由饲料供给了，但其他维生素还是依靠日粮的供应。

3. *瘤胃发酵的调控* 控制瘤胃发酵的目的在于提高日粮的营养价值，减少发酵过程中营养成分的损失，并且通过发酵类型的改变，预防疾病和提高畜产品质量。一般来说，主要从瘤胃消化和瘤胃代谢这两方面来进行控制。

(1)瘤胃消化的控制。主要是在提高日粮中过瘤胃淀粉、蛋白质和脂肪的量，使其逃脱瘤胃微生物的发酵，直接进入肠道，减少发酵过程中的损失。玉米是一种理想的过瘤胃淀粉；豆科牧草是天然的过瘤胃蛋白质资源；脂肪酸钙是最常见的一种过瘤胃脂肪。人们还可采用其他适当的技术措施来提高过瘤胃值。

(2)瘤胃代谢的控制。瘤胃的发酵可以分为乙酸发酵、丙酸发酵、丁酸发酵3种，各类型间的变化对能量利用效率和能量储存部位有很大影响。瘤胃代谢的控制主要是对瘤胃发酵类型的控制，饲料和饲养是决定瘤胃发酵类型最重要的因素。日粮中精料比例越高，越倾向于丙酸发酵；粗料比例增高，则趋于乙酸发酵。日粮的粉碎、颗粒化或蒸煮可引起丙酸比例的提高。饲喂次序和次数也会影响发酵的类型。瘤胃素、二芳基碘化学制品等可以使瘤胃发酵中丙酸量增加，还可抑制蛋白质的降解。

(四)后段消化道的消化吸收

在真胃和小肠中，食糜中的蛋白质在胃液、胰液和小肠液的消化下分解为肽和氨基酸，碳水化合物被分解为单糖，脂肪则在胆汁和胰液的作用下分解为脂肪酸。

消化后的各营养成分再经小肠黏膜进入体内环境。现代反刍动物蛋白质评价新体系认为饲料蛋白质的价值在于其可被小肠消化吸收的程度，因此蛋白质在小肠中的消化越来越受到人们的重视。大肠的消化则主要是靠微生物和来自小肠的消化酶的作用，大肠内微生物产生的维生素 B 和维生素 K 及食糜中的水分和无机盐最终被大肠所吸收，残余物及有毒物质则随粪便排出体外。

（五）反刍动物饲料小肠蛋白质和氨基酸营养价值评定

2003—2005 年期间，笔者在北京市自然科学基金项目的资助下，主要针对我国舍饲半舍饲肉牛、肉羊、奶牛养殖的主要省份和地区，采集各地区反刍动物常用饲料样品累计近 35 种 186 个样品，同时进行了这些饲料样品产地、加工方法、物理性状等饲料描述信息的登记与备案。目前已完成了羊草、苜蓿干草、玉米青贮、干玉米秸、小麦秸、花生壳粉、玉米、豆粕、棉粕、菜粕、花生粕、玉米蛋白粉、膨化大豆粉、鱼粉、小麦麸、啤酒糟等累计共 24 种饲料样品粗蛋白、粗脂肪、粗灰分、钙、磷、中性洗涤纤维（NDF）、酸性洗涤纤维（ADF）成分分析，并采用三位点瘘管牛瘤胃尼龙袋培养法和小肠移动尼龙袋法完成了这些反刍动物常用饲料蛋白质瘤胃动态降解率、小肠消化率的评定以及各种饲料的氨基酸的盈缺变化特点，为奶牛科学合理配制日粮、最大限度满足泌乳奶牛对氨基酸的需要量提供了实践应用指导依据。

第四章　奶牛饲料加工及典型日粮配制

第一节　饲料的分类及饲料的营养

一、饲料的分类

我国饲料种类繁多，从来源方面可分为植物性饲料、动物性饲料、矿物质饲料等天然饲料及人工合成的饲料；从形态方面可分为固体饲料和液体饲料；从所能提供的养分和数量，又可分为粗饲料和精饲料等。

根据国际饲料命名及分类原则，按照饲料的营养特性将饲料分为粗饲料、青绿饲料、青贮饲料、能量饲料、蛋白质饲料、矿物质饲料、维生素饲料和添加剂饲料 8 大类（表 4-1）。

表 4-1　目前国际惯用的饲料分类体系（括号内数字为饲料分类编码）

1. 青饲料：青绿多汁饲料，草地牧草和树叶等（2）
2. 青贮饲料（3）
3. 粗饲料（CF≥18％）：干草、秸秆、秕壳（1）
4. 能量饲料（CF＜18％，CP＜20％）：谷实及其副产品、脱水块根、块茎、瓜果类
5. 蛋白质饲料（CF＜18％，CP≥20％）（5）
6. 矿物质饲料：指人工合成或天然的常量、微量矿物元素
7. 维生素饲料：指工业合成或提纯的单一或复合维生素
8. 添加剂饲料：指非营养性添加剂

注：CF 为粗纤维，CP 为粗蛋白质，MD 为干物质。

我国现行使用的饲料分类系统是在上述国际分类原则基础上，结合我国传统饲料分类习惯，将饲料再分为 16 个亚类（表 4-2）。

表 4-2　中国现行饲料编码分类

饲料分类（亚类）	小类及其饲料编码（1～3 位编码）	粗纤维（%DM）	粗蛋白（%DM）
一、青绿饲料	2-01-0000		
二、树叶类	1. 鲜树叶 2-02-0000	≥18	
	2. 风干树叶 1-02-0000		
三、青贮饲料	1. 常规青贮料 3-03-0000	<18	<20
	2. 半干青贮料 3-03-0000		
	3. 谷实类青贮料 4-03-0000		
四、块根、块茎、瓜果类	1. 含天然水分的块根、块茎、瓜果 2-04-0000	<18	<20
	2. 脱水的块根、块茎、瓜果 4-04-0000		
五、干草	1. 第一类干草 1-05-0000	≥18	
	2. 第二类干草 4-05-0000	<18	<20
	3. 第三类干草 5-05-0000	<18	≥20
六、农副产品	1. 第一类农副产品 1-06-0000	≥18	
	2. 第一类农副产品 4-06-0000	<18	<20
	3. 第一类农副产品 5-06-0000	<18	≥20
七、谷实类	4-07-0000	<18	<20
八、糠麸类	1. 第一类糠麸 4-08-0000	<18	<20
	2. 第二类糠麸 1-08-0000	≥18	
九、豆类	1. 第一类豆粕 5-09-0000	<18	≥20
	2. 第二类豆粕 4-09-0000	<18	<20
十、饼粕类	1. 第一类饼粕 5-10-0000	<18	≥20
	2. 第二类饼粕 1 10 0000	≥18	≥20
	3. 第三类饼粕 4-10-0000	<18	<20
十一、糟渣类	1. 第一类糟渣 1-11-0000	≥18	
	2. 第二类糟渣 4-11-0000	<18	<20
	3. 第三类糟渣 5-10-0000	<18	≥20
十二、草籽、树实	1. 第一类草籽、树实 1-12-0000	≥18	
	2. 第二类草籽、树实 4-12-0000	<18	<20
	3. 第三类草籽、树实 5-12-0000	<18	≥20
十三、动物性饲料	1. 第一类动物性饲料 5-13-0000		≥20
	2. 第二类动物性饲料 4-13-0000		<20
	3. 第三类动物性饲料 6-13-0000		<20
十四、矿物质饲料	6-14-0000		
十五、维生素饲料	7-15-0000		
十六、添加剂及其他	8-16-0000		

二、饲料的营养

根据常规化学分析的方法，奶牛的饲料营养成分包括水分、粗蛋白质、粗脂肪、碳水化合物、矿物质和维生素 6 种，即人们平常说的“六大营养素”。

(一)水分

奶牛饲料中，水分占有一定比例。比如，干草、秸秆及精料一般含水 8%～15%；青草、青贮、块茎类一般含水 70%～95%。水同时也是构成牛身体和牛奶的重要成分。据测定，成年奶牛含水 57%，牛奶中含水 87.6%。

生命体维持新陈代谢、生产发育、繁衍后代都离不开水，水在奶牛机体内还具有运送养料、排泄废物和调节体温等作用。但是，饲料中的水往往不能满足奶牛的需要。因此在生产实践中，要经常供给奶牛充足而清洁的水。奶牛的需水量可以通过食入的干物质来估计。成年奶牛每食入 1 kg 干物质，需要供给饮水 4 kg。每产 1 kg 奶，需饮水 3～3.5 kg。在一般情况下，干奶牛每天需饮水 35 kg；日产奶 15 kg 的母牛每天需饮水 50 kg；日产奶 40 kg 左右的高产牛每天需饮水 100 kg。

(二)粗蛋白质

饲料中的含氮物质通称为粗蛋白质，是通过化学方法测定其中氮的含量，再乘以因子 6.25 即粗蛋白质的量。粗蛋白质包括真蛋白质氮和非蛋白质氮，前者指氨基酸组成的蛋白质，而后者指除前者以外的所有含氮化合物，如氨态氮、游离氨基酸氮、尿素氮和核酸氮等。粗蛋白质在动物性饲料中含量比较高，一般为40%～80%；在植物性饲料中，豆类籽实及其副产品饼粕类含量为 24%～46%；禾本科籽实及其副产品糠麸类为 8%～15%；秸秆及青绿多汁饲料最低，只有 1%～5%。

蛋白质是构成动物机体的基本物质，是除水分外体内最多的物质，占 15%～20%。其功能在于更新和修补活组织，提供合成许多生命活动所必需的酶、激素、抗体的原料，对于奶牛来说也是产奶必需的原料。当能量不足时，提供机体能量，但用蛋白质提供能量是一种很不经济的办法。

所以，蛋白质的缺乏，将引起消化机能减退、发育迟缓和体重减轻、繁殖功能紊乱、泌乳量减少、乳品质下降和机体免疫力下降。

(三)碳水化合物

碳水化合物在动物体内很少，但对于植物来说是非常重要的物质，占植物整个干物质的 70%，是奶牛能量的主要来源。根据常规分析，碳水化合物可分为粗纤维和无氮浸出物，其中前者包括纤维素、半纤维素和木质素，除了木质素外，都可以被奶牛利用；后者包括淀粉和糖类。

粗纤维在各种秸秆中含量比较多，一般在35%～42%。在奶牛饲养实践中，粗纤维是必不可少的，主要因为其不易消化，吸水量大，能填充胃肠道，使奶牛有饱感；能刺激胃肠道，促进胃肠道蠕动和粪便的排泄；同时在瘤胃经发酵形成挥发性脂肪酸，是重要的能量来源。因此日粮中粗纤维应有17%～20%（按干物质计），最少不得低于13%。但是粗纤维含量也不得过高，否则可供利用的能量减少，导致奶牛消瘦，产奶量降低。

无氮浸出物是动物能量的主要来源。但是不同植物含的无氮浸出物种类不同，禾苗籽实、块茎主要富含淀粉，为60%～70%；而甜菜、胡萝卜、南瓜和甘蔗富含糖类。无氮浸出物容易被消化，营养价值高，是奶牛的必需营养物质。但饲喂过量容易引起奶牛肥胖，影响繁殖和产奶量。

（四）粗脂肪

在饲料营养成分中，凡是不溶于水，溶于乙醚、氯仿的物质总称为粗脂肪。含脂肪的饲料主要是油料作物的籽实，如大豆含粗脂肪19%，而禾本科籽实含2%～5%。

脂肪的功能体现在：它是构成体细胞的主要成分，是供给和贮藏能量的主要物质，提供必需脂肪酸，是脂溶性维生素的良好溶剂。在实际生产中，一般日粮可以满足脂肪需要。因此只有在高产奶牛初期才考虑添加脂肪，提高能量浓度，减缓能量负平衡。一般日粮脂肪含量在3%左右，添加脂肪后，脂肪在日粮中的含量不得高于7%。

（五）矿物质

在正常情况下，奶牛的饲料可以满足大多数的矿物质需要，比较容易缺少的、需要经常在饲料中添加的是钙、磷、钠这3种矿物质。

1. 钙和磷　钙和磷是奶牛需要最多的两种矿物质。奶牛体内90%的钙，80%的磷存在于骨骼和牙齿当中。对于生长发育、产奶和妊娠的奶牛需要更多的钙和磷。钙和磷对于神经的传导、肌肉的收缩、血液的凝固、乳汁的分泌以及碳水化合物的代谢均有作用。

根据试验奶牛每100 kg体重供给6 g钙和4.5 g磷，每千克标准乳（4%乳脂标准乳也称作4%乳脂校正乳，就是将不同乳脂率含量的牛奶量，校正到含脂率为4%的奶量）计算公式为：

$$FCM = 0.4M + 15M \cdot F$$

式中，M为泌乳期产奶量；F为该期所测得平均乳脂率；FCM为乳脂校正乳量。

供给4.5 g钙和3 g磷，就可以满足需要，奶牛吸收钙磷比例以（2～1.3）∶1最合适。钙的供给量一般为精料的1%，最多不得高于3%。常用于补充钙磷的有骨粉、碳酸钙、磷酸氢钙、磷酸钙等等。同时，奶牛应接受日光照射，可产生维生素D，促进钙磷的吸收。

当钙磷比例不当或缺乏时，可导致幼牛佝偻病、成牛的软骨病、围产期母牛的产后瘫痪，产奶量下降及繁殖疾病。

2. 钠　钠是除钙、磷外，奶牛需日常补充的矿物质。它在维持机体渗透压、酸碱平衡、肌肉收缩、神经传导、糖类物质的吸收等方面起着重要的作用。奶牛饲料中钠的含量太低，一般青饲料每千克干物质含量在0.4%～0.7%之间，而籽实和饼粕饲料中更低，在0.1%～0.3%之间。根据试验，以植物性饲料为主的奶牛每千克饲料干物质中钠含量不得低于1 g。实际生产中可以用食盐来补充钠，成年牛每天需要供给30 g左右，每产1 kg奶需再补给食盐2 g。还可按精料的1%来添加。

日粮中钠的缺乏，将导致奶牛食欲差，饲料利用率降低，幼牛生长缓慢，成年牛体重减轻，产奶量下降。

(六)维生素

奶牛瘤胃中可以合成水溶性维生素C和B族维生素，维生素E和维生素K等在奶牛饲料中也不感缺乏。但在奶牛实际生产中最容易缺乏的是维生素A和维生素D。

1. 维生素A　维生素A仅存在于动物体内，植物饲料中只含有胡萝卜素(维生素A前体)，在奶牛体内可转化为维生素A。胡萝卜素在幼嫩多叶青饲料和胡萝卜中含量最丰富，黄色玉米黄素也能转化成维生素A。

维生素A的主要功能是：提高眼睛对暗弱光的敏感，摄入量不足可患夜盲症；保护上皮组织结构的完整和健全，不足时引起干燥和过角质化；对幼牛的生长、骨骼发育、成牛性激素的形成均起到重要的作用。

在夏季，奶牛能吃到较多的青绿饲料，则维生素A不感缺乏。但在冬春枯草季节，如果不喂给优质青干草(含绿色较多的)、青贮饲料和胡萝卜，则易患维生素A缺乏症。繁殖母牛，每天每千克体重应补给胡萝卜素16 mg或补给人工合成维生素A添加剂。

2. 维生素D　维生素D在奶牛体内主要参与钙、磷代谢和骨骼形成。在生产上，奶牛只要有充足晒太阳的机会，本身就能合成足够的维生素D。

在奶牛的日常饲养过程中，由于饲料、管理等某些原因会引起奶牛的维生素不足，导致相应的维生素缺乏症。如有的养牛户，冬天不喂青饲料，也不作青贮饲料，更没有糟渣类补充料，往往使幼牛生产停滞、母牛发情异常。例如，冬天把牛拴在舍内，没有运动和晒太阳，便会引起爬窝病。

第二节　青绿饲料的生产和利用

一、青绿多汁饲料的生产、利用

(一)青绿饲料的营养特点

1.含水分多　青绿饲料含水75%～90%,水生植物含水约95%以上,干物质含量仅为5%～10%,营养价值较低。每千克鲜青绿饲料消化能为300～600千卡;以干物质计算,每千克青绿饲料消化能为2 000～3 000千卡。虽然热能营养价值比精饲料低得多,但与某些能量饲料如燕麦籽实、麦麸近似。

2.蛋白质含量较多　禾本科牧草和蔬菜类含蛋白质1.5%～3%,豆科含3.2%～4.4%。按干物质计,前者含蛋白质为13%～15%,后者为18%～24%,青绿饲料不仅蛋白质品质好而且氨基酸组成优于其他植物性饲料,尤其是含有较多的赖氨酸和色氨酸。其生物学价值较一般籽实饲料高出20%～30%。青绿饲料中蛋白质含量除因饲料种类不同而各异外,尚受生长阶段影响,如生长旺盛时期,植物氨化物含量多,随着生长期的延长,纤维素含量增多而氨化物含量减少。

3.含粗纤维、木质素少、含无氮浸出物多　易为牛消化,但其含量随植物生长阶段而变化。当生长期较长时,青绿饲料水分减少,粗纤维、木质素含量增多,有机物消化率降低。

4.维生素含量较多　胡萝卜素含量的多少,是决定饲料营养价值高低的重要因素之一。青绿饲料每千克含胡萝卜素50～80 mg,高于其他任何饲料,在正常采食青绿饲料的情况下,胡萝卜素的获得量可超过家畜需要量的100倍;此外,维生素B、维生素E、维生素C、维生素K等含量也较高,维生素D量较少。日粮中若能经常保证有青绿饲料,则家畜不易患维生素缺乏症。

5.含矿物质较多　一般矿物质含量占鲜重的1.5%～2.5%豆科植物钙多、磷少。由于青饲料中矿物质元素种类较多,通常不会引起矿物质缺乏症。

6.适口性好　青绿饲料的适口性好,有刺激牛消化液分泌的作用。因此,青绿饲料可作为牛的保健、调养性饲料。在日粮中加入青绿饲料,可提高整个日粮的利用率。

(二)青绿饲料的生产

我国最常用的青绿多汁饲料主要有苜蓿、草木樨、沙打旺、聚合草、苦荬菜、猪苋菜、树叶类和青刈玉米等。

1. 苜蓿 苜蓿是我国栽培时间较长，种植面积较广的一种优良牧草，它是多年生豆科植物，可连续利用 3～5 年，在通常种植的青绿饲料作物中，苜蓿的饲喂价值最好，产量也较好。以干物质计算，开花初期的苜蓿含粗蛋白 21.12%左右，可消化粗蛋白质为 13.9%，粗脂肪 4.34%，无氮浸出物 35.83%左右。苜蓿的叶子营养价值高于茎 1～2 倍，各种家畜都喜欢采食苜蓿，用苜蓿喂奶牛，即可保证牛奶产量，又可节约精料。

苜蓿生长需要良好的土壤，土壤 pH 值接近碱性，需大量雨水，如有灌溉条件的地方，可增加收割次数，提高产量。苜蓿每年可收割 4～5 次。苜蓿收割的时间是很重要的，既要保证质量又要保证高产，人们通常在现蕾期、开花期及盛花期进行收割，此时的营养价值最高；随着生长发育，粗蛋白含量逐渐减少，粗纤维含量升高。苜蓿大都是割后青饲，也可晒制成干草，加工成全价料或颗粒料，也有的同禾本科草或青玉米混合青贮，但其粗蛋白含量高，而碳水化合物含量少，容易腐烂，因此不宜单独青贮。

2. 草木樨 草木樨是一种两年生的优良豆科牧草，它具有抗逆性强、耐低温、抗干旱、耐瘠薄、生长快、产量高、利用价值高等优点，以干物质为基础，其粗蛋白为 17.51%，粗脂肪为 3.17%，无氮浸出物 34.55%，是较好的青绿饲料。

草木樨的利用应掌握好时间，当其长到 50～70 cm 时，就可开始收割利用，应该尽量在现蕾开花前收割。开花后茎秆迅速木质化，质量降低，收割时留茬在 15 cm 左右，以利于再生。草木樨可以青饲、制成干草粉或青贮。草木樨含有特殊气味的香豆素，适口性差。香豆素在开花结实时含量最多，幼嫩时及晒干后含量少，气味较轻，此时饲喂动物，可提高适口性和利用率。发霉和腐败的草木樨中香豆素会变成抗凝血素，动物吃到这种牧草时，如果遇到伤口，血液不易凝固，常常引起出血死亡，尤以小牛突出。此外，草木樨的种子含粗蛋白 76.35%，是一种良好的精料。

3. 沙打旺 沙打旺是多年生豆科黄芪属植物，播种一次可以生长 4～5 年，从第二年期可刈割 2～3 茬，产量较高，每公顷 15 000～45 000 kg，适应性较强。沙打旺营养丰富，其鲜草中含粗蛋白 4.85%，粗脂肪 1.89%，无氮浸出物 15.20%。其氨基酸组成与苜蓿相似，是一种营养价值较高的牧草。沙打旺为低毒黄芪属植物，所含毒素主要为有机硝基化合物，有苦味、适口性不如苜蓿，但家畜习惯后就会喜食。最好不要单喂，要与其他饲料一起喂，可青饲、放牧或调制成干草或晒制成草粉，沙打旺可以与青刈玉米或禾本科草混合青贮。沙打旺老化后茎秆粗硬，品质低劣，适口性下降，刈割时间应不迟于现蕾期。

4. 聚合草 聚合草是紫草科多年生草本植物。鲜草含蛋白质 3.4%～4.9%，晒干后约含 22.5%，纤维素含量极低，鲜草含纤维 1.2%，干草粉含 9.14%，含赖氨酸 0.96%，并具有多种维生素。每千克鲜草含胡萝卜素 1.7 mg，烟酸 50 mg，维生素 B_1 50 mg，维生素 B_{12} 10 mg，泛酸 42 ng，维生素 E 300 mg。它是奶牛的一种高产优质饲料，切碎或打浆后与其他精料合理搭配生喂效果较好。

聚合草与紫花苜蓿相比，其含水量较高，因而鲜草中的营养成分含量比紫花苜蓿低，但其干物质中粗蛋白和其他营养成分相当于紫花苜蓿，粗纤维含量比紫花苜蓿低得多。

聚合草是一种适应性很强的植物，具有耐盐碱和耐阴的特点，在闲散地与其他作物套种均可，易于繁殖，每年可多次收割，产量很高，每公顷产量可高达 22 万～30 万 kg。在集约饲养条件下，饲喂奶牛存在配合饲料上的困难，但对于农户养殖来说，将聚合草切碎后与精料混合饲喂，适口性好，饲用价值高，可提高经济效益。开花期的聚合草可以单独制作优质青贮料，也可以与其他禾本科青绿饲料混合青贮。聚合草的纤维素含量变化很大，因此质量在鲜嫩与老化间差别很大，而且还含有尿囊素的不利因素。

5. 苦荬菜和猪苋草　这两种绿饲料在我国种植广泛，是高产优质的青绿饲料，含有丰富的蛋白质和维生素，肉嫩多汁，对各种动物的适口性都特别好，对繁殖性能有益。

6. 树叶类　研究表明，大多数树叶(包括青叶和秋后落叶)及其嫩枝和果实，可用做畜禽饲料。有些优质青树叶还是畜、禽很好的蛋白质和维生素饲料来源，如紫穗槐、洋槐和银合欢等树叶。树叶外观虽硬，但养分丰富(表 7-16)。青嫩鲜叶很容易消化，不仅作草食家畜的维持饲料，而且可以用来生产配合饲料。树叶虽是粗饲料，但营养价值远优于秸秕类。青干叶经粉碎后制成叶粉，可以代替部分精料喂猪、鸡、鱼，并具有改善畜产品外观和风味之目的。

树叶的营养成分随产地、品种、季节、部位和调制方法不同而异，一般鲜叶嫩叶营养价值最高，其次为青干叶粉，青落叶、枯黄干叶营养价值最差。树叶若适时采集，其营养价值较高，特别是粗蛋白质含量较高。如槐树叶，按干物质计，其粗蛋白质含量为 29.3%，钙含量也很高，含 0.97%～1.23%。树叶中维生素含量也很丰富。据分析，柳、桦、榛、赤杨等青树叶中胡萝卜素含量为 110～130 mg/kg，紫穗槐青干叶中胡萝卜素含量可达到 270 mg/kg。核桃树叶中含有丰富的维生素 C，松柏叶中含有大量胡萝卜素和维生素 C、维生素 E、维生素 D、维生素 B_{12} 和维生素 K 等，并含有铁、钴、锰等多种微量元素。一般来讲，春季，叶中蛋白质含量高，夏季逐渐降低；相反，粗脂肪和粗纤维含量则渐增，无氮浸出物变化不太显著，总的看来以春季的质量较好，但水分含量较高，干物质较少，消化能含量较少。树叶通常用其叶粉较多,把它夹在配合饲料或颗粒中饲喂奶牛。

7.青刈玉米　青刈玉米在我国北方地区用做家畜的优良青绿饲料,它是优质的青贮原料,在奶牛日粮中十分重要。青刈玉米无氮浸出物含量较高,但赖氨酸、蛋氨酸含量不足。青刈玉米肉嫩多汁,适口性好,且粗蛋白和粗纤维的消化率较高,是喂牛的好饲料。青刈玉米一般作青贮饲料的较多。青刈玉米的主要收获期一般是在营养物质总产量最高又适于青贮时收获。实验证明,以乳熟期到腊熟期收割最好,此期无论是产量还是作专门生产青贮玉米的地,由于气候和轮作倒茬的原因,常常是在抽穗期到乳熟期收割。提早收割粗纤维含量低,可消化粗蛋白较高,但收获量减少了。因此,可根据实际需要适当调整收获期。

二、青绿饲料饲喂注意的问题

青绿饲料本身具有酶、激素、有机酸和纤维含量少等特点,有助于机体对饲料的消化和吸收,反刍动物可以大量利用。对反刍动物而言,青绿饲料可以作为唯一的饲料来源而并不影响其生产力。但是饲喂中应注意:

1.关于地区性营养缺乏症或中毒　青绿饲料中的一些矿物质含量受大气环境与土壤中元素含量及其活性的影响。如泥炭土、沼泽土和干旱盐碱地生长的植物含钙少;而受废水、废气、废料污染的空气、饮水和土壤,会引起该地区生长植物元素含量的过多或缺乏。在饲养过程中,要对本地区生态环境有所了解、掌握其饲料成分及其矿物质含量,合理饲喂,防止地方性营养缺乏症和中毒的发生。

2.氢氰酸中毒　青饲高粱苗和玉米苗、马铃薯幼苗、木薯、亚麻子饼、苏丹草等植物含有氰苷配糖体,含氰苷的饲料经过堆放发霉或霜冻枯萎,由牛采食到口腔在唾液和适当温度条件下,通过植物体内脂解酶的作用即可产生氢氰酸。即使无特殊酶作用,在瘤胃中瘤胃微生物的作用下,氰苷和氰化物也能分解为氢氰酸。氢氰酸中毒后的主要症状为腹痛或腹胀,呼吸快而困难,呼出气体有苦味,黏膜由红变白或带紫色,肌肉痉挛,牙关禁闭,瞳孔放大,行走站立不稳,最后卧地不起、四肢划动,呼吸麻痹而亡。治疗可用1%亚硝酸钠溶液或用1%～2%美蓝溶液注射。

3.亚硝酸盐中毒　青饲料中,蔬菜、饲用甜菜、芥菜叶、萝卜叶、油菜叶都含有硝酸盐,硝酸盐本身无毒性或毒性很低,但在细菌作用下,硝酸盐还原为亚硝酸盐时才具有毒性。青绿饲料堆放时间长,发霉腐败或者在锅内焖煮,都会促使细菌将硝酸盐还原为亚硝酸盐。亚硝酸盐中毒发病很快,多在一天内死亡,重者在半小时内就能死亡。发病症状表现为动物不安,腹痛,呕吐,流涎,吐白沫,呼吸困难,心跳加快,全身震颤,行走摇晃,后肢麻痹,体温无变化或偏低,血流呈酱油色。治疗可用1%美蓝溶液或用甲苯胺蓝药物,还可以用维生素C加到5%～10%葡萄糖注射液中注射。

4.有机农药中毒　刚喷过农药的蔬菜、青玉米及水稻田的杂草，都含有一定量的农药成分，不能立即用做饲料喂牛，否则可引起肉牛中毒。要经过一定时间(1个月)或下过雨后，使药物残留量消失才能饲喂。

第三节　青干草的加工调制技术

青干草(green hay)是将牧草及禾谷类作物在质量和产量最好的时期刈割，经自然或人工干燥调制成长期保存的饲草。青干草可常年供家畜饲用。优质的干草，颜色青绿，气味芳香，质地柔松，叶片不脱落或脱落很少，绝大部分的蛋白质和脂肪、矿物质、维生素被保存下来，是家畜冬季和早春不可少的饲草。

调制青干草，方法简便，成本低，便于长期大量贮藏，在畜禽饲养上有重要作用。随着农业现代化的发展，牧草的刈割、搂草、打捆机械化，青干草的质量也在不断提高。

青干草是草食家畜所必备的饲草，是秸秆等不可替代的饲料种类，不同类型畜牧生产实践表明，只有优质的青干草才能保证家畜的正常生长发育，才能获得优质高产的畜产品。

一、干制过程中营养物质的变化规律

(一)植物体生物化学变化引起的损失

牧草刈割以后，晒制初期植物细胞并未死亡，其呼吸与同化作用继续进行，呼吸作用的结果，可使水分通过蒸腾作用减少；植物体内贮藏的部分无氮浸出物水解成单糖，作为能源被消耗；少量蛋白质也被分解成肽、氨基酸等。当水分降低到40%～50%时，细胞才逐渐死亡，呼吸作用才会停止。据此在田间无论采用哪一种方法晒制青干草，都应迅速使水分下降到40%～50%，以减少呼吸等作用引起的损失。

细胞死亡以后，植物体内仍继续进行着氧化破坏过程。参与这一过程的既包括植物本身的酶类，又包括微生物活动产生的分解酶，破坏的结果使糖类分解成二氧化碳和水，氨基酸被分解成氨而损失；胡萝卜素在体内氧化酶和阳光的漂白作用下遭到损失。该过程直到水分减少到17%以下时才会停止。因此，调制过程中，应注意曝晒方法和时间，使水分迅速降到17%以下，让氧化破坏变化停止。

(二)牧草干燥水分散失的规律

正常生长的牧草水分含量为80%左右，青干草达到能贮藏时的水分则为

15%～18%，最多不得超过20%，而干草粉水分含量13%～15%，为了获得这种含水量的青干草或干草粉，必须将植物体内的水分快速散失。刈割后的牧草散发水分过程大致分为2个阶段：

第一阶段，也称凋萎期，此时植物体内水分向外迅速散发，良好天气，经5～8小时，禾本科牧草含水量减少到40%～50%，豆科牧草减少到50%～55%。这一阶段从牧草植物体内散发的是游离于细胞间隙的自由水，散失水的速度主要取决于大气含水量和空气流速，所以干燥、晴朗有微风的条件，能促使水分快速散失。

第二阶段，是植物细胞酶解作用为主的过程。这个阶段牧草植物体内的水分散失较慢，这是由于水分的散失由第一阶段的蒸腾作用为主，转为以角质层蒸发为主，而角质层有蜡质，阻挡了水分的散失。使牧草含水量由40%～55%降到18%～20%，需1～2天。

为了使第二阶段水分快速散失，采取勤翻晒的办法。不同植物保水能力也不相同，豆科牧草比禾本科保水能力强，它的干燥速度比禾本科慢，这是由于豆科牧草含碳水化合物少，蛋白质多，影响了它的蓄水能力的缘故。另外，幼嫩的植物纤维素含量低，而蛋白质含量高，保水能力强，不易干燥，枯黄的植物则相反，易干燥。同一植物不同器官，水分散失也不相同，叶片的表面积大，气孔多，水分散失快，而茎秆水分散失慢，因此，在干燥过程中要采取合理的干燥方法，尽量使植物各个部位均匀干燥。

在晒制青干草时，牧草经阳光中紫外线的照射作用，植物体内麦角固醇转化为维生素D，这种有益的转化，可为家畜冬春季节提供维生素D，而且是维生素D主要来源。另外，在牧草干燥后，贮藏时牧草植物体内的蜡质、挥发油、萜烯等物质氧化产生醛类和醇类，使青干草有一种特殊的芳香气味，增加了牧草的适口性。

(三)机械作用引起的损失

干草在晒制和保藏过程中，由于受搂草、翻草、搬草、堆垛等一系列机械操作影响，不可避免地会造成部分细枝嫩叶破碎脱落。据报道，一般叶片损失20%～30%，嫩叶损失6%～10%。豆科牧草的茎叶损失，比禾本科更为严重。鉴于植物叶片和嫩枝所含可消化养分多，因此机械损失不仅使干草产量下降，而且使干草品质降低。为了减少机械损失，按调制需要，当牧草水分降至40%～50%时，应马上将草堆成小堆进行堆内干燥，并注意减少翻草、搬运时叶子的破碎脱落。

(四)阳光的照射与漂白作用的损失

晒制干草时主要是利用阳光和风力使青草水分降至足以安全贮藏的程度。阳光直接照射会使植物体内所含胡萝卜素、叶绿素遭到破坏，维生素C几乎全部损失。叶绿素、胡萝卜素破坏的结果，使叶色变浅，且光照愈强，曝晒时间愈长，漂白作用造成的损失愈大。据测定，干草暴露田间1昼夜，胡萝卜素损失75%，若放置1周，96%的胡萝卜素即遭破坏。为了减少阳光对胡萝卜素及维生素C等营养物质的破坏，应尽量减少曝晒时间。即在牧草水分达40%～50%时拢成小堆，这样不仅减少机械损失，也减少了阳光漂白作用。

（五）雨水的淋洗作用造成的损失

晒制过程中如遇阴雨，可造成可溶性营养物质的大量损失。据试验，雨水淋洗可使40%可消化蛋白质受损，50%热能受损。若阴雨连绵加上霉烂，营养物质损失甚至可达一半以上。

二、青干草调制的方法

长期以来，大部分国家和地区青干草调制的方法主要是自然干燥法，即选择适宜的时期和晴朗的天气刈割牧草，然后晒制而成。而一些畜牧业发达的国家也采用人工干燥法，人工干燥法调制的青干草品质好，但成本高。这里介绍国内外常用的青干草调制的方法。

（一）田间干燥法

田间晒制干草可根据当地气候、牧草生长、人力及设备等条件，分别确定平铺晒草法、小堆晒草法或平铺小堆结合晒草法，以达到更多地保存青绿饲料中的养分的目的。

作物、牧草种类不同，饲草刈割期不同。一般栽培的豆科牧草在初花期、禾本科牧草在抽穗开花期刈割。天然牧草可在夏秋季刈割，但以夏季刈割调制的青草品质较优。人工栽培牧草应尽量实行非雨季节调制干草的方法。如河南、河北、山东、陕西等省栽培苜蓿，可用第一茬（5月份）晒草，第二、三茬（正处于7～9月份雨季）作青饲料用。

平铺晒草法虽干燥速度快，但养分损失大，故目前多采用平铺与小堆结合晒草法。具体方法是：青草刈割后即可在原地或另选一地势较高处将青草摊开曝晒，每隔数小时翻草一次，以加速水分蒸发。一般是早上刈割，傍晚叶片已凋萎，其水分估计已降至50%左右，此时就可把青草集成约1 m的小堆，每天翻动1次，使其逐渐风干。如遇天气恶化，草堆外层宜盖草苫或塑料布，以防雨水冲淋。天气晴朗时，再倒堆翻晒，直至干燥。

田间干燥法的优点是：①初期干燥速度快，可减少植物细胞呼吸作用造成的养分损失；②后期接触阳光曝晒面积小，能更好地保存青草中的胡萝卜素，同时因堆内干燥，可适当发酵，产生一定酯类物质，使干草具有特殊香味；③茎叶干燥速度趋于一致，可减少叶片嫩枝的破损脱落；④遇雨时，便于覆盖，不致受到雨水淋洗，造成养分的大量损失。

（二）草架干燥法

在湿润地区或多雨季节晒草，地面不干燥容易导致牧草腐烂和养分损失，故宜采用草架(hay frame)干燥。用草架干燥，可先在地面干燥4～10小时，含水量降到40%～50%时，然后自下而上逐渐堆放。草架干燥方法，虽然要花费一定经费建造草架，并多耗费一定劳力，但能减少雨淋的损失，通风好，干燥快，能获得品质优良的青干草，营养损失也少。

（三）化学制剂干燥法

近几年来，国内外研究用化学制剂加速豆科牧草的干燥速度，应用较多的有碳酸钾、碳酸钾加长链脂肪酸混合液、碳酸氢钠等。其原理是这些化学物质能破坏植物体表面的蜡质层结构，促进植物体内的水分蒸发，加快干燥速度，减少豆科牧草叶片脱落，从而减少了蛋白质、胡萝卜素和其他维生素的损失。但成本较田间干燥和草架干燥方法高，适宜在大型草场进行。

（四）人工干燥法

人工干燥法是通过人工热源加温使饲料脱水。温度越高，干燥时间越短，效果越好。45～50℃干燥数小时即可；温度高于500℃，6～10秒即可。高温干燥的最大优点是，时间短，不受雨水影响，营养物质损失小，能很好地保留原料本色。但机器设备耗资巨大，1台大型烘干设备安装至利用需几百万元，且干燥过程耗资多，故应慎用。

（五）发酵干燥法

此法实质是介于调制青干草和青贮料之间的一种特殊干燥法。其原理是风干了的牧草（含水量50%左右）经过堆积，牧草本身细胞的呼吸热和细菌、霉菌活动所产生的发酵热在牧草堆中堆积，有时草堆温度可达到78～80℃，同时借助通风将牧草中的水蒸发使之干燥。这种方法牧草营养损失较多，故此法多用于雨天等万不得已时。这种方法的技术要点是：首先将刈割的牧草铺晒或风干到水分为50%时，再堆积成3～6 m高的草堆，堆积时应多践踏，力求紧实，使凋萎牧草在草堆上发酵6～8周，牧草逐渐干燥而成棕色干草。为防止发酵过度，每层牧草可撒为青草重0.5%～1%的食盐。

第四节 秸秆饲料

秸秆类饲料经过加工处理后饲喂家畜，特别是反刍动物，可以节约饲料，对于农户和牧场具有很大的经济价值。

作物秸秆的总能含量与干草相似，但其营养价值只相当于干草的1/2或谷物的1/4。影响其营养价值的主要因素是它的木质素含量高，蛋白质含量低，消化率和适口性差，即其饲用价值低。但是通过科学合理的加工调制，秸秆可以成为反刍家畜的良好饲料。研究表明，秸秆通过加工调制，可以改变原来的体积和理化性质，提高适口性，增加牛羊的采食量，减少浪费，同时还可以改变和增加某些营养成分，创造瘤胃微生物生长的适宜条件，从而提高秸秆营养价值和消化率。

一、物理处理法

（一）秸秆切短、粉碎及软化

将秸秆切短、粉碎及软化，以增加与瘤胃微生物的接触面积，这样的处理可提高秸秆的采食量和通过瘤胃的速度，但其消化率并不能得到改善。实践证明，如果未经切短的秸秆家畜只能采食70%～80%的话，那么，切短的秸秆，几乎全部可以被吃尽。秸秆切短的程度要适宜，过长作用不大，过细也不利于咀嚼与反刍，加工所花费的劳力也多。一般牛以3～4 cm为宜。如果将切短的多种秸秆混合饲喂，则可起到营养互补的作用，效果比单独饲喂要好；如果将禾本科秸秆与豆科秸秆或青贮料混合，再适当补充精料并添加食盐喂牛，效果会更理想。

牛所用的秸秆一般不粉碎，但有一些研究证实，在肉牛日粮中适当混合一些秸秆粉，可以提高采食量，采食增加的部分所含能量可以补偿秸秆本身所含能量之不足，而有利于肉牛的育肥。

常用的软化法有浸湿软化和蒸煮软化两种。用食盐水将秸秆浸湿软化，并用少量精料进行拌和调味，可使家畜对秸秆类粗饲料食入量提高1～2 kg。秸秆蒸煮软化，可以使秸秆的适口性得到改善，如果添加某些物质，则可以提高它的消化率。如加入尿素，可以将纤维素的消化率提高10%；添加玉米面，可将纤维素的消化率由43%提高到54%。

（二）秸秆粉碎后制成颗粒

由于牛不喜欢采食秸秆类粗饲料，但就形态而言，牛最喜欢采食颗粒饲料，故将秸秆粉碎后压制成颗粒饲料，可以有效地提高牛对秸秆类粗饲料的采食量。颗粒直径以 6～8 cm 为宜。

(三)秸秆揉搓处理

揉碎机械是近几年来推出的新产品。用铡草机将秸秆切段后直接喂牛，吃净率只有 70%，浪费很大，如果使用揉搓机将秸秆揉搓成柔软的丝条状后直接喂牛，则吃净率可提高到 90%以上。如果经揉搓处理后再进行氨化，不仅氨化效果好，而且可进一步提高吃净率。秸秆揉搓机的工作原理是将物料送进喂入槽，在锤片及气流的作用下，进入揉搓室，受到锤片、定刀、斜齿板及抛送叶片的综合作用，把物料切断，揉搓成丝条状，经出料口送出机外。

(四)秸秆热喷处理

饲料热喷技术是内蒙古畜牧科学院经多年的时间研制成功的。其原理是利用热喷效应，使饲料木质素熔化，纤维结晶度降低，饲料颗粒变小，消化总面积增加，从而达到提高家畜采食和消化吸收率以及由于高温高压而杀虫、灭菌的目的。用这项技术对秸秆、秕壳、劣质蒿草、灌木、林木副产品等粗饲料进行热喷处理，使全株采食率由 30%～50%提高到 70%以上，消化率提高到 20%，两项叠加可使全株利用率提高 2～3 倍。结合"氨化"对粗精饲料进行迅速的热喷处理，可将氨、尿素、氯化铵、磷酸铵等多种工业氮源安全地用于反刍家畜的饲料中，使粗饲料及精饲料的粗蛋白质水平成倍提高。另外，饲料热喷技术还具有对菜籽饼、棉籽饼、生大豆等含毒素的原料进行热去毒的作用，从而使这些高蛋白饲料得到充分利用。

二、化学处理法

物理处理粗饲料，一般只能改变粗饲料的物理性质，对于粗饲料营养价值的提高作用不大，而化学处理法则有利于打开纤维素、半纤维素与木质素之间的对碱不稳定的酯键，有利于微生物所产生的消化酶与其露出的超微结构接触，促进纤维素的消化。强碱，如氢氧化钠，可以使多达 50%的木质素水解。化学处理不仅可以提高秸秆的消化率，而且能够改进适口性，增加采食量。这也是目前研究最多，在生产实践中较实用的一种途径。

(一)氢氧化钠处理

1. 湿式处理法　其基本做法是把秸秆在 8 倍于其重量的 1.5%氢氧化钠溶液中浸泡一昼夜，然后再用大量的清水漂洗，去除余碱，这样便可使秸秆的消化率提高 24%，并使其净能达到优质干草的水平，适口性增强，采食量提高。但这种方法存在着费劳力、漂洗过程中干物质损失较多，以及洗碱造成河水污染等缺点，因而未能普及。

2.干式碱化法　用氢氧化钠溶液喷洒，每100 kg碎秸秆用30 kg 1.5%的氢氧化钠溶液喷，边喷边拌。处理后的秸秆可以堆存在仓库或窖里，也可以压制成颗粒饲料，其pH值虽然升到11，但喂前不需要清洗，秸秆的消化率一般可提高12%～15%，因而应用较广，目前虽无报道这种碱化秸秆对家畜有害，但因家畜饲用这种饲料后，饮水排尿增多，钠排出量加大，会污染土壤和水质，因此，目前很少采用这种方法处理秸秆。

(二)石灰水处理

生石灰加水后生成的氢氧化钙，是一定弱碱溶液，经充分熟化和沉积后，用上层的澄清液(即石灰乳)处理秸秆。具体方法是：每100 kg秸秆，需3 kg生石灰，加水200～300 kg，将石灰乳均匀喷洒在粉碎的秸秆上，堆放在水泥地面上，经1～2天后可直接饲喂牲畜。这种方法成本低，生石灰来源广，方法简便，效果明显。

(三)氨化处理

我国秸秆资源十分丰富，但浪费极大，利用极不合理，氨化秸秆是廉价、经济效益显著的秸秆类粗饲料加工方法。氨化后的秸秆是反刍家畜的良好粗饲料，其营养价值几乎能与优质干草媲美。资料表明，100 kg氨化秸秆的营养相当于100 kg普通秸秆与20～25 kg混合精料的总和。

1.秸秆氨化的原理　秸秆饲料蛋白质含量低，当与氨相遇时，其有机物与氨发生氨解反应，破坏木质素与多糖(纤维素、半纤维素)链间的酯键形成铵盐，成为牛、羊瘤胃内微生物的氮源。同时，氨溶于水形成氢氧化铵对粗饲料有碱化作用。因此，氨化处理是通过氨化与碱化双重作用以提高秸秆的营养价值。其优点为：①秸秆经氨化处理后，粗蛋白质含量可从3%～4%提高到8%以上，纤维素含量也大大降低，从而大大提高了秸秆的营养价值；②氨化后的秸秆质地松软，气味糊香，颜色棕黄，提高了饲料的适口性，增加了采食量，是牛、羊反刍家畜良好的粗饲料；③在氨化过程中氨的浓度为3%左右，因此，等于对秸秆进行了一次全面消毒，消灭了病原体和寄生虫卵；④开封后，若1周内不能喂完，可以把全部秸秆摊开晾晒，待其水分含量低于15%时堆垛保存，只要能保证不漏水，就不会发霉、腐烂，可以长期保存；⑤饲喂氨化秸秆所排的粪便不具碱性，不会使土壤碱化，并且由于含氮量提高而使肥效也有所增加。

2.氨化秸秆制作方法

(1)纯氨法。先在地面上铺1个长宽各3 m的塑料薄膜(膜厚不小于0.2 mm)，然后把切碎(成捆也可)的鲜秸秆在塑料薄膜上堆成长、宽、高各为2 m的垛(薄膜四周留约70 cm宽的边儿，以便封口)，再用另一塑料膜罩在垛上，其各边和垫底的塑料膜四周对齐折叠封口，用重物（如沙袋）把折叠部分压紧，应在垛的一侧中心位置到对侧中心位置埋入一根周围带漏孔的管子（塑料管、胶管均可），使管的一端通至垛外，将塑料膜罩在垛上后，从此管口通入相应的纯氨，再封口存放。冬天按每 100 kg 风干秸秆 2 kg 的纯氨用量、夏天 4 kg 的量将纯氨缓慢地注入孔内（不得泄漏），通氨后立即封口，一般冬季密封不少于 60 天，夏季密封不少于 30 天即可喂用。若是秸秆比较干燥，则应在堆垛的同时，按每 100 kg 秸秆喷入 30～40 kg 水使其湿润。

(2)尿素法。先将尿素（冬天每 100 kg 秸秆用尿素 3 kg，夏天 6 kg）溶于水中（30～40 kg），然后将此水喷到切碎后的干秸秆中（若是鲜秸秆，则用饱和溶液喷入），边喷边拌匀，最后密封于塑料袋中，或用塑料薄膜密封在地窖中。氨化时间及使用方法与纯氨法相同，但氨化时间则宜长一点，特别在气温较低时更应延长。此法简单易行，在制作时无需使用防护用具也十分安全。饲喂效果与纯氨法相似。

良好的氨化秸秆色泽应较原秸秆为深，呈黄褐色，无氨味、霉味，具有秸秆的香味；晒干后质地较原秸秆蓬松、酥脆，故可使采食速度明显提高；干物质采食量也有所改善，粗蛋白质含量应达到 8%～12%；秸秆上不含未分解的尿素或碳酸氢铵。

秸秆经过一定时间的氨化可开封使用。开封后，一般要晾 24～48 小时，以使多余的氨挥发尽。若一周内不能喂完，则应把全部秸秆摊开晾晒 1～2 天，待其水分含量低于 15%时垛好保存，否则会逐渐发霉而造成损失。氨化秸秆只适于饲喂反刍动物，且饲喂时要由少到多，经 5～7 天增到最大量。如果日粮粗蛋白含量低于 12%时，则氨化秸秆可代替全部粗料。若预计日粮粗蛋白远高于 12%时，则可以少喂或不喂氨化秸秆。试验证明氨化秸秆的安全性是可靠的，是尿素拌料喂牛所不能比拟的。

3. 氨化秸秆的注意事项

①制作氨化秸秆时容器的密闭性必须可靠，否则由于氨泄露，轻则影响氨化效果，严重时秸秆发霉腐败。容器密闭后，仍应经常检查是否漏气，方法是经常在容器周围嗅一嗅，如果嗅到氨味，找出漏洞及时修补。

②尿素处理最好在气温较高的时期进行，如果气温偏低，延长氨化时间会更有效。温度低于 8℃时应采取保温措施，即覆盖秸秆、草垫等保温材料。

③开封后一时喂不完的应及早晾干贮存，以免发霉。霉坏的秸秆不能饲喂，原秸秆发霉也不可用作氨化的原料。

④氨化秸秆中胡萝卜素缺乏，应注意补充。苜蓿干草含胡萝卜素较丰富，大约每千克体重每日补充 350 g 苜蓿干草即可。

⑤氨化秸秆在饲喂前必须挥发掉部分氨，即加入的氨源约 2/3 要损失掉。

⑥氨化法提高秸秆的消化率幅度较小，明显低于氢氧化钠处理的秸秆。

各种作物秸秆均可用氨化法处理。氨化秸秆制作的成败，关键在于密封是否良好，塑料膜连接处及小孔也均应烙接好，否则氨气泄漏会使秸秆霉烂，并会影响人畜健康。应用纯氨时，工作人员应戴防毒面罩操作，以防中毒。氨化秸秆的湿度大，开封后应摊晒干燥后存放。

三、生物处理法

(一)秸秆微贮技术

秸秆微贮技术就是向农作物秸秆中加入微生物高效活性菌种，放入一定的密封容器(如水泥地、土窖、缸、塑料袋等)中或地面发酵，经过一定时间的发酵过程，使农作物秸秆变成带有酸、香、酒味且草食家畜喜食的饲料。因为它是通过微生物使贮藏中的饲料进行发酵，故称微贮，其饲料叫微贮饲料。

秸秆微贮是利用微生物处理秸秆的一项新技术。微贮后的秸秆全面优于未处理秸秆，与氨化处理比较，微贮秸秆粗蛋白含量低于氨化秸秆，但采食量和日增重均高于氨化秸秆，成本亦比氨化处理低，且污染少、贮存时间长、利于工业化生产，对于开发秸秆资源，进一步加快节粮型草食家畜的发展，将起到积极的推动作用。

1. 微贮的原理　在饲料微贮的过程中，由于加入了高效活性发酵菌种，使饲料中能分解纤维的菌数大幅度提高，发酵菌在适宜的厌氧环境下，分解大量的粗纤维，转化为糖类，糖类又经有机酸发酵转化为乳酸、醋酸和丙酸，使 pH 值降至 4.5～5.0，加速了微贮饲料的生物化学作用，抑制了丁酸菌、腐败菌等有害菌的繁殖。微贮饲料的含水量一般为 60%～65%，最少不能低于 55%，当含水量过多时，则会造成秸秆中糖和胶状物浓度变稀，破坏了产酸菌所要求的浓度，使产酸菌不能正常生长，使饲料中有害菌生长迅速，导致饲料腐烂变质。而含水量过少时，秸秆不易被踩实，饲料中残留空气过多，保证不了厌氧发酵的条件，使产酸菌发酵不够，而有害菌种大量繁殖，容易霉烂。

2. 制作方法与步骤

(1)微贮窖分水泥池窖和土窖两种。水泥池窖是用水泥、黄沙、砖为原料砌成，以地下为好，方形，地上高出地面 30 cm 左右，窖的内外壁均需水泥抹面，内壁要光。这种池子的优点是不易进水进气，密封性好，经久耐用，成功率高。土窖要选择地势高、土质硬、向阳干燥、排水容易、地下水位低的地方，窖的形状为圆形或方形，窖底和四周所用塑膜可选市场上所售 0.5 mm 以上桶状聚乙烯塑膜，将其一端打节后套翻，使节向里与饲料接触。窖深 1.5～2 m，窖口面积根据养牛多少和大小而定，每头牛 0.5～0.8 m^2，以玉米秸为原料的宜大些，以麦秆、稻草为原料的宜小。家庭养牛羊最好同时建 2～3 个窖，以便轮换制作使用。只养 1 头牛用麦秸、稻草作原料的，不宜搞微贮。微贮料每立方米容重 150 kg 左右(风干物料)。

(2)原料。青玉米秸、黄玉米秸、麦秸、稻草、野青草、甘薯秧均可，但麦糠和稻糠不行。原料要求无霉变无污染。秸秆要铡短：干秸秆宜短，2～3 cm；青秸秆稍长，3～4 cm。

(3)添加物。大麦粉、玉米粉比麸皮效果好，添加量因原料不同而有差异，青玉米秸无需添加，黄玉米秸添加量为原料量的 0.5%，稻草、麦秸为 1.5%～2%。

(4)菌种的复活。秸秆发酵活干菌每袋 3 g，可处理青秸秆 2 000 kg，或干秸秆 1 000 kg。处理前，将菌种放入 250 mL 自来水，充分溶解。若有条件，可加入 2 g 白糖溶解后再加入菌种。常温下放置 1～2 小时后用。复活好的菌剂当天要用完，否则会失去作用。

(5)菌液配制。将复活好的菌剂倒入充分溶解的 0.8%～1%食盐水中拌匀。食盐水及菌液量根据秸秆的种类而定，1 000 kg 稻或麦秸加 3 g 活干菌、12 kg 食盐、1 200 L 水；1 000 kg 干玉米秸秆加 3 g 活干菌、8 kg 食盐、800 L 水；1 000 kg 青玉米秸秆加 1.5 g 活干菌，水适量，不加食盐。

(6)微贮技术。将铡短的秸秆小段，装入窖中(若是砖窑或土窖，应在其四周及底部铺塑料薄膜，以确保其密封性)，以 20～25 cm 厚为一层，均匀地喷洒菌液，压实后，再铺一层 20～25 cm 厚的秸秆，再喷洒菌液，压实，直至高出窖口 40 cm，再封口。用手握秸秆无水滴，含水量即达 60%～70%。每层可撒入秸秆重量 0.5% 的玉米面、麦麸等。如果当天装窖没装满，可盖上塑料薄膜继续装填。

(7)封窖。当秸秆分层压实至高出窖口 40 cm，再充分压实后，在最上面撒上少量食盐粉，再压实后覆盖塑料薄膜。食盐用量为每平方米 250 g，目的是确保微贮饲料不霉烂变质。盖上塑料薄膜后，在上面撒上 20～30 cm 厚的稻秸、麦秸，再在其上面覆土 15～20 cm 厚，密封。秸秆微贮后，窖池内贮料会慢慢下沉，应及时加盖使之高出地面，并在周围挖好排水沟，以防雨水渗入。

(8)开窖。开窖时间根据环境温度而定，5～8 月需 21～30 天，4 月和 9 月需 30～40 天，其他月份 40 天以上。取用时要从一角开始，先去掉上边覆盖的部分土层，然后揭开薄膜，从上到下逐段取用。每次取用量应以当天喂完为宜。每次取完后，要用塑料薄膜将窖口封严，以免水浸入后引起变质。微贮饲料在饲喂前最好再用高湿度茎秆揉碎机进行揉搓，使其成细碎丝状物，以便进一步提高牲畜的消化率。

(9)质量鉴别。优质微贮青玉米秸秆呈橄榄绿，稻麦秸秆呈金黄色，并有果香味和酒香，拿到手里感到松散，柔松湿润。如颜色变为褐色或墨绿色，则质量不好；若发臭、发霉、发黏、结块或干燥粗硬，则不能饲喂。

(10)取喂。秸秆微贮料必须每天取喂，取喂时剔除发霉变质部分。可与其他饲料和精料搭配使用，要按照循序渐进逐步增加喂量的原则饲喂。以微贮饲料作为牛羊主要粗饲料时，其日粮无需再添加食盐。

(二)酵母菌处理

利用酵母菌对秸秆进行发酵处理，生产酵母发酵饲料，用其喂牛具有增加产奶量、降低成本、提高效益等优点。

1.制作方法 用缸、池作为发酵容器，用前熏蒸消毒。秸秆切成 1 cm 长，用水浸数小时，以浸软、浸透为宜，一般含水量达 50%～60%，按 100：1 的比例加入酵母粉菌种。为了散布均匀，可先将菌种拌入玉米面中，每吨玉米秸加 10 kg 玉米面。搅拌均匀，入缸或池，踏实，用塑料薄膜封严。15℃以下发酵 21 天，15℃以上发酵 15 天即可完成发酵过程。

2.酵母发酵饲料的品质 经发酵后玉米秸、稻草和麦秸的粗蛋白质水平分别提高 43.1%、20.3%和 58.4%；赖氨酸水平分别提高 87.5%、100%和 100%。精氨酸、胱氨酸、组氨酸水平也大幅度提高，同时维生素的含量丰富。

秸秆类饲料的生物处理法还有酶酵母加工处理，这种处理的工艺是传统的粉碎、蒸煮、水解和发酵等方法有效结合起来的一种高效的新工艺。据有关资料，经这种方法处理的秸秆，每千克中含蛋白质 80～100 g，糖 40～50 g，脂肪 30 g 以及维生素 B、维生素 D、维生素 E 等多种维生素。另外，利用食用菌的生长繁殖来分解农作物秸秆中的粗纤维，然后将食用菌的菌丝体及经酶分解后的秸秆(称为菌糠)一并用做饲料，具有质地松软、气味芳香、适口性好、饲用价值高等特点。

第五节 青贮饲料的制作

青贮的原理就是把新鲜的青绿多汁饲料切碎后装进青贮窖、青贮塔或青贮壕内，压实密封，经微生物发酵而制成具有酸味、清香味的可口性饲料。这种饲料可保存几个月甚至几年。所以青贮是一种长期贮藏青绿饲料的好方法。青贮的原料应含有一定的糖和适量的水分。糖分少则乳酸菌增殖慢，产生的乳酸极少，难以抑制其他杂菌的生长，不利于青贮。水分过多使糖分浓度变稀，汁液外渗，造成养分流失，而易使酪酸菌繁殖，使青贮质量不好；水分太少原料不易压紧，易造成好氧腐败菌繁殖，引起发霉腐败。用做青贮的原料要求含水分 65%～70%。如果原料嫩，含水分可低于 60%；原料粗老，则含水量可高于 70%，若进行低水分青贮，其含水量应为40%～60%。同时，由于乳酸菌为厌氧菌，在青贮时务须将青贮原料切短、踩压紧密。

一、青贮技术要点

（一）青贮方式

1. 青贮塔　青贮塔多为砖砌圆筒，直径数米，高一二十米。青贮塔进料用吹风机，取料亦有专用机械，一次性投资较高。

2. 青贮窖　圆形或长方形，以长方形为多。永久性青贮窖用混凝土建成，半永久性青贮窖只是一个土坑而已。建窖地点要选择地下水位低、干燥和排水容易的地方。

3. 青贮壕　是一个长条形的壕沟，沟的两端呈斜坡（从沟底逐渐升高至与地面相平）。沟底及两侧墙用混凝土砌抹。青贮壕更便于大规模机械化作业。

4. 青贮堆　选一块干燥平坦的地面，铺上塑料布，然后，将青贮料卸在塑料布上垛成堆。青贮堆压实之后，用塑料布盖好，周围用沙土压严。塑料布顶上用旧轮胎或沙袋压严，以防塑料布被风掀开。

5. 青贮袋　袋贮方法简单，贮存地点灵活，饲喂方便。使用时应当注意：塑料布厚度在0.12 mm以上；不可使用再生塑料；注意防鼠。

6. 草捆青贮　主要用于牧草青贮。方法是将新鲜牧草收割并压制成大圆草捆，装入塑料袋并系好袋口便可制成优质的青贮饲料。

（二）原料的含水率

青贮原料只有在适当的含水率时，才能保证获得良好的发酵并减少干物质损失和营养物质损失。含水率以50%～70%为宜，以65%为最佳。通常可以采用比较简便方法进行粗略判定，抓一把割下并切碎的青贮作物的样品，在手里攥紧1分钟然后松开，若能挤得出汁水，则含水率必定大于75%；草球能保持其形状但无汁水，则为70%～75%；草球有弹性且慢慢散开，则含水率为55%～65%；草球立即散开，则含水为55%左右；若牧草已开始折断，则含水率已低于55%。

（三）切短、压实、密封

青贮就是在厌氧的环境下使乳酸菌大量繁殖生长。如不排除空气，就没有乳酸菌存在的余地，致使霉菌、腐败菌乘机滋生，导致青贮失败。因此青贮要把原料切短（3 cm以下）并踩实密封。理想的切碎长度为：高含水牧草青贮6.5～25 mm，半干牧草青贮6.5 mm左右，玉米青贮6.5～13 mm。粗硬材料应切得更短，细软材料可稍长些。

(四)营造合适的温度

乳酸菌存活适宜温度为25～35℃,在这个温度范围内,乳酸菌大量繁殖,而其他一切杂菌无法活动,若温度达50℃以上时,丁酸菌就会生长繁殖,使青贮料出现臭味,以致腐致。因此,除了要尽量踏实排除空气外,还要尽可能缩短铡草过程,以减少氧化产热。

(五)影响青贮饲料质量的因素

青贮需要含糖量多的原料,例如玉米秸、瓜秧、青草、红薯蔓等。含糖少的难青贮,如花生秧、大豆秸等。对于含糖少的原料,可以和含糖多的原料混合在一起青贮,也可添加3%～5%的玉米面或麦麸单贮。

利用农作物秸秆青贮,要掌握好时机。过早会影响粮食生产,过迟会影响青贮品质。玉米秸秆的收割时间,一看籽实成熟程度,蜡熟正适时;二看青黄叶比例,青叶多好;三看生长天数,一般中熟品种110天就基本成熟。

(六)青贮饲料添加剂

为了保证青贮饲料的质量,可以在调制过程中加入青贮饲料添加剂,或促进乳酸菌的发酵,或抑制有害微生物。常用的青贮饲料添加剂有微生物、酸类、防腐剂和营养性物质等。

1.提高青贮料中蛋白质含量的添加剂　如原料中含蛋白质并不高,装窖时向原料中均匀地撒上尿素或硫酸铵混合物0.3%～0.5%,青贮后,每千克青贮料中可消化蛋白质增加8～11 g。玉米青贮料加0.2%～0.3%的硫酸铵,可使含硫氨基酸增加2倍;添加0.5%～0.7%的尿素,亦可提高青贮料中的粗蛋白质含量。这是由于添加物通过青贮微生物的利用形成菌体蛋白所致。

2.化学防腐添加剂　添加甲醛、甲酸、乙酸等,以制止微生物的活动,使不容易青贮的原料更好地贮存起来,达到保存的目的。

3.使养分能被动物更好地利用的添加剂

(七)装填及封窖

装填青贮饲料时要逐层装入,每层15～20 cm,装一层踩实一层,边装边踏实,直至装满并超出窖口20～30 cm为止。窖顶用厚塑料布封好,四周用泥土把塑料布压实,防止漏气和雨水渗入。

(八)青贮饲料质量评定。

1.色泽　优质的青贮饲料非常接近于作物原先的颜色。若青贮前作物为绿色,青贮后仍为绿色或黄绿色为最佳。

2. 气味　品质优良的青贮通常具有轻微的酸味和水果香味，类似刚切开的面包味和香烟味(由于存在乳酸所致)。

3. 结构　植物的结构(茎叶等)应当能清晰辨认。结构破坏及呈黏滑状态是青贮严重腐败的标志。

二、青贮饲料的饲喂技术

(1)青贮作物一般经过6～7周完成发酵过程，便可取出喂饲。取出青贮饲料时，从青贮壕的一端开始，逐段取用。取用后及时将暴露面盖好，尽量减少空气侵入，防止二次发酵，避免饲料变质。

(2)青贮饲料在空气中容易变质，一经取出就应尽快喂饲。食槽中牲畜没有吃完的青贮饲料要及时清除，以免腐败。

(3)第一次饲喂青贮饲料，有些牲畜可能不习惯。可将少量青贮饲料放在食槽底部，上面盖一些精饲料，等牲畜慢慢习惯后，再逐渐增加喂饲量。奶牛通常喂量15～25 kg。

第六节　精饲料的加工技术

一般来说，精饲料的适口性好，营养价值高。但部分籽实饲料的种皮、颖壳、糊粉层的胞壁物质、淀粉粒的性质以及某些抗营养因子如抗胰蛋白酶等，仍会影响动物对营养物质的消化利用。因此，饲喂前有必要对其进行适当的加工调制，以提高饲料的消化利用率。

一、机械加工

(一)粉碎

精饲料饲喂前应进行粉碎，以增加与消化液的接触面积，从而提高饲料的消化率。精饲料的粉碎粒度，可根据饲料的性质、动物种类、饲喂方式及加工成本等因素来综合考虑。粉碎粒度太小，家畜咀嚼不良，影响饲料消化，如小麦粉碎过细，容易糊口，在胃内形成黏性面团，很难消化。同时还可使粉尘增加，污染环境，并且由于静电作用，易使饲料结块；粉碎粒度太大，因饲料的表面积小，和胃液接触面积小，不利于动物的消化吸收，还会影响饲料的混合均匀度。一般要求牛饲料可粗些，利于采食和反刍，过细并不合适。生产中应注意，籽实饲料粉碎后，容易返潮和氧化变质，尤其是脂肪含量高的饲料，粉碎后不宜长期保存。

（二）制粒

由于粉状饲料粉尘较多，适口性不好，同时动物采食时浪费大，也不便于机械化饲养，因此生产中常把粉料进一步制作成颗粒饲料。制成颗粒饲料不仅便于机械化饲养，减少饲料的浪费，避免动物挑食，而且可破坏饲料中的一些抗营养因子，从而提高饲料的营养价值和消化利用率。豆类籽实中的抗胰蛋白酶等抗营养因子，都可在制粒过程中被破坏。

麦麸类饲料制粒后也可以提高一定的营养价值，原因是由于麦麸中的糊粉层细胞，经过制粒过程开始的蒸汽处理以及压制过程中的高压挫挤后，其厚实的细胞壁破裂，从而使细胞内的养分充分释放出来。与此同时，制粒后麦麸中的淀粉粒破坏较多，这有利于淀粉酶对它的消化。

（三）湿润与浸泡

湿润一般用于粉尘较多的饲料，浸泡多用于硬实的籽实或油饼的软化，或用于溶去有毒物质。含单宁等物质较多的高粱等饲料，浸泡后苦涩味可减轻，适口性提高。夏天气温高，浸泡时间要短，以免引起饲料变质。

（四）蒸煮与焙炒

蒸煮可以进一步提高饲料的适口性，对有些饲料如马铃薯、大豆及豌豆等还可以提高其消化率。焙炒可使饲料中的淀粉部分转化为糊精，而产生香味。同时，焙炒还可以破坏豆类籽实中的抗营养因子，从而提高它们的营养价值。

二、饲料发酵

精饲料的发酵与粗饲料的发酵不同，后者是为了降解动物难以消化的粗纤维，以提高饲料的营养价值。而精饲料发酵的目的是通过微生物发酵获得新的营养价值，作为动物生产中某些特殊的用途。例如，对奶牛应用发酵饲料可以促进食欲，供给各种酶、有机酸和芳香物质，从而改善消化和营养状况，进一步提高产奶量。对于一般生产，精饲料的发酵没有必要，因为有些试验证明，发酵后的精饲料中有机物质损失11%～25%。精饲料发酵所用的微生物多为酵母，故以富含碳水化合物的饲料发酵最好，蛋白质饲料则不宜发酵。发酵的方法一般为：每 100 kg 粉碎的籽实，用酵母 0.45～1 kg。首先用温水将酵母稀释化开，然后将 30～40℃的温水 150～200 L 倒入发酵箱中，慢慢加入稀释过的酵母，再一边搅拌一边倒入 100 kg 的饲料中，搅拌均匀，以后每 30 分钟搅拌 1 次，经 6～9 小时发酵完成。在全部过程中应注意温度保持在 20～27℃之间

第七节 工业副产品的加工和利用

一、玉米酒精糟

酒精糟的营养价值比玉米高，含粗蛋白质 27%～34%，粗脂肪 17.89%，氨基酸含量 22.35%，粗纤维 13.46%。加工贮藏比较简单，一般用缸最方便。夏天酒精糟易发酵酸败，把酒精糟放进缸里，踏实沉降后，上面加一层清水，使酒精糟与空气隔绝，再用塑料布将缸封严，一缸争取一周喂完。也可用窖贮，其形状不限，大小按贮量来定。入窖酒精糟要压实，用塑料布封严，饲喂时从窖一头喂用，平时防止雨水进入窖内。与精饲料混合饲喂，但喂量要由少到多，直至达到计划喂量。

二、甜菜渣

甜菜渣是牛的重要饲料，其无氮浸出物含量为 62%，粗纤维含量为 20%左右，且含有一定量的糖分。甜菜渣的加工方法：湿渣可同玉米青贮一样青贮起来；如果是干渣，可打成捆，堆垛贮存。防止雨淋，注意通风，防止霉烂。饲喂时，甜菜渣可占日粮干物质的 50%～60%，喂时由少到多，逐渐达到计划喂量。

三、麸皮、米糠

麸皮、米糠是粮食加工的副产品，因加工方法不同，营养成分高低不一。一般与玉米面、豆粕等饲料搭配一定比例，制成精料喂牛。

第八节 奶牛简易日粮配制

一、简易饲料配方设计

(一)奶牛配日粮的依据

1.根据奶牛的不同生长阶段、不同体重和不同产奶量对各种营养的不同需要及饲养标准来配日粮 在选用的饲养标准基础上，可根据饲养实践中动物的生长或生产性能等情况做适当的调整。一般按动物的膘情或季节等条件的变化，可对饲养标准可作适当的调整。

2.根据饲料营养成分表、饲料的价格和成本 在选用饲料的营养成分中，往往发现同种饲料成分差异较大。不同收割期、不同土壤、不同年份、不同含水量对饲料的营养成分影响很大，可以选择与本地情况相似的值。有条件的牧场可以对常用的饲料进行营养成分测定。饲料的成本是奶牛生产成本的重要部分，选择性价比高的饲料一直是饲养业关注的问题。

3.根据奶牛的干物质采食量　奶牛的干物质采食量，取决于消化道的容积、饲料的体积和饲料通过消化道的速度，与奶牛的生产水平、体重、年龄、饲料的营养成分以及喂前调制、饲料气味和物理特性等有关。奶牛的采食量是有限度的，根据国外的经验，占体重的2%～4%，见表4-3。

表4-3　不同产奶量日采食干物质的估算表(按体重600 kg估算)

日产奶量	日采干物质占体重(%)	估计干物质采食量(kg)
35	3.5	21.0
30	3.2	19.2
25	2.9	17.4
20	2.6	15.6
15	2.4	14.4
10	2.2	13.2

4.精、粗比例适当　奶牛属于反刍动物，需要采食一定量的粗纤维，才能保证正常的消化机能。但日粮中的粗纤维也不宜过高，否则达不到所需的营养浓度。我国高产奶牛饲养管理规范规定，奶牛日粮粗纤维含量应占干物质的15%～20%，经过计算，粗、精饲料(按干物质计算)比例为40∶60较符合奶牛对粗纤维的要求。例如，某奶牛场把年产6 000 kg的奶牛，按日产奶20 kg定位产奶中期，定粗、精饲料比例为50∶50；日产30 kg以上定为产奶初期，粗、精饲料比例为40∶60；日产10 kg定为产奶后期，粗、精饲料比例为70∶30。

(二)奶牛日粮配方中要注意的问题

1.配方营养水平要适宜　重点考虑营养的平衡、全价、有效。在此基础上因地制宜选择当地的粗饲料和精饲料，并尽量多样化，避免饲料单一。配制饲料时考虑饲料的品质、饲料的体积和饲料的适口性。饲喂时要注意粗饲料的最大饲喂量(表4-4)以及精饲料的最大饲喂量(不能超过15 kg)。精粗饲料比例不能超过60∶40。

2.注意营养物质的优先次序　饲料原料提供的营养指标的增加、饲养标准的完善，要求饲料配方中几十种营养成分同时达到“标准”是不可能的。由于多种因素的影响，不同动物对各种营养物质的优先度不同。如奶牛营养物质次序为：纤维素→能量→蛋白质→非降解蛋白质→矿物质→维生素→其他。

表 4-4 部分奶牛饲料的最大日喂量

饲料	最大饲喂量	饲料	最大饲喂量
玉米、大麦	4	鲜啤酒糟	30
豆类	1.2	干啤酒糟	2.5
燕麦	4	鲜糖渣	35
小麦麸	6	胡萝卜	25
大麦麸	3	甜菜	30
玉米糠	3	青贮	25
向日葵饼、豆粕	4	优质青草	35
土豆	20	饲用萝卜	35

3. 注意某些原料的限用量 限用料主要考虑两个方面:①料中含有不良因素,如棉籽饼含有游离棉酚,有毒,且棉酚还能与饲料中赖氨酸结合,影响蛋白质吸收,去毒后可适当使用,但要限量;菜籽饼含有芥子苷。因此,在种畜的饲料配方中最好不用棉籽饼和菜籽饼。②为了使用合理,平衡营养而限量,如糠麸料,优质鱼粉等。使用青绿饲料也需要定量,还要注意基础料的营养成分。

(三)饲粮配合的方法

设计配方时采用的计算方法分手工计算和计算机规划两大类:①手工计算法,有交叉法、方程组法、试差法,可以借助计算器计算;②计算机规划法,主要是根据有关数学模型编制专门程序软件进行饲料配方的优化设计。后者需要购买专门的饲料配方软件,用于专业人员配置饲料,下面介绍手算法中最常用、简便的方法——交叉法。

交叉法又称四角法、方形法、对角线法或图解法。在饲料种类不多及营养指标少的情况下,采用此法,较为简便。在采用多种类饲料及复合营养指标的情况下,亦可采用本法。但由于计算要反复进行两两组合,比较麻烦,而且不能使配合饲粮同时满足多项营养指标。

日粮配制示例:给体重 600 kg,日产奶 20 kg(乳脂率 3.5%)的奶牛配制日粮,可用的饲料为玉米青贮、羊草、玉米、麸皮、豆饼、棉籽饼、磷酸氢钙、石粉和食盐。

第一步:根据奶牛的畜体和生产状况,查奶牛饲养标准(见附录一)。

首先将乳脂率为 3.5%的产奶量校正成乳脂率为 4%的标准乳的奶量,校正公式:

$$FCM = M \times (0.4 + 15 \times F)$$

式中,M 为泌乳期产奶量;F 为该期所测得平均乳脂率;FCM 为乳脂校正乳量。

$$乳脂校正乳量 = 20\ \text{kg} \times (0.4 + 15 \times 3.5\%) = 18.5\ \text{kg}$$

查奶牛饲养标准,计算体重 600 kg,日产标准奶 18.5 kg 的奶牛的营养需要(表4-5)。

表 4-5 体重 600 kg、日产标准乳 18.5 kg 的奶牛的营养需要

	干物质(kg)	奶牛能量单位(NND/kg)	粗蛋白(g)	钙(g)	磷(g)
维持需要	7.52	13.73	559	36	27
产奶需要	7.4～8.2	18.6	1 600	84	56
合计	14.92～15.72	32.33	2 159	120	83

第二步:列出饲料的营养成分,见表 4-6。

表 4-6 所选饲料的营养成分表

饲料	干物质(kg)	奶牛能量单位(NND/kg)	粗蛋白(g)	钙(g)	磷(g)
玉米青贮	22.7	0.36	1.6	0.16	0.06
羊草	91.6	1.38	7.4	0.37	0.18
玉米	88.4	2.76	8.6	0.08	0.21
麸皮	88.6	1.91	14.4	0.18	0.78
豆饼	90.6	2.64	43	0.32	0.5
棉籽饼	89.6	2.34	32.5	0.27	0.81
磷酸氢钙	96	—	—	23	16
石粉	97.1	—	—	36	—

第二步:粗定青、粗饲料的用量。

假定日粮精、粗比为 50∶50,则青、粗饲料所需达到的干物质的量为 14.92 kg×50%=7.46 kg,若玉米青贮和羊草各提供所需干物质的一半(7.46 kg÷2=3.73 kg),则需要玉米青贮 16.43 kg(3.73÷22.7%),羊草 4.07 kg(3.73÷91.6%)。然后,计算所得的营养总量(表 4-7)。

表 4-7 青、粗饲料的用量和已满足的营养总量

饲料	用量(kg)	干物质(kg)	奶牛能量单位(NND/kg)	粗蛋白(g)	钙(g)	磷(g)
玉米青贮	16.43	3.73	5.92	262.91	26.29	9.86
羊草	4.07	3.73	5.62	301.33	15.07	7.33
合计	20.50	7.46	11.53	564.24	41.36	17.19
尚缺		7.46～8.26	20.80	1 594.76	78.64	65.81

第四步:配制精料,补足尚缺的营养。

①首先计算出每千克精料原料和拟配的精料混合料的粗蛋白与能量(奶牛能量单位、产乳净能)之比。

玉米:8.6%×1 000/2.76=31.16　麸皮:14.4%×1 000/1.91=75.39

豆粕:43%×1 000/2.64=162.88　棉籽粕:32.5%×1 000/2.34=138.89

拟配的混合精料:1 594.76/20.80=76.69

②然后根据情况画出四角图,本例中玉米和麸皮的比值小于混合精料,而豆粕和棉籽粕的比值高于混合精料(即两高两低,按高低相间顺序如下排列),3 种饲料时方法相同。若 4 种饲料(三低一高或三高一低,则高低分三组搭配,最后将各组中同种饲料的分数相加)。

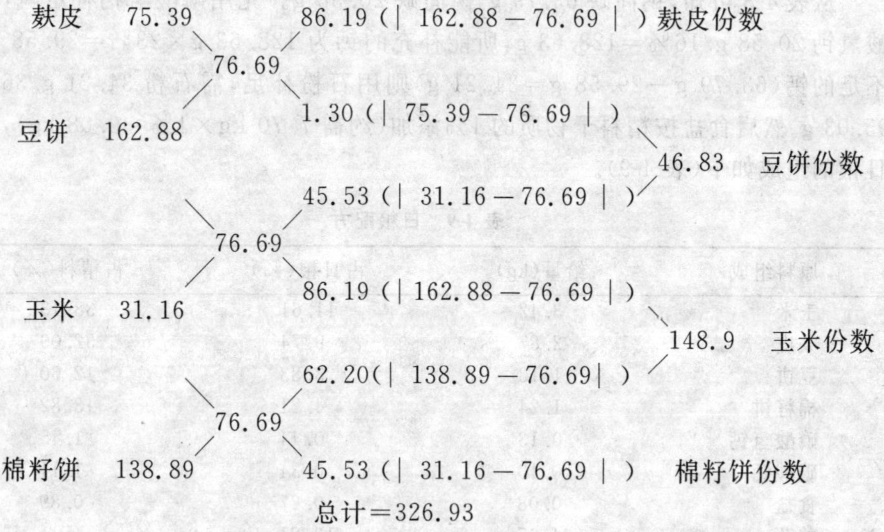

这里麸皮和玉米、豆饼和棉籽饼的位置可以调换,结果也稍有不同,但在营养需要上都能满足需要。原则上把贮存量大的营养成分放中间(在满足高低相间的前提下),这样饲料配方中这些饲料比例较高。当然还要顾及上文中提及的配制饲料的注意事项。

③计算各种精料的用量,列出其满足的营养总量(表 4-8)。

玉米:148.39/326.93×20.80/2.76=3.42 麸皮:86.19/326.93×20.80/1.91=2.87。

豆饼:46.83/326.93×20.80/2.64=1.13 棉籽饼:45.53/326.93×20.80/2.34=1.24。

表 4-8 精料所满足的营养成分

饲料	用量(kg)	干物质(kg)	奶牛能量单位(NND/kg)	粗蛋白(g)	钙(g)	磷(g)
玉米	3.42	3.02	9.44	294.10	2.74	7.18
麸皮	2.87	2.54	5.48	413.32	5.17	22.39
豆饼	1.13	1.02	2.98	485.12	3.61	5.64
棉籽饼	1.24	1.11	2.90	402.22	3.34	10.02
合计	8.66	7.70	20.80	1 594.76	14.85	45.24
尚缺	—	0.24	0	0	63.79	20.58

第五步:补足矿物质,计算各种饲料的配比。

从表 4-8 可知,钙尚缺 63.79 g,磷尚缺 20.58 g。先用磷酸氢钙补足磷,需磷酸氢钙 20.58 g/16%=128.63 g,所能补充的钙为 128.63 g×23%=29.58 g,仍不足的钙(63.79 g-29.58 g=34.21 g)则用石粉补足,需石粉 34.21 g/36%=95.03 g。然后食盐按精料干物质的 1%添加(约需 7.70 kg×1%≈0.08 kg),至此日粮的组成如下(表 4-9)。

表 4-9 日粮配方

原料组成	给量(kg)	占日粮(%)	占精料(%)
玉米	3.42	11.61	38.13
麸皮	2.87	9.74	32.00
豆饼	1.13	3.83	12.60
棉籽饼	1.24	4.21	13.82
磷酸氢钙	0.13	0.44	1.45
碳酸钙	0.10	0.34	1.11
食盐	0.08	0.27	0.89
羊草	4.07	13.81	—
玉米青贮	16.43	55.75	—
合计	29.47	100.00	100.00

二、全日粮混合日粮的配制

全混合日粮(TMR)是一种将粗料、精料、矿物质、维生素和其他添加剂充分混合,能够提供足够的营养以满足奶牛需要的饲养技术。全混合日粮技术适用于规模大的牛场,以及在舍饲的"散放饲养、自由牛床"模式中应用。

1. *与传统饲喂方式相比 TMR 的优点* ①提高奶牛产奶量;②增加奶牛干物质的采食量;③提高牛奶质量;④降低奶牛疾病发生率;⑤提高扔牛繁殖率;⑥节省饲料成本;⑦大大节约劳力时间。

2. TMR 的不足 ①讲究的是群体饲养效果，同一组群内个体的差异被忽略；②一般只适用于大型牛场，需要昂贵的专业设备；③奶牛必须进行分群饲喂，频繁分群，增加了奶牛流动，给有关记录和测定带来不便。同时，在转群的过程中会对奶牛造成一定程度的应激而引起产奶量的波动。

3. TMR 饲养技术关键点

(1)干物质采食量预测。根据有关公式计算出理论值，结合奶牛不同胎次、泌乳阶段、体况、乳脂和乳蛋白以及气候等推算出奶牛的实际采食量。

(2)奶牛合理分群。①按奶牛所处的不同状态，可分为泌乳牛、停奶牛、育成牛(指经配种后受孕至其第一次分娩的奶牛)、发育牛(指育成牛与犊牛阶段之间的奶牛)和犊牛(又分为哺乳犊牛和断奶犊牛)等群体；②在停奶牛中，又分为停奶前期和后期(预产期前 20～30 天)；③泌乳牛是奶牛中比例最高的群体，而这阶段奶牛对营养的需求，又比较复杂而多样，各有所需。分群通过同类牛合并的办法来实现。泌乳牛大致有 5 种分群办法：

A. 按不同的泌乳状态，可分为泌乳前期、泌乳中期和泌乳后期 3 个阶段。

B. 按不同的繁殖状态，可分为产后复原期、受孕期、妊娠期和妊娠后期 4 个阶段。

C. 按不同的胎次，有一胎、二胎与三胎及以上之分。

D. 按不同的生产性能，日产奶量分为高、中、低 3 档。

E. 按体况，按照不同的泌乳阶段，可分别评定体况为一类(符合该阶段所要求的体膘状况)、二类(偏肥或偏瘦)和三类(太肥或太瘦)。

(3)奶牛饲料配方制作。根据牧场实际情况，考虑泌乳阶段、产量、胎次、体况、饲料资源特点等因素合理制作配方。考虑各牛群的大小，每个牛群可以有各自的 TMR，或者制作基础 TMR＋精料(草料)的方式满足不同牛群的需要。此外，在 TMR 饲养技术中能否对全部日粮进行彻底混合是非常关键的，因此牧场必须具备能够进行彻底混合的饲料搅拌设备。

(4)结合本场的实际情况进行应用设计。各种方式的选择与组合，取决于技术的发展以及投资者的意识或经济承受能力，在实际生产中，要结合不同规模、不同牛舍的建筑条件而灵活应用。对目前老奶牛场的牛舍设施不能完全照搬国外的模式进行改造，否则会造成资金的大量投入，要因地制宜进行部分调整。在推广应用该技术模式的过程中，不断总结提高。

(5)TMR 搅拌机的选择。

①TMR 搅拌机容积的选择。选择时的考虑因素，其一是根据奶牛场的建筑结构、喂料道的宽窄、牛舍高度和牛舍入口等来确定合适的 TMR 搅拌机容量；其

二是根据牛群大小、奶牛干物质采食量、日粮种类(容重)、每天的饲喂次数以及混合机充满度等选择混合机的容积大小。

②TMR 搅拌机机型的选择。TMR 搅拌机有立式混合机和卧式混合机。可根据不同的需要,厂子的大小、资金等选择合适的 TMR 搅拌机。

③TMR 搅拌机生产性能的选择。在对 TMR 搅拌机进行选择时,我们同样要考虑设备的耗用,包括节能性能、维修费用,以及使用寿命等因素。

④TMR 搅拌机混合时的注意事项。

A. 粗饲料的铡切长度:青贮料应切成保证青贮料中有 15%~20%的长度超过 4 cm,适量的青干草长约 5 cm 或更长一点的混进 TMR 中,建议青干草或优质牧草的加入量为 2 kg 左右。

B. 合适的填料顺序:一般立式混合机是先粗后精,按照干草、青贮、糟渣类、精料顺序加入。

C. 混合时间:边加料边混合,物料全部填充后再混合 3~6 分钟,避免过度混合。

D. 物料含水率:为保证物料含水率 4%~50%,可以加水或精料泡水后加入。牧场可以很方便地用微波炉检测饲料的水分。

E. 料槽管理:保持日常记录。每天每次的采食情况、奶牛食欲、剩料量等,以便于及时发现问题,防患于未然;每次饲喂前应保证有 3%~5%的剩料量,还要注意 TMR 日粮在料槽的一致性(采食前/采食后),每天保持饲料新鲜,及时推料。

4. 预混合料的配制　1%预混合料产品微量元素和维生素含量建议值(表4-10)。

表 4-10　1%预混合料产品中微量元素和维生素含量

预混料供给量	干奶牛	泌乳牛	犊牛(2~6 月龄)	生长后备奶牛	
				7 月龄(200 kg)	18 月龄(450 kg)
(g/天·头)	30	100	10	10	30
每千克预混合饲料中微量元素含量(mg/kg)					
钴	52.8	22.3	10	57.2	41.4
铜[a]	104.5	30.7	934	4 472	2 870.2
碘[b]	192	121.8	22	140.4	113.0
铁[c]	—	—	3 752.3	16 790.3	8 88.9
锰	—	—	3 966	11 268.4	5 164.1
硒	123.4	60.9	30	156.0	113.0
锌	—	276.3	3 570	14 716	5 085

续表 4-10

预混料供给量	干奶牛	泌乳牛	犊牛（2～6 月龄）	生长后备奶牛 7 月龄（200 kg）	生长后备奶牛 18 月龄（450 kg）
（g/天・头）	30	100	10	10	30
每千克预混合饲料中维生素含量（IU/kg）					
维生素 A	2 676 666	750 000	400 000	1 600 000	1 200 000
维生素 D_3	730 000	210 000	60 000	600 000	450 000
维生素 E	38 933	5 450	2 500	16 000	12 000

注：a. 日粮中的钼、硫和铁的含量过高会影响铜的吸收，从而增加铜的需要量。

b. 日粮中含有致甲状腺肿的物质会导致增加碘的需要量。

c. 大部分的饲料含有足够的铁，可以满足成年牛的需要；当日粮中含有棉酚时，可导致增加铁的需要量。

第五章　奶牛的分群与阶段饲养管理技术

第一节　后备母牛的分群与饲养管理

乳用母犊牛从出生的第一次产犊前皆属于后备牛(replacement dairy cattle)。后备牛又根据其生长发育阶段分为犊牛(0～6 月龄)、生长发育牛(6～18 月龄)和育成牛(18 月龄至产犊)3 个阶段。后备牛是奶牛场的后备力量,它们的优劣关系到以后整个奶牛群的生产性能,直接影响着奶牛场未来的生产水平。从长远利益来看,奶牛场要十分重视培育好后备母牛。据报道,生长发育良好的后备牛,如体重超过同期牛的平均数,则其第一胎产乳量要比发育差的牛高 200～300 kg。后备母牛若饲养管理不科学,如日粮精粗比例不平衡,能量和蛋白质比例不平衡,各种氨基酸比例不平衡,则会使体内若干激素分泌失衡,体内尤其是乳房沉积过多脂肪,导致乳腺实质发育不良,则会直接影响日后的产奶量。

一、犊牛的饲养管理

犊牛是指出生后到断乳的小牛。哺乳期犊牛的生理机能处于急剧变化的阶段,可塑性大,饲养管理是否得当,直接影响奶牛的成年体型、健康状况和生产性能等。因此,要培育高产、健康、能创造出更多价值的奶牛群,必须从犊牛抓起。初生犊牛的体质娇嫩,抗病力弱,需要精心喂养护理,做好犊牛培育工作是奶牛场阶段饲养工作的重要环节之一。

犊牛培育的原则:加强妊娠母牛的饲养管理,促进胚胎的生长发育,从而获得理想的初生重,即所谓的“母壮儿肥”。犊牛胚胎在母牛体内前期绝对增重不大,但是分化很强烈,对营养的质量要求高,因此在日粮上要特别注意其全价性;而犊牛初生重的 70%以上是在母牛产前 3 个月内即妊娠后期生长的,所以,妊娠后期对日粮的要求即要数量大又要质量高,但是体积不能太大。妊娠的后 2 个月要求干奶,同时须加强运动,以利于胎儿生长发育,并利于分娩,减少难产,特别是产前 1 个月的运动,可以有效防止难产。在生产实践中,放牧和舍饲的牛很少发生难产,而且产程缩短,长久拴系不运动的牛难产率就高。除此之外,为了培育理想乳牛,应早期补饲草料。出生后 2～3 周开始锻炼消化器官,提高对植物性饲料的适应性，减少哺乳量，降低成本，多用代乳料，并早期断乳。生产实践中，牛场的技术人员非常重视犊牛腹部的发育，而生长速度并不要求太快，一般要求3月龄时体重达到90 kg以上，6月龄时160 kg以上，12月龄时体重为出生重的7～8倍，14～16月龄时体重达到350 kg以上。不要用过多的奶和精料进行过度饲养。

（一）犊牛的饲养

1.犊牛的接生　母牛分娩时，应先检查胎位是否正常，遇到难产及时助产。胎位正常时尽量让其自由产出，不强行拖拉。犊牛出生后应立即清除口鼻黏液，尽快使小牛呼吸，并轻压肺部，以防黏液进入气管。接着，将犊牛的脐带在距离腹部10 cm处剪断，用5%～10%的碘酒浸泡1～2分钟，进行消毒。犊牛身上其他部位的胎液最好让母牛舔干净。

2.尽快喂上初乳　初乳对增强犊牛抗病力起关键作用。初乳能够阻止细菌侵入血液，还能将母牛所得到的免疫体传递给犊牛，有助减少犊牛疾病的发生。最重要的是初乳具有常乳不能比拟的丰富营养物质，能满足犊牛初生期发育的营养需要。犊牛出生后4～6小时对初乳中的免疫球蛋白吸收力最强，生后0.5～2小时必须饲喂初乳，可按初生体重的1/6～1/10计算，喂量2 kg左右，24小时内分3次或4次喂食，使其尽早获得母源抗体，以后每天增加0.5～1.0 kg，到第5天可喂到6～7 kg，每天分3次喂给，1周后转喂常乳。犊牛喂初乳1～2小时后，饮给38℃温水，15小时后改饮常温水，30小时转为自由饮水。初乳哺喂前应隔水加热到35～38℃后再喂给，温度过低会引起胃肠疾病，过高会引起乳凝固，消化困难。

3.合理饲喂犊牛

（1）定质。喂给犊牛的奶必须是健康牛的奶，忌喂劣质或变质的牛奶，也不要喂患乳房炎牛的奶。在许多奶牛场在饲养管理中，给犊牛饲喂大剂量药物治疗泌乳牛的高药残奶，导致犊牛体质下降，生长迟缓、甚至死亡的病例报道屡见不鲜。

（2）定量。按体重的8%～10%确定，哺乳期为2个月时，前7天5 kg，8～20天6 kg，31～40天5 kg，41～50天4.5 kg，51～60天3.7 kg，全期喂奶300 kg。为了减少犊牛的鲜奶饲喂量，多选用成本相对低廉的优质代乳品进行犊牛饲养已经成为现代规模化奶牛场发展的趋势。

（3）定时。要固定喂奶时间，严格掌握，不可过早或过晚。

（4）定温。指饲喂乳汁的温度，一般夏天掌握34～36℃；冬天36～38℃。

4.早期补饲　从出生后1周开始，在犊牛栏的草架或食槽上添入优质干草，任其自由咀嚼，练习采食。出生10天后，可训练犊牛吃精料（含2.3～2.4个奶牛能量单位，粗蛋白质在16%～18%）。开始时可将精料涂抹在犊牛的口角、鼻或在奶桶内放入10～20 g（1两＝50 g），任其自由舔食。数日后可增加至80～100 g。

1 月龄时喂料 250～300 g，2 月龄时喂 500 g 左右。精料采食的训练是能否实现早期断奶的关键，犊牛喂料要注意料量适当。牛奶中的含水量不能满足牛正常代谢的需要，在犊牛出生 1 周后，可以诱导其饮水。最初可先在水中加少量乳液，以引诱其饮用。10 天以内给 36～37℃温开水，10 天以后给以常温水，但水温一般不能低于 15℃。在饲养条件较差的条件下，可以补饲抗生素饲料，这对于预防疾病效果非常显著。

早期补饲，能促进消化器官，特别是瘤胃的生长发育，提高了犊牛培养质量，并且有可能进一步培育成高产乳牛，而且由于瘤胃的强大，可减少消化道疾病的发病率，提高犊牛成活率。但是应该注意，饲草饲料不能更换过快，饲料不能太精良，要符合奶牛的饲养标准。犊牛料 8 种配方见表 5-1。

表 5-1　犊牛料典型日粮配方举例(每 100 kg 中各种成分含量)

	1	2	3	4	5	6	7	8
苜蓿饼	—	—	—	—	18.9	17.0	18.8	16.0
玉米粒	35.0	30.0	20.0	50.0	24.0	22.0	—	15.0
玉米整株	—	—	—	—	—	22.0	35.0	10.0
大麦	35.0	13.0	—	—	35.0	—	22.0	10.0
小麦	—	10.0	10.0	—	—	—	—	—
甜菜渣	—	—	—	—	—	15.0	—	10.0
玉米淀粉渣	—	—	—	20.0	—	—	—	10.0
酒糟	—	—	10.0	—	—	—	—	10.0
亚麻籽油饼粉	—	10.0	10.0	10.0	—	—	—	—
44%粗蛋白添加剂	22.7	10.0	12.8	12.9	15.0	17.0	17.0	12.0
乳清粉	—	10.0	—	—	—	—	—	—
糖浆	5.0	5.0	5.0	5.0	5.0	5.0	5.0	5.0
磷酸氢钙(23%钙 18%磷)	0.6	—	—	—	1.1	1.2	1.2	1.0
石灰	1.4	1.7	1.9	1.8	0.7	0.7	0.5	0.7
0.7 预混为两元素	0.25	0.25	0.25	0.25	0.3	0.3	0.3	0.3
合计	100	100	100	100	100	100	100	100

5. 断奶技术　犊牛的哺乳期一般为 2 个月，日喂奶 3 次。生长良好的犊牛可在 40 天时改为日喂 2 次，喂奶 4～4.5 kg，50 天时改为日喂 1 次，喂奶 3～3.5 kg。犊牛在任何时期断奶，最初几天体重都会下降，属正常现象。小牛断奶后 10 天应仍放在单独的畜笼内，直到小牛没有吃奶要求为止。

早期断奶的犊牛哺乳期一般为30～50天。每年上半年出生的犊牛可用30天的哺乳期，下半年出生的可延长到50天左右。在生产实践中，当犊牛日增重达到500～600 g，进食量高于500 g时，即可断奶，日采食量达2 kg时，可改喂混合料。早期断奶的犊牛料配制原则为：20%以上粗蛋白，7%～12%的粗脂肪，干物质含量72%～75%，粗纤维含量不高于5%，矿物质、维生素和抗生素也要保证。早期断奶犊牛饲养方案如表5-2所示。

表5-2　早期断奶犊牛饲养方案　kg

日龄	日喂奶量	日喂犊牛料	日喂粗料
1～10	4	5～8日龄开食	训练吃干草
11～20	3	0.2	0.2
21～30	2	0.5	0.5
31～40	2	0.8	1.0
41～50	2	1.5	1.5
51～60	—	1.8	1.8
61～180	—	2.0	2.0

（二）犊牛的管理

1. *犊栏卫生*　刚出生的犊牛应放在干燥、避风、不与其他动物直接接触的单栏内饲养，直到断奶后10天，这样可以降低疾病传染的几率。犊牛栏要经常打扫，及时更换垫草。

2. *哺乳卫生*　哺乳用具在每次使用后必须清洗干净，哺乳后应擦干嘴部的残留牛奶，防止犊牛舔食，形成恶癖。

3. *去角*　一般在7～10日龄去角，最晚不超过15日龄。可用烧红的烙铁烙角基部15～20秒，直到角的生长点被破坏，也可以用苛性钾，该药可在化学药品商店购得，要买棒状的，在犊牛角的基部涂抹，摩擦，直到出血为止，涂抹前可将角基部四周涂抹凡士林，防止被涂抹的氢氧化钾液流入眼中。

4. *去副乳头*　副乳头可引发感染并且影响将来的挤奶。一般在2～6周龄时去除已被确诊的副乳头。可用锋利的刀片从乳头和乳房接触的部位切下乳头，术前术后要严格消毒手术部位。

5. *免疫*　可根据当地疫情注射相应的疫苗，不过通常注射抵抗流行于某一地区病原体的疫苗时也可显著降低小牛对其他疾病感染。

二、生长发育牛的饲养管理

(一)生长发育牛的饲养

6～18月龄生长发育牛生长发育旺盛,在饲养时要尽量以最低的饲养成本,使牛的体格和各个器官生长发育充分,不宜过瘦或过肥,促使牛胃体积的扩大,耐粗饲,腹围大而不下垂,为终身优质、高产、长寿奠定基础。

①6～12月龄是育成牛发育最快的时期,发育正常时育成牛12月龄体重可达280～300 kg。此期,牛生长发育迅速,应供给足够的营养。此期每头日喂精料2～2.5 kg,青贮饲料10～15 kg,干草2～2.5 kg。日粮营养需要:奶牛能量单位12～13个;干物质5～7.0 kg;粗蛋白600～650 g;钙30～32 g;磷20～22 g。防止过量营养使青年牛过肥。此期饲料配方见表5-3。

②13～18月龄育成牛,体重应达400 kg,这时,消化器官已接近成熟,同时也无妊娠负担和产奶负担,日粮以粗饲料和多汁饲料为主即可。此期,每头日喂精料3～3.5 kg,青贮料15～20 kg,干草2.5～3.0 kg。日粮营养需要:奶能单位13～15;干物质6.0～7.0 kg;粗蛋白640～720 g;钙35～38 g;磷24～25 g。此期饲料配方见表5-4。

表5-3 6～12月龄生长发育牛饲料配方 %

原料	配方1	配方2	配方3
玉米	50	50	46
豆饼	30	10	—
葵子饼	—	10	—
棉仁饼	5	10	—
麸皮	10	12	31
高粱	—	—	5
大麦	—	—	5
饲用酵母粉	2	5	4
叶粉	—	—	3
石粉	—	1	—
碳酸钙	1	—	—
磷酸氢钙	1	1	4
食盐	1	1	2
合计	100	100	100

表 5-4　13～18 月龄生长发育牛饲料配方　%

原料	配方 1	配方 2	配方 3
玉米	47	33.7	40
豆饼	13	—	26
葵子饼	8	25.3	—
棉仁饼	7	—	—
高粱	—	7.5	—
麸皮	22	26	28
碳酸钙	1	3	—
磷酸氢钙	1	2.5	—
尿素	—	—	2
食盐	1	2	1
预混料	—	—	3
合计	100	100	100

(二)生长发育牛的饲养管理

①分群饲养,犊牛转入育成牛舍,要实行公母分群。

②日粮应以粗饲料为主,适当补充精料。配种怀孕以后的青年母牛,要根据体重增长和胎儿的发育逐渐增加饲料喂量。为防止过肥应按饲养标准掌握精料给量。

③育成牛 12 月龄时可以开始触摸乳房和牵引调教,使其温顺。对青年牛要每天刷拭牛体,妊娠 7 个月按摩乳房,每天 1 次,每次 5 分钟,分娩前 10～15 天停止按摩,严禁试挤。

④记录每头育成牛的初情期,当其达到 16～18 月龄,体重 350 kg 以上时开始配种。对长期不发情的牛,要请人工授精员和兽医检查。

⑤要注意加强运动,特别是拴系饲养的生产发育牛,每天必须进行 2 小时以上的运动。

⑥对青年母牛出现最初数次发情时,应记录下来分析。

三、育成牛的饲养管理

指 18 月龄至初产前的母牛。一般体重 350～375 kg 或 16～18 月龄时可以进行配种。怀孕前期,并不需要改变饲料结构和提高营养标准,在怀孕 4 个月后,鉴于胎儿与母体的营养需要,每日应增加混合精料 1～1.5 kg,粗蛋白质应为 13%～

15%，保持体况评分3.4～3.9分。注意生殖道与乳房的发育，防止流产，预防乳腺炎的发生。可轻刷和按摩乳房，但要严禁预先试挤奶。在饲养管理上，应注意：

①母牛怀孕初期，其营养需要与配种前差异不大，怀孕的最后4个月，营养需要明显增加，应按奶牛饲养标准进行饲养，饲料喂量不可过量，保持中等体况，体重保持在500～520 kg之间，防止过肥导致难产或其他疾病。

②从初孕开始，饲料喂量不能过多，以粗饲料为主，妊娠初期视牛膘情日补精料1～1.5 kg，怀孕5个月后日补精料2～3 kg，青贮饲料15～20 kg，干草2.5～3.0 kg，日粮营养要求：奶能单位18～20；干物质7～9 kg；粗蛋白750～850 g；钙45～47 g；磷32～34 g。饲料配方见表5-5。

③在分娩前30天，可在饲养标准的基础上适当增加精料，但喂量不得超过怀孕母牛体重的1%；日粮中应增加维生素、钙、磷等矿物质含量。

④产前2～3个月开始抚摸乳房，每天2次，以促进乳腺组织的发育。

表5-5 青年牛饲料配方 %

原料	配方1	配方2	配方3
玉米	46	48	51
豆饼	16.5	23	—
豆粕	—	—	5
花生粕	—	—	10
棉籽粕	—	—	5
麸皮	33	26	25
碳酸钙	—	0.5	
磷酸氢钙	—	1.7	2
石粉	2.5	—	—
食盐	2	0.5	—
添加剂	—	0.3	—
小苏打	—	—	1
预混料	—	—	1

第二节 成年乳牛的分群与饲养管理

成年奶牛根据其泌乳生理阶段一般分为干乳期、围产期、泌乳盛期、泌乳中期、泌乳后期。按照分群阶段饲养法，通常成乳牛的泌乳期可分为5个阶段：围产期、泌乳盛期、泌乳中期、泌乳后期、干奶期。相同期的成乳牛安排在同一群，进行分群饲养管理。

一、围产期

指牛产前产后各 15 天。此阶段由于机体免疫功能下降、牛对营养的需求增加与采食量不足的矛盾，各种感染性与代谢疾病如产后瘫痪、乳房炎、酮中毒、胎衣不下、子宫炎等极易发生。对围产期的奶牛护理好坏将影响牛的健康（包括乳房、子宫、膘情等），直接关系到以后整个泌乳期的产奶量。这一阶段奶牛在生理上发生了很大变化，抵抗能力降低，极易患病，必须进行科学的饲养管理。

（一）母牛产前的饲养管理

产前 5 天也属于干乳后期，为预防瘫痪，必须控制日粮的含量，让产奶牛每天摄入钙 50 g、磷 30 g 即可。可适当增加日粮中阴离子浓度，这对提高血钙浓度及减少胎衣不下等都有帮助。母牛转入产房，饲养方法仍按干奶后期的方法进行饲养，即以优质干草适当搭配精料进行饲养。精料的喂量可按干奶期的标准饲喂，一般每天供给 3～5 kg。具体喂量可因牛而定，对于乳房水肿、充胀明显的牛要少加一些精料，对于乳房变化不大、食欲较好、体形偏瘦的母牛可多喂一些精料，其原则是不能造成催奶过急，防止产前产奶的情况发生。

母牛转入产房后，要注意降低日粮中钙和食盐的含量。降低食盐的含量可以避免母牛产前催奶过急，有利于母牛产后食欲修复；降低钙的含量可以防止产后代谢障碍，降低代谢病的发病率。产前食盐的喂量可由原来的每天 75～100 g 降至 30～50 g，即由原来的 1.5%降至 0.5%以下；钙的用量可降至原来的 1/2～1/3。母牛临产前 2～3 天内，还要注意增加一些易消化、具有轻泻作用的麸皮，以防母牛发生便秘。其具体方法可在每 100 kg 精料中加入 30～50 kg 麸皮饲喂母牛。

（二）母牛产后的饲养

母牛分娩过程体力消耗很大，产后体质虚弱，饲养原则是促进体质恢复。产后 15 天母牛的消化机能较弱，食欲差，产道及全身状况要逐渐恢复，同时产奶量逐渐上升，因此能量负平衡十分严重，此时必然要用体脂供能。但过多的动用脂肪会引发酮血症、脂肪肝等代谢疾病。此时期的营养控制目标是防止母牛过分掉膘，尽量避免体蛋白的丢失。因此在提高日粮能量浓度（最好能添加过瘤胃脂肪）、增加精料喂量（产后 3 天开始）的同时，还要供给高钙日粮，在日粮中适量添加小苏打以防止精料喂量过多而产生酸中毒。

饲养实践中，对刚分娩后的母牛可以喂饮温热麸皮盐钙汤或小米粥，可起到暖腹、充饥、增腹压的作用。麸皮盐钙汤的做法是：温水 10～20 kg、麸皮 500 g、食盐

50 g、碳酸钙 50 g。小米粥的做法是小米 500～1 000 g，加水 15～20 kg，煮制成粥加红糖 500 g，凉至 40℃左右饮喂母牛。母牛产后 2～3 天内的饲喂应以优质干草为主，同时补喂一些易消化的精料。如每天饲喂 3 kg 的麸皮和玉米，2～3 天后开始逐渐增加日粮中钙和食盐的含量。其方法可用配合精料替换麸皮和玉米。一般产后第 3 天替换 1/3，第 4 天替换 1/2，第 3 天替换 2/3，第 6 天全部饲喂配合精料。母牛产后 7 天后如果食欲良好，粪便正常，乳房水肿消失，开始饲喂青贮饲料和补喂精料。精料的补加量为每天加 0.5～1 kg。奶牛产后头 7 天要饮用 37℃的温水，不宜饮用冷水，以免引起胃肠炎，7 天后饮水可降至 10～20℃。

(三)围产期的护理

牛只进入围产期以后，有条件的牧场应设立产房，最起码应集中饲养、设立产床。牛只集中后应派专人饲喂。产房的保暖性要好，并要保持干燥、清洁，避免贼风和穿堂风，垫草要柔软、干燥、清洁，要及时备好水桶、消毒药水及接生急救药品。产仔前后要增加牛的放牧(可减少难产及便于康复)。但年老及行动不便的牛应停止放牧，避免牛摔伤。牛分娩应尽量使其自然分娩，如确需助产，消毒工作一定要到位。分娩后应做好以下几项工作。

(1)分娩后立即饲喂温热红糖水(如上)。牛只分娩后应赶起站立。及时更换垫草，保持干燥、松软，并注意生殖道的出血及胎衣排出情况，发现异常及时做生殖道检查。

(2)产后挤奶。产后第一天的挤奶量可为日产量的 1/3，第二天以后可逐渐增加，到第 4～5 天泌乳和消化机能恢复再正常挤奶，可有效防止乳热症。每次挤奶时坚持用 50～60℃温水洗擦乳房和温敷，并认真进行 20～30 分钟的乳房按摩，可尽快消除水肿。

(3)胎衣自然排出牛只应根据恶露变化，配合药物进行子宫冲洗，药物最好交替使用。胎衣不下牛只，在 8～9 月份产犊如超过 12 小时就应进行子宫处理。最好结合全身治疗以防止其他并发症的发生。子宫康复掌握在产后 15～20 天，有利于提早产后第一次发情及减少子宫炎症，保持正常的产犊间隔。饲养实践中，为了促进奶牛产后恶露的排出，产后应立即喂饮 5～8 kg 益母草水(用 1 000 g 益母草熬制而成)。如果加入 250 g 红糖则效果更好。同时，还要加强产后的饲养管理，产后 1～3 天要饲喂易于消化的玉米面，产后 3～4 天，如果奶牛食欲、粪便正常，可随着产奶量的逐渐增加，逐渐增加精料的饲喂量，以满足奶牛哺乳和产奶的需要。

(4)围产期内一旦发生消化道及代谢等疾病，应及时诊断治疗。产犊高峰期间应有 24 小时值班制度，牛只上槽跟班观察，一旦发生拒食，应作全身诊断。牛在产后初期全身免疫能力往往较差，如挤奶工稍不慎就会引起新产牛乳腺炎，这时发生乳腺炎往往来势较凶，一定要早治疗，避免引起其他疾病。

二、泌乳盛期

泌乳盛期指产后16～100天，此时期产奶量迅速上升，一般在产后30～60天达到产奶高峰，但采食高峰在产后8～10周才出现。所以能量的负平衡与体重下降仍然是重要的问题。在饲养上可继续增加饲料的投放量以达到并超过实际的产奶需要，使产奶高峰持续较长的时间。泌乳盛期的饲养管理至关重要，因涉及到整个泌乳期的产奶量和牛体健康。其目的是从饲养上引导产奶量上升，不但奶量升得快，而且泌乳高峰期要长而稳定，力求最大限度地发挥泌乳潜力。

(一)泌乳盛期奶牛的饲养方法

母牛产后随着体质的康复，产奶量逐日增加，为了发挥其最大的泌乳潜力，一般可在产后15天左右开始，采用特定的饲养方法。

1. *饲料“预付”饲养方法*　饲料“预付”饲养方法是指根据产奶量按饲养标准给予饲料外，再另外多给4～5个能量单位的精料，以满足其产奶量继续提高的需要。泌乳期加喂“预付”饲料以后，母牛产奶量也随之增加。如果在10天之内产奶量增加了，还必须继续“预付”，直到产奶量不再增加，才停止“预付”。

2. *饲料“引导”饲养法*　实行“引导饲养”法应从围产前期即分娩前2周开始，直到产犊后泌乳达到最高峰时，喂给高能量的日粮，以达到减少酮血症的发病率，有助于维持体重和提高产奶量的目的。原则是在符合科学的饲养条件下，尽可能多喂精料，少喂粗料。即自产犊前2周开始，一天约喂给1.8 kg精料，以后每天增加0.45 kg，直到母牛每100 kg体重吃到1.0～1.5 kg精料为止。母牛产犊5天后仍继续按每天0.45 kg增加精料，直到泌乳达到高峰。待泌乳高峰期过去，便按产奶量、乳脂率、体重等调整精料喂量。在整个“引导”饲养期，必须保证提供优质饲草，任其自由采食，并给予充足的饮水，以减少母牛消化系统疾病。采用“引导”饲养法，可使多数母牛出现新的产乳高峰，且增产的趋势可持续于整个泌乳期，因而能提高全泌乳期的产奶量。但对患隐性乳房炎者不适用或经治疗后慎用。

(二)奶牛的能量需要

泌乳盛期是饲养难度最大的阶段，因为此时泌乳处于高峰期，而母牛的采食量并未达到最高峰期，因而造成营养入不敷出，处于负平衡状态，导致母牛体重骤减。据报道，此时消耗的体脂肪可供产奶1 000 kg以上。如动用体内过多的脂肪供泌乳需要，在糖不足和糖代谢障碍的情况下，脂肪氧化不完全，则导致暴发酮病。表现食欲减退、产奶量猛降，如不及时处理治疗，对牛体损害极大。因此在泌乳盛期必须饲喂高能量的饲料，如玉米、糖蜜等，并使奶牛保持良好的食欲，尽量多采食干物质，多饲喂精饲料，但也不是无限量地饲喂。一般认为精料的喂量以不超过15 kg为妥，精料占日量总干物质65%时，易引发瘤胃酸中毒、消化障碍、第四胃移位、卵巢机能不全、不发情等。此时，应在日粮中添加碳酸氢钠100～150 g，氧化镁250 g，拌入精料中喂给，可对瘤胃的pH值起缓冲作用。为弥补能量的不足，避免精料使用过多的弊病，可以采用添加动植物油脂的方法。例如可添加3%～5%保护性脂肪，使之过瘤胃到小肠中消化吸收，以防日粮能量不足而动用体脂过多，使血液积聚酮体造成酸中毒。

（三）奶牛的蛋白质需要

为使泌乳盛期母牛能充分泌乳，除了必须满足其对高能量的需要外，蛋白质的提供也是极为重要的，如蛋白质不足，则影响整个日粮的平衡和粗饲料的利用率，还将严重影响产奶量。但也不是日粮蛋白质含量越高越好，在大豆产区的个别奶牛场，其混合精料中豆饼比例高达50%～60%，结果造成牛群暴发酮病，既浪费了蛋白质，又影响牛体健康。实践证明，蛋白质按饲养标准给量即可，不可任意提高。研究表明，高产牛以高能量、适蛋白（满足需要）的日粮饲养效果最佳。尤其注意喂给过瘤胃蛋白对增产特别有效。据研究，日粮过瘤胃蛋白含量须占日粮总蛋白质的48%。目前已知如下饲料过瘤胃蛋白含量较高：血粉、羽毛粉、鱼粉、玉米、面筋粉以及啤酒糟、白酒糟等，这些饲料宜适当多喂，添加蛋氨酸对增产效果明显。

（四）奶牛的矿物质需要

泌乳盛期对钙磷等矿物质的需要量很大，日粮中钙的含量应提高到占总干物质的0.6%～0.8%，钙与磷的比例以（1.5～2）：1为宜。日粮中要提供最好质量的粗饲料，其喂量以干物质计，至少为母牛体重的1%，以便维持瘤胃的正常消化功能。冬季还可加喂多汁饲料，如胡萝卜、甜菜等，每日可喂15 kg。每天每头服用维生素A 50 000 IU，维生素D 36 000 IU，维生素E 1 000 IU或β-胡萝卜素300 mg，有助于高产牛分娩后卵巢机能的恢复，明显提高母牛受胎率，缩短胎次间隔。

（五）奶牛的饲养管理

1. 要注意精料和粗料的交替饲喂　交替饲喂精料和粗料以保持高产牛有旺盛的食欲，能吃下定额的饲料。在高精料饲养下，要适当增加精料饲喂次数，即以少量多次的方法，可改善瘤胃微生物区系的活动环境，减少消化障碍、酮血症、产后瘫痪等的发病率。从牛的生理上考虑，饲喂谷实类不应粉碎过细，因当牛食入过细粉末状的谷实后，在瘤胃内过快被微生物分解产酸，使瘤胃内pH值降到6以下，这时即会抑制纤维分解菌的消化活动。所以谷实应加工成碎粒或压扁成片状为宜。

据饲养标准推荐，泌乳盛期日粮干物质占体重3.5%，每千克干物质含奶牛能量单位(NND)2.4，粗蛋白16%～18%，钙0.7%，磷0.45%，粗纤维不少于15%，精粗比60∶40。

2.泌乳盛期对乳房的护理和加强挤奶工作尤显重要　如挤奶、护理不当，此时容易发生乳房炎。要适当增加挤奶次数，加强乳房热敷按摩，每次挤奶要尽量不留残余乳，挤奶操作完应对乳头进行消毒，可用3%次氯酸钠浸一浸乳头，以减少乳房受感染。对日产40 kg以上高产奶牛，如系手工挤奶，可采用双人挤奶法，有利于提高产奶量。牛床应铺以清洁柔软的垫草，以利奶牛的休息和保护乳房。

3.要加强对饮水的管理　为促进母牛多饮水，冬季饮水温度不宜低于16℃；夏季饮清凉水或冰水，以利于防暑降温，保持食欲，稳定奶量。要加强对饲养效果的观察，主要从体况评分、产奶量及繁殖性能等3个主要方面进行检查。如发现问题，应及时调整日粮。

(六)典型精料配方

表5-6至表5-9为奶牛泌乳期饲料的典型精料配方。

表5-6　成年奶牛泌乳期饲料配方　%

原料	配方1	配方2	配方3	配方4	配方5	配方6
玉米	29	26	35	50	60	50
高粱	21	17	—	—	—	—
大麦	14.3	13.8	—	10	—	18
豆粕	7	12.5	10	15	23	—
小麦麸	9	9	20	12	—	—
脱脂米糠	7	7	—	—	—	—
苜蓿粉	4.3	4.4	—	—	—	—
糖蜜	5	5	—	—	—	—
米糠	—	—	32	—	—	—
次面粉	—	—	—	10	—	—
麸皮	—	—	—	—	13	25
菜籽饼	—	—	—	—	—	7
食盐	0.5	0.5	1	1.5	1.7	—
碳酸钙	2.3	2.3	2	—	—	—
磷酸钙	0.5	0.3	—	—	—	—

续表 5-6

原料	配方 1	配方 2	配方 3	配方 4	配方 5	配方 6
贝壳粉	—	—	—	1	—	—
石粉	—	—	—	—	1.7	—
磷肥	—	—	—	—	—	1
添加剂	0.2	0.2	—	0.5	0.6	—
合计	100.1	98	100	100	100	101

表 5-7　体重 600 kg 日产奶 25 kg 奶牛的日粮配方(泌乳盛期)

饲料	给量(kg)	占日粮(%)	占精料(%)
豆粕	1.6	4.5	16.2
植物蛋白粉	1.0	2.8	10.1
玉米	4.8	13.6	48.5
麦麸	2.5	7.1	25.2
谷草	2.0	5.7	—
苜蓿干草	2.0	5.7	—
青贮	18.0	51.0	—
胡萝卜	3.0	8.5	—
食盐	0.1	0.3	—
磷酸钙	0.3	0.9	—
合计	35.3	100.1	100.00

表 5-8　体重 600 kg 日产奶 20 kg 奶牛的日粮配方(泌乳盛期)

饲料	给量(kg)	占日粮(%)	占精料(%)
菜籽粕	1.4	4.2	17.5
棉籽饼	1.0	3.0	12.5
玉米	4.0	12.0	50.0
麦麸	1.6	4.8	20.0
苜蓿干草	4.0	12.0	—
青贮	18.0	54.0	—
胡萝卜	3.0	9.0	—
食盐	0.1	0.3	—
碳酸钙	0.26	0.8	—
合计	33.36	100.1	100

表 5-9 体重 600 kg 日产奶 15 kg 奶牛的日粮配方(泌乳盛期)

饲料	给量(kg)	占日粮(%)	占精料(%)
菜籽粕	1.0	3.1	12.3
棉籽饼	1.0	3.1	12.3
玉米	4.5	13.9	55.6
麦麸	1.6	4.9	19.8
谷草	5.0	15.5	—
青贮	16.0	49.5	—
胡萝卜	3.0	9.3	—
食盐	0.1	0.3	—
碳酸钙	0.15	0.5	—
合计	32.35	100.1	100

三、泌乳中期

指产后 101～200 天。此时期母牛的食欲最旺盛,能量已为正平衡,但产奶量开始下降,每月下降量 4%～6%,即为稳定下降的泌乳曲线,如果饲养上稍有忽视,下降率则达 10%以上。牛的体况开始恢复。饲料上将日粮营养水平调整到与母牛体重及产奶量相适应的水平,保持适当的精料,供给充足的优质干草与青贮,使产奶量缓慢下降。这一时期饲养管理的中心任务,是力求产奶量缓慢下降,在日粮中应逐渐减少能量和蛋白质含量,即适当减少精料喂量,增加青粗饲料饲喂量,应让牛尽量能采食到品质好、适口性强的青粗饲料。

(一)饲粮的调整

为了防止低产母牛浪费谷物饲料,其喂量应密切按产乳量需要配给。因此,奶牛场应定期准确测定个体牛产奶量,并根据其产奶量对日粮及时调整。

奶牛在泌乳中期,采食量达到高峰,食欲良好,饲料转化率也较高,因此应抓住这个特点,让其多吃干草,适当补充精料,把产乳量和乳脂率维持在较高水平,使其下降的幅度减到最低。同泌乳早期相比,处于泌乳中期的牛代谢病稍低,能量由负平衡开始转为正平衡。泌乳中期日粮的精粗比可控制在 40∶60,日粮中干物质应占体重 3.0%～3.2%,每千克含奶牛能量单位(NND)为 2.13,粗蛋白质占 13%,含钙 0.45%,磷 0.4%,粗纤维含量不少于 17%。其具体精料喂量标准:日产奶 30 kg 给 7～8 kg,日产奶 20 kg 给 6.5～7.5 kg,日产奶 15 kg 给 6～7 kg;粗饲料喂量标准:青贮、青饲料每头每天给 15～20 kg,糟粕类饲料给 10～12 kg,块根多汁类饲料 5 kg,干草自由采食,但最少也应保证 4 kg 以上。

(二)其他措施

BST(牛生长激素)在提高乳牛产奶量方面已取得十分肯定的效果,在一些国家已被批准在生产中使用,但 BST 对正处于营养负平衡期内的牛效果不好,在产后 3～4 个月时即泌乳中期使用可明显提高产奶量,一般提高幅度为 10%～25%。采用 BST 必须用注射法,最初是每日注射,目前已研制出具有持续发挥功效的制品,可每 2 周(500 mg)或每 4 周(960 mg)注射一次即可。BST 的主要作用是使牛体内所吸收的营养成分发生分配上的变化;其次是控制体内环境的稳定及调节组织代谢。使用 BST 后泌乳牛饲料采食量增加,用于合成牛奶的营养成分向乳腺的分配占优势。研究证明,使用 BST 可提高受胎率、降低发病率,并可延长奶牛的生产年限,降低生产成本。在一个泌乳期内可增加产奶量 1 000～2 000 kg,其应用前景广阔,尤其适于在泌乳中期一开始即使用。

(三)典型精料配方

泌乳中期的典型精料配方如表 5-10 所示。

表 5-10　泌乳中期饲料配方

原料组成	给量(kg/天)	占日粮(%)	占精料(%)
玉米	4	11.4	50
熟豆粕	1.6	4.6	20
麸皮	0.96	2.7	12
玉米蛋白	0.8	2.3	10
酵母饲料	0.4	1.1	5
磷酸钙	0.13	0.4	1.6
碳酸钙	0.03	0.1	0.4
食盐	0.07	0.2	0.9
微量元素和维生素	0.01	0.03	0.1
胡萝卜	3	8.6	
羊草	4	11.4	
玉米青贮	20	57.1	
合计	35	99.92	100.00

四、泌乳后期

泌乳后期,一般指产后第 201 天至停奶时为止。此时期产奶量下降快,奶牛经过 200 天的大量泌乳后,体膘明显下降。如产后正常怀孕则牛已进入妊娠中期,胎儿生长较快，这个阶段也是牛产奶期饲料转换率最高的时期。因此在饲料上可适当的增加精料喂量，使牛的体况有较好的恢复，但也要注意防止过肥。

（一）泌乳后期的“补饲”

据国外有关能量研究报道，泌乳牛将代谢能转化为产乳净能的转化率为64.4%；泌乳母牛在早期大量泌乳时，如能量供应不足，而动用体脂以满足泌乳需要的转化率为82.4%；泌乳后期当营养充裕时，泌乳母牛将多余的营养物质转化为体脂时转化率为74.7%；但干乳期将多余的营养物质转化为体脂的转化率仅为58.7%。由此可见，早期因泌乳消耗的能量（或体脂）在泌乳后期的补偿效率为61.6%（0.824×0.74－0.616即61.6%），但若等到干乳期才补偿，其效率就低得多，仅为48.3%（0.824×0.58＝0.483，即48.3%）。以上资料说明，在泌乳后期加强饲养，给予补饲，比等到干奶期才进行补饲，在饲料利用效率上要合算得多。

因此，目前国外多重视加强泌乳后期的饲养，让牛体稍有营养储积，而当进入干奶期时，牛的体况已基本恢复。另外，泌乳后期的牛应与早期的高产牛分群，以便饲养，也达到了经济的目的。

（二）泌乳后期奶牛的营养需要

泌乳后期，精料和粗料比例宜为30∶70，日粮干物质应占体重3.0%～3.2%，每千克含奶牛能量单位1.87，粗蛋白质占12%，含钙0.45%，磷0.35%，粗纤维含量不少于20%。此期日粮以青粗饲料为主，适当搭配精料即可。而对初胎母牛（2～3岁），还应考虑其生长需要，一般2岁母牛可在维持需要的基础上按饲养标准各种营养增加20%，3岁母牛增加10%。

（三）典型精料配方

泌乳后期的典型精料配方如表5-11所示。

表5-11　泌乳后期饲料配方

饲料原料	全期产奶量(kg)		
	6 000以下(%)	7 000(%)	8 000～8 500(%)
玉米	50	50	50
熟豆粕	10	10	10
棉仁饼(棉粕)	5	5	5
胡麻饼	—	5	5
花生饼	—	—	3
葵子饼	5	5	4
芝麻粕	3	—	—

续表 5-11

饲料原料	全期产奶量(kg)		
	6 000 以下(%)	7 000(%)	8 000～8 500(%)
麸皮	24	22	20
磷酸钙	1.5	1.5	1.5
碳酸钙	0.5	0.5	0.5
食盐	0.9	0.9	0.9
微量元素和维生素	0.1	0.1	0.1
合计	100	100	100

五、干奶期

干奶期指产前 2 个月。干奶期长短可因奶牛的年龄、膘情、产奶量高低而有一定的伸缩性，一般 50～70 天。干奶期过长影响本泌乳期的产奶量，使牛体过肥易引起某些疾病。干奶期过短，牛体得不到充分的休息调整，不仅影响到健康状况，而且严重影响下一泌乳期的产奶量。一般情况下，高产牛、老龄牛、体弱牛、初配牛可适当延长到 70～75 天。实验表明，不干奶的牛与干奶 60 天的相比，下一个泌乳期产奶量下降 25%，在下一期下降 38%以上。

(一)干奶方法

干奶时，可在配合采取控制精料和青绿多汁饲料的前提下，根据当时的产奶量实行一次干奶法或渐次干奶法。

1.*一次干奶法*　在预定的干奶日期后不再挤奶，使其自此以后把乳汁干回去。具体做法见干奶过程的护理。一次干乳法适用于产奶日期过长，日产奶量极低，挤奶时泌乳反射不明显的个体。

2.*渐次干奶法*　需要数日过程，使产奶量逐渐减少，最后停止挤奶的干奶法。该方法是在预定干乳前 10～20 天开始变更饲料组成，逐渐减少精料和多汁饲料喂量，饮水适当，加强运动和放牧，停止按摩乳房，减少挤奶次数，改变挤奶时间。由每日 3 次挤奶改为 2 次至 1 次，由原来每日挤奶改为隔日，间隔时间逐渐延长，每次挤奶必须挤净，当产奶下降到 4～5 kg 时，停止挤奶。渐次干奶法适用于到干奶日期产奶数量仍较多的(10 kg/天以上)奶牛。采取渐次干奶时，除了控制精料和多汁饲料的供给外，还要打乱挤奶规律，减少挤奶次数，以破坏在正常挤奶过程中形成的泌乳反射。一般经 3～5 天的时间可完成干奶。

3.*快速干乳法*　一般在 3～5 天使母牛停乳，该方法是减少精料，停喂青绿多汁饲料，控制饮水，加强运动，打乱挤奶时间，第一天由 3 次改为 2 次，次日减少为

1次,经5天左右产奶量下降到8 kg时停止挤奶。该方法适用于低产牛。

(二)干奶过程的护理

首先确定干奶日期,泌乳后期由于乳汁中抗炎因子的减少或消失极易引起乳房炎症,可在干乳前最后1次挤奶时,加强乳房按摩,彻底挤干乳房,并用5%的碘酊浸泡乳头,由乳头孔向每个乳区各注入油剂抗生素或专用的干奶剂10 mL。油剂抗生素的制备:青霉素40万IU、链霉素100万IU、磺胺粉2g混入40 mL灭过菌的植物油(食用花生油即可)中,充分混匀后即可使用。其次,注意观察乳房的变化,正常情况下,停止挤奶后的7～10天内,泌乳功能基本停止,乳房逐渐发生萎缩,因而看到乳房基底部空虚松弛,残存在乳房内的少量乳汁被吸收,整个乳房进一步萎缩。当干奶后1周左右乳房不仅不萎缩反而肿胀发红,触诊有疼痛反映时应当引起注意。必要时将积存的乳汁重新挤出,对于伴有炎症的要及时治疗。

(三)干奶期的饲养管理原则

保证母牛有中等以上的营养,不过肥,体况评分(BSC)以3.5～4.0为宜。由于泌乳期精料消耗较多,牛消化道负担过重,此期应增加优质粗料的供给,以使消化道得到恢复调整。母牛在干乳后7～10天,乳房内乳汁也被乳房所吸收,乳房已萎缩时,就可逐渐增加精料和多汁饲料,5～7天内达到妊娠干乳牛的饲养标准。干乳母牛的饲养管理可分为两个阶段:干乳前期和干乳后期。从干乳期开始到产犊前半个月为干乳前期,产犊前半个月至分娩期是干乳后期(又称围产前期)。

1.干乳前期　干乳前期对体况不良的高产母牛,要进行精心饲养,提高其营养水平,使它在产前具有中上等体况,即体重比泌乳盛期一般要提高10%～15%,母牛具有这样的体况,才能保证正常分娩和在下次泌乳期获得更高的产乳量。对于体况良好的干乳牛,一般只给予优质粗饲料即可。对营养不良的干乳母牛,除给予优质粗料外,还要饲喂几千克精饲料,以提高其营养水平。一般可按每天产10～15 kg乳所需的饲养标准进行饲喂,日给8～10 kg优质干草,15～20 kg多汁饲料(其中品质优良的青贮料约占一半以上)和3～4 kg混合精料、粗饲料及多汁料不宜喂得过多,以免压迫胎儿,引起早产。

2.干乳后期　干乳后期即干乳期的最后半个月,在母牛的日粮中应提高营养水平,以准备即将来临的泌乳。这对于临近初次泌乳的育成母牛也是适用的。尤其对高产母牛喂给的精料水平更要高些。由于高精料日粮的高产乳量,使乳腺细胞的代谢速度加快而处于过度紧张状态,有慢性乳房炎的奶牛会由于这种过度紧张而发病。由此可见,高水平精料并不至于引起乳房炎,但它能促进已存在于乳房中的慢性乳房炎加剧而暴露。因此,在干乳期前后必须对母牛乳房进行严密检查,如发现有乳房炎时,必须抓紧治疗,免除后患。

母牛在产前4～7天，乳房过度膨胀或水肿过大时，可适当减少或停喂精饲料及多汁料，如乳房不硬，则可照常饲喂各种饲料。产前2～3天，日粮中应加入小麦麸等轻泻性饲料，防止便秘。干乳期的营养水平为：干物质(DM)2.0%～2.5%(占体重)；钙(Ca)0.6%；粗Pv(CP)11%～12%；磷(P)0.3%；奶牛能量单位(NND)1.75；粗纤维不少于20%。精料和粗饲料的比例为25∶75。对于干乳母牛，不仅应适当增加饲料的数量，尤其要注意饲料的质量，必须新鲜清洁，质地良好。冬季不可饮过冷的水(水温以15～16℃为宜)和饲喂冰冻的块根饲料以及腐败霉烂的饲料或掺有麦角、霉菌、毒草的料，以免引起流产、难产及胎衣滞留等疾患。

干乳母牛每天要有适当的运动，夏季可在良好的草场放牧，让其自由运动，但要与其他母牛分群放牧，以免相互挤撞，发生流产。冬季可视天气情况，每天赶出运动2～4小时，产前停止运动。干乳牛如缺少运动，则牛体容易过肥，引起分娩困难、便秘等，以至发生早产和分娩后产乳量的降低。

母牛在妊娠期中，皮肤呼吸旺盛，易生皮垢，因此，每天应加强刷拭，促进代谢。对干乳母牛每天要进行乳房按摩，促进乳腺发育，以利分娩后的泌乳。一般可在干乳后10天左右开始按摩，每天一次。产前10天左右停止按摩。

3.典型精料配制　干奶期典型饲料配方如表5-12所示。

表5-12　干奶期典型饲料配方

饲料原料	体重500 kg妊娠8个月	体重500～550 kg	体重600 kg妊娠8个月	体重600 kg妊娠7个月	体重600～650 kg
	用量(kg)				
玉米青贮	18.0	17	20	18.0	18.0
羊草	2.7	2.5～3	—	2.7	3.0～3.5
稻草	—	—	3.0	—	—
混合精料	2.5	3	3.0	2.5	3
玉米	61%	44%	60%	61%	50%
豆粕	10%	16%	10%	10%	16%
麸皮	16%	11%	15%	16%	13%
三号粉	10%	—	—	10%	—
大麦	—	—	7%	—	—
高粱	—	—	5%	—	—
骨粉	1.5%	—	1.5%	1.5%	—
碳酸钙	—	1.5%	0.5%	—	0.4%
磷酸钙	—	0.5%	—	—	1.6%
蛎粉	0.5%	—	—	0.5%	—
食盐	1.0%	1.0%	1%	1.0	1.0%

4. 个体农户奶牛饲养管理要点　个体农户奶牛饲养管理要点如表 5-13 所示。奶牛各阶段典型饲料配方如表 5-14 所示。

表 5-13　个体农户奶牛饲养管理简明要点

月份	管 理 要 点
1	总结上年度生产、育种、繁殖情况，制定年度生产计划。做好春节前草、料的储备，防止节日供应脱节。做好防寒饱暖工作，防止饲料和饮水结冰。保持运动场的平整卫生，牛舍加垫干草。防止犊牛呼吸道、消化道疾病的发生
2	继续搞好防寒保暖工作，检查系列配种工作中存在的问题，制定相应对策。犊牛发育缓慢，要加强犊牛的补饲和饮水工作
3	开始修蹄，进行结核、布鲁氏菌病的检疫，场区进行 1 次大消毒
4	注射驱虫剂，并搞好防疫工作。清理运动场积粪，更换新土。全面检查牛群体质状况，对日产奶量低和经济价值低的牛及时淘汰更新
5	准备一定数量切碎的干草和青苜蓿、青黑麦草混合青贮。检修牛舍，整理青贮窖，维修铡草机，准备夏季青贮
6	对后备牛进行一次鉴定筛选。对使用的公牛冻精排出名次等级，择优利用
7	打开夏季青贮窖，饲喂夏李青贮饲料。检查饲料品质，注意产奶量的变化，防止产奶量大幅度下降和乳房炎的发生。安装好淋浴设备和电风扇等，进行防暑降温。总结上年度生产指标、经济效益完成情况，制定下半年计划
8	继续防暑降温，整理青贮窖，准备秋季青贮
9	集中力量组织青贮。青贮数量根据饲养奶牛头数而定，1 头成年奶牛年需青贮饲料 7 000～9 000 kg
10	对初选的核心牛进行必要的等级评定，确定选留。挑选种母牛，进行第二次结核病的检疫和疫病防治
11	牛群普查。组织收购干草，准备防寒工作，用塑料薄膜封住窗户，减少换气量，运动场内铺垫干燥褥草
12	开始温水喂牛。检查接产、护理工作，迎接产犊高潮。检查全年配种、繁殖工作，筹划下一年生产。对后备牛进行第二次筛选

表 5-14 奶牛各阶段典型饲料配方 kg

阶段		玉米	豆饼	麸子	食盐	预混料
哺乳犊牛 (0～3 月龄)		生后第一次喂量 4～5 kg，喂后补饮温开水。 全期喂乳量 300～500 kg 奶				
断奶犊牛 (4～6 月龄)		0.90	0.65	0.30	0.03	0.08
生长发育牛、育成牛 (7 月龄至产前 15 天)		1.60	0.30	0.03	0.03	0.09
干奶期牛 (干奶至产前 15 天)		2.60	0.70	0.50	0.05	0.16
围产前期牛 (产前 15 天至产后 15 天)		2.30	0.50	0.50	0.50	0.16
	日产奶量(kg)					
产	15	3.50	1.90	1.00	0.10	0.21
奶	20	4.70	2.50	1.70	0.13	0.38
牛	25	6.00	2.50	2.00	0.15	0.49
	30	6.20	3.70	3.00	0.18	0.54
	35	6.50	4.50	4.00	0.20	0.62

第三节 种公牛的分群与饲养管理

饲养管理种公牛的目的是让种公牛有一个良好的体质，良好的繁殖能力。选为种用的公犊牛应该精心饲养培育使之成长为合格的种公牛。青年公牛和种公牛一般饲养于公牛站或育种中心，由专门的技术人员进行饲养和管理。普通的奶牛场一般不必为饲养公牛而专门安排人力、物力和财力。但对于一些现代化规模奶牛场通常也进行种公牛的饲养管理。

一、公犊牛的饲养

生后 2 个月内的饲养管理与母犊牛基本相同，但需要适当地增喂全乳及脱脂乳，并须给予优质的干草。4 月龄时公犊牛的生长明显较母犊牛快，且哺喂时间较长，此时公母应该分群饲养。公犊牛一般在 6 月龄左右断奶，日喂奶量：第 1 个月每日 7～8 kg；第 2 个月，全乳由 8 kg 减至 6 kg，加喂 3～4 kg 脱脂乳；第 3 个月，全乳减至 5 kg 或 4 kg，脱脂乳增至 10 kg 左右；第 4～6 个月，少量全乳，增大脱脂乳用量。6 个月共喂全乳约 600 kg，脱脂乳 500 kg 以上，混合精料 60 kg 左右，这样 3～6 月龄日增重可达 1 000 kg 左右。

断奶后，育成公牛应喂给品质优良的豆科干草，混合精料可用优质麸皮、燕麦、玉米或大麦、豆饼或亚麻饼，用量各占 1/4。育成公牛比同龄的育成母牛需要较多的营养物质，所选精料要能够满足能量和蛋白质的需要，以促进性成熟和体成熟。除给予充足的精料外，还应让其自由采食干草。10 月龄时可将干草、青草、青贮料作为日粮的主要部分，精料喂量应依据粗料质量而定，需要注意的是青贮料以增进食欲为目的，不宜多喂，以免形成草腹，影响配种。对 1 周岁的育成公牛，在饲喂优质粗料的情况下，精料中蛋白质含量以 12％为宜。

二、成年种公牛的饲养

饲养是影响种公牛精液质量的重要因素之一。喂给种公牛的饲料应含有全价营养，各种营养成分必须完善，特别是饲料中应含有足够的蛋白质、矿物质和维生素。这些营养物质对精液的生成与提高精液的品质，以及对种公牛的健康均有良好的作用。

(一)给予蛋白质的生物学价值要高

若蛋白质不足会影响精液品质，但过多也会影响公牛的生殖力。据报道，公牛在蛋白质特别丰富的牧地上放牧(蛋白质占干物质的 35％)，反而造成公牛不育。因此喂给公牛的蛋白质量应适当。按每 100 kg 体重计算，每日喂给 1 kg 干草和 0.5 kg 精料即可。如喂给，则每日 25～40 kg 即可，其中块根与青贮总量不宜超过 10 kg。

(二)给予充足的钙磷及维生素

公牛日粮内钙、磷不足会使精液发育不良，活力不强的精子数量增加。成年公牛对钙、磷的需要量没有泌乳牛多，特别是钙，如果饲喂豆科粗料，就无需再混合精料中补加钙。若钙的给量过多会引起疾病，如给予公牛的钙超过需要量的 3～5 倍时，就会发生脊椎骨关节强硬和变性关节炎。公牛对磷也很需要，若饲料中含磷少则必须补磷。食盐对促进公牛消化机能、增进食欲和正常代谢均很重要，但喂量不宜过多。维生素 A 对满足公牛的营养需要特别重要，若长期缺乏会引起睾丸上表皮细胞角质化。锰不足则会造成睾丸萎缩。因此，应保证维生素 A、维生素 D、维生素 E 和锰的供应。

(三)日粮多样化

为了保证种公牛的营养需要，日粮组成应多种多样，品质好，适口性强，易于消化。青、粗、精搭配适当，全年均衡供应。精料应由生物学价值高的麦麸、玉米、豆饼、燕麦等 4 种以上组成，精料喂量可占总营养的 40%～50%。豆饼虽是喂公牛较好的精料，但不宜多喂，过多会产生大量有机酸不利于精子的生成。碳水化合物含量高的饲料（如玉米等）用量要少，以免造成种公牛的膘情过肥，种公牛的日粮中还应有一定量的动物性蛋白质。按规定定额饲养时，如见公牛过肥则应降低定额；反之，若公牛体重减轻，精液品质降低，应将饲养定额提高 10%～15%。

（四）适宜的饲粮容积

给予种公牛的饲料容积不能过大，以免腹部增大有碍配种及精液排泄不尽。每日青草喂量应在 30 kg 以内，块根或青贮料的日喂量不能超过 10 kg。特别是青贮料含有大量有机酸，喂饲过多不利于精子的生成。糖渣类含水分多，亦不宜大量饲喂。用大量秸秆喂公牛易引起便秘，抑制公牛的性活动。此外，也不能用腐败变质的饲料喂公牛。

（五）定时定量饲喂

饲喂公牛应定时定量，一般日喂 3 次。公牛饮水应充足，冬季日喂水 3 次，夏季 4 或 5 次，水要清洁。饮水应在喂饲料和工作前给予，工作和配种后不能立即饮水。

（六）典型日粮

日粮一：鱼粉、血粉、生鸡蛋等 50～400 g，冬季饲喂胡萝卜 3～4 kg，小麦胚或大麦胚 300～400 g，以补充维生素。按每日每 100 kg 体重饲喂干草 1 kg，块根饲料 1 kg，青贮料 0.5 kg，精料 0.5 kg；或按每日每 100 kg 体重喂给 1 kg 干草，0.5 kg 混合精料。

日粮二：混合精料 4 kg，野干草 13 kg，青贮料 2.5 kg，胡萝卜 1.5 kg，大麦芽 0.5 kg，常年补给食盐 80 g，骨粉 100 g。

三、种公牛的管理

种公牛的饲养管理必须由专人负责，不可随意更换。针对公牛记忆力强、有较强的自卫性等生理特性，调教公牛宜从幼年开始，饲养员通过抚摸、刷拭等活动与其建立感情，不能鞭打公牛。当兽医给种公牛治疗疾病时，饲养员不宜在场，以免以后发生危险。管理种公牛时，要注意安全，即使对公牛很熟悉，它在平时也很温顺，一旦由于某种原因，如遇到陌生人或母牛，就会异常兴奋，易发生危险。因此不了解种公牛特性的外来人，切勿接近它。

（一）拴系与牵引

公犊在断奶前戴上笼头牵引，10～12 月龄应穿鼻戴上鼻环。鼻环要经常检查，如有损坏，要立即更换。鼻环需用皮带吊起，系在缠角带上，缠角带上拴两条细绳，通过鼻环左右分开，进行双绳拴系或牵引。自小就应每天作牵引运动，多加接近，使小公牛早期性情温顺。

(二)运动

如果公牛运动不足或长期拴系，会使公牛变肥，性情变坏，性欲降低，精液品质下降，以及产生消化道和四肢疾病。但若运动过度，对健康和精液品质同样有不良影响。公牛运动量必须适当，每日上、下午各 1 次，每次 1.5～2 小时，行走距离约 4 km。运动方式有牵引运动、旋转架运动、拉车运动及套爬犁等。

(三)刷拭

刷拭可以保持牛体清洁，促进新陈代谢，保持健康。每日应刷拭 2 次，角间、耳根、头颈、额顶等处必须细致刷拭，因这些部位易积尘土，使皮肤发痒，容易形成顶人恶癖。在夏季应进行洗浴，最好采用淋浴，边淋边刷，浴后擦干。

(四)护蹄

公牛蹄形不正，不但影响健康，还影响交配。因此，必须定期修整、矫正蹄形，经常保持牛舍清洁干，运动场地面平坦，无碎石、瓦砾等。

(五)按摩睾丸

每天洗涤阴囊，洗毕擦干，并对阴囊、精索和睾丸、附睾进行按摩，可与刷拭结合进行。

种公牛开始采精年龄根据品种及牛只生长发育而不同。可以在 12～14 月龄开始采精，每月两次，连续 2 个月，并进行后裔测定。18 月龄正式投产采精。开始每 10 天采精 1 次，以后增至每周 2 次，乳用公牛性欲旺盛，较易接受采精，2 岁以上成年种公牛在春、秋、冬 3 季，每周采精 2～4 次，每次射精 2 次，夏季一般每周采精 1 次。

第四节　影响奶牛产奶量、乳成分和卫生质量的主要因素

一、影响奶牛产奶量的主要因素

影响奶牛产奶量的主要因素及其对产奶量的贡献率为：品种、遗传因素占 30%，饲料、营养因素占 50%，环境和管理因素占 20%。奶牛产奶量的高低首先取

决于其品种是不是乳用型奶牛，同一品种不同个体的奶牛产奶量往往有很大差别，因为每头奶牛的父母系不一样，其产奶量遗传性能不一样。同一公牛的后代在不同的牛场饲养，产奶量往往有很大差别，因为供给的饲料营养水平不一样，环境和管理水平不一样。具体的影响因素如下：

1. 生理因素　影响奶牛产奶量的生理因素主要包括：初产月龄、产犊胎次、泌乳月份对产奶量的影响。

表 5-15　不同初产月龄头胎奶牛 305 天产奶量指数

初产月龄	产奶指数
＜25	90
25～30	100
＞30	92

由表 5-15 看出：初产月龄小于 25 月龄、大于 30 月龄，头胎产奶量只有 25～30 月龄的 90％和 92％。

表 5-16　各胎次 305 天产奶量指数及递增幅度

胎次	产奶量指数	递增幅度(％)	产奶量指数
1～10 平均	100		
1	90		100
2	101	12.4	112
3	106	5	118
4	107	1.1	119
5	106	－9.9	118
6	104	－1.7	116
7	102	－2.5	114
8	98	－3.3	110
9	95	－3.7	106
10	91	－3.6	102

以 1～10 胎或 1 胎 305 天产奶量为 100

由表 5-16 可以看出：3～5 胎奶牛产奶量最高。5 胎以上产奶量逐渐下降，7 胎产奶量仍高于 2 胎，10 胎产奶量仍高于 1 胎。2 胎产奶量递增幅度最高。

表 5-17 泌乳盛期、中期、后期占 305 天产奶量的比例和单产指数

	泌乳盛期	泌乳中期(天)	泌乳后期	全泌乳期(305 天)
总产比例(%)	45～50	30	25～20	100
单产指数	112～124	101	84～67	100

注:以 305 天平均日产奶量为 100。

由表 5-17 可以看出:泌乳盛期日单产是泌乳中期的 111%～123%,是泌乳后期的 133%～185%。泌乳中期日单产是泌乳后期 120%～151%。产奶量越高,泌乳后期产奶量占 305 天产奶量的比例及单产指数越高,表明高产奶牛的泌乳期长,下降幅度小,而泌乳中期的单产指数比较稳定。表 5-17 中泌乳盛期、后期占产奶量 305 天产奶量比例分别为 45%、25%的,是 305 天产奶量 8 500 kg 牛的总产比例;分别为 50%、20%的,是 305 天产奶量 5 500 kg 牛的总产比例。

2.环境因素 影响产奶量的环境因素主要包括产奶季节和产犊季节。

(1)产奶季节对产奶量的影响。如表 5-18 所示。

表 5-18 奶牛不同产奶季节的日单产指数

产奶季节	全年平均	上半年	下半年	冬春季	夏秋季	一季度	二季度	三季度	四季度	4 月最高	8 月最低
单产指数	100	104	96	103	97	103	104	96	97	106	94

注:以全年平均日产奶量为 100

由表 5-18 看出:二季度产奶单产最高,三季度产奶单产最低。

(2)产犊季节对产奶量的影响。如表 5-19 所示。

表 5-19 奶牛不同产犊季节的日单产指数

产犊季节	全年平均	上半年	下半年	冬春季	夏秋季	一季度	二季度	三季度	四季度	2 月最高	8 月最低
单产指数	100	102.5	97.5	101	99	106	99	93	102	108	90

注:以全年平均日产奶量为 100

由表 5-19 看出:一季度产犊,单产指数最高,三季度产犊,单产指数最低。

3.饲料及营养对产奶量的影响

(1)精饲料对产奶量的影响。在奶牛饲养中,精饲料主要满足奶牛的产奶营养需要,为充分发挥奶牛的泌乳潜力,必须给予一定量的精饲料,特别是高产奶牛和泌乳盛期的奶牛。奶牛在泌乳盛期,由于产奶量处于上升期,而采食量的增加比产奶量的增加慢，奶牛处于能量负平衡期。如果精饲料喂量不足，会延长奶牛的能量负平衡期，使产奶峰高期缩短，影响整个胎次的产奶量。但精料喂量也不能太多，否则会发生代谢病（如瘤胃酸中毒、酮血病等），并引发乳房炎和蹄叶炎。要按奶牛的产奶量给料，奶料比以 2.5：1 为宜。还要考虑精粗饲料的干物质比例，以 45：55～55：45 为宜，泌乳盛期可达到 60：40。

(2)粗饲料对产奶量的影响。奶牛的产奶量在相当大的程度上取决于干物质进食量，因而取决于粗饲料的品种和质量。粗饲料质量差，采食量不足，不仅影响奶牛稳产、高产，而且会引发许多疾病，如胎衣不下、产后子宫迟缓、子宫内膜炎、肢蹄病等。不仅要保证粗饲料的喂量，还要注意粗纤维特别是有效粗纤维（中性洗涤纤维、酸性洗涤纤维）占日粮干物质的比例（以 17％为宜，不低于 13％）以及粗饲料中干草与青贮的干物质比例（以 50:50 为宜）。青贮不足，粗饲料干物质采食量达不到要求，干草不足，粗纤维采食量达不到要求。

4.能量和蛋白质营养含量对产奶量的影响　除了维持营养需要外（能量维持需要＝365×体重$^{0.75}$千焦；粗蛋白维持需要＝4.6×体重$^{0.75}$克），产 1 千克标准乳需要 3.14 兆焦产奶净能，85 克粗蛋白。日粮中的能量和粗蛋白含量必须满足奶牛维持和产奶的营养需要，能量和粗蛋白的饲喂量应该按奶牛的产奶量及奶牛的泌乳潜力来供给，而且需要增加 10％～20％的保险系数。能量和粗蛋白喂量不足，会影响奶牛产奶量的提高和奶牛泌乳潜力的发挥。但能量和粗蛋白的喂量也不能过多，过多一方面会造成浪费，另一方面也有害健康。此外，日粮中能量和粗蛋白的含量要保持一定的比例，维持能蛋平衡，才能保证稳产、高产，并维持奶牛的健康。

5.矿物质、微量元素和维生素对产奶量的影响　为了维持奶牛的正常泌乳机能，日粮中需要补充一定量的矿物质、微量元素和维生素，特别是牛奶中含量较高的矿物质、微量元素、维生素。如矿物质钙、磷、镁，微量元素铜、锌、锰、钴、碘，维生素 A、维生素 B_6、维生素 B_{12}。当这些物质缺乏时，补充这些物质可提高产奶量。

6.繁殖因素对产奶量的影响　繁殖因素对产奶量的影响主要是影响终生产奶量，而一般不影响当胎产奶量。胎间距延长的母牛使终生所产的胎次减少，一生中泌乳盛期的次数和时间减少，而泌乳后期的时间增加，因而终生产奶量减少。繁殖力低下的母牛，特别是高产母牛，不仅影响终生产奶量，另一个损失是产犊数减少，优良的遗传资源被丢失。统计显示，胎间距长的母牛比胎间距短的母牛当胎 305 天产奶量要高。这里面有两个原因：一是高产奶牛比低产奶牛产后第一次发情和配种延迟，妊娠所需要的配种次数要多，因而胎间距延长；二是由于妊娠延迟，泌乳盛期和泌乳中期的时间延长，泌乳量下降的速度减缓，也是当胎产奶量较高的原因。奶牛一般在妊娠两个月后产奶量下降的速度加快。

7.疾病对产奶量的影响　影响奶牛产奶量的主要疾病是:乳房炎、肢蹄病、代谢病(瘤胃酸中毒、酮血病、产后瘫痪)、消化系统疾病(前胃迟缓、瘤胃积食、瘤胃鼓气等)、产科病(胎衣不下、子宫内膜炎等)及引起体温升高的其他普通病和急性传染病(如流行热、口蹄疫等)。特别地,乳房炎是奶牛的常发病和高发病,对产奶量的影响最大。奶牛临床型乳房炎的发病率为2%～3%,占奶牛总发病率的20%～25%,隐性乳房炎的发病率为38%～62%。奶牛因乳房炎造成的产奶量损失达20%以上。

二、影响乳成分的主要因素

牛奶中的乳成分,乳脂含量变动最大,其次是乳蛋白含量,乳糖含量比较稳定。一般情况下,随产奶量的增加,乳脂率、乳蛋白率和乳干物质含量减少,反之则增加。泌乳盛期,产奶量高,但乳脂率和乳干物质含量较低。泌乳后期,产奶量低,但乳脂率和乳干物质含量较高。除此之外,还与饲喂方法、挤奶操作、季节与气温等因素有关。

1.日粮成分及饲喂方法　日粮中粗饲料比例高、干物质进食量高、粗纤维含量高时,牛奶的干物质和乳脂含量高,反之则低。长期营养不良的母牛,不仅产奶量低,乳脂率也低。长期高精料饲喂、营养过剩的母牛,不仅乳脂率低,产奶量也不稳定。饲料中70%～80%的可消化干物质和50%的粗纤维在瘤胃微生物的作用下,发酵产生挥发性脂肪酸,其中乙酸占70%、丙酸占20%、丁酸占10%。被吸收的乙酸40%～70%被乳腺利用合成乳脂。高粗料型饲养,乙酸含量增高,乳脂率高,但因能量和粗蛋白不足,产奶量不高。高精料型饲养,特别是高碳水化合物日粮,乙酸含量减少,致使乳脂率下降。日粮中淀粉含量低,能量不足时,合成乳蛋白的氨基酸被用作能量利用,导致乳蛋白含量下降,改善干草质量,增加干草采食量和粗纤维进食量,可提高乳脂率。改善玉米青贮质量,增加玉米青贮喂量,能增加能量摄入,因而能提高乳蛋白含量。能量不足时,增加碳水化合物饲料可提高乳蛋白含量,但添加脂肪不能提高乳蛋白含量,有时还能降低乳蛋白含量。

夏季日粮中添加小苏打和乙酸钠,乳脂率可提高0.2%～0.3%,产奶量增加8%～17%;添加烟酸,可降低瘤胃微生物将色氨酸转化为烟酸,提高乳蛋白含量。如果不是蛋白质营养不足,提高日粮的蛋白质水平,不会提高乳蛋白含量。合理的饲养方法是:精、粗饲料合理搭配,饲喂优质干草和青贮,适当搭配精料,给予足够的能量和蛋白饲料,并注意矿物质、微量元素和维生素的补充,这样才能维持瘤胃微生物的正常消化活动,使乙酸、丙酸、丁酸的含量比例平衡,不仅能保持稳产、高产，而且能提高牛奶的乳脂和干物质含量，保证牛奶质量。

2.挤奶操作　操作时应该：①每次挤奶要挤净最后一滴奶，开始挤出的奶乳脂含量低，只有2%～2.5%，以后逐渐增高，临近结束时乳脂含量最高，可达5.5%～6.5%。②挤奶前用50℃左右温热水洗乳房，并按摩乳房，特别是在泌乳盛期，乳脂率可以提高0.2%～0.4%。③挤奶间隔长，泌乳量高，但乳脂率低，间隔短，泌乳量低，但乳脂率高。例如，1天3次挤奶，早班（间隔11小时）奶量占全天奶量的45%，乳脂率3.1%；中班（间隔7.5小时）奶量占全天奶量的30%，乳脂率4.0%；晚班（间隔5.5小时）奶量占全天奶量的25%，乳脂率3.8%。加权平均，全天混合奶乳脂率为3.55%。因此，1天3班的产奶量应混合上市。

3.季节与气温　夏季产的奶，含脂率较低。冬季产的奶，含脂率较高。气温超过21℃，产奶量减少，乳脂率也降低。气温超过27℃，产奶量明显减少，乳脂率下降的同时，乳干物质含量也下降。因此，在夏季高温季节，在做好防暑降温工作的同时，要调整日粮结构，提高精、粗饲料的比例，提高饲料营养浓度，注意饲料的适口性，增加蛋白质补充料。

三、影响牛奶理化和卫生质量的主要因素

1.牛奶的颜色　新鲜牛奶为白色略带微黄色的不透明液体。微黄色主要是由于牛奶中含有胡萝卜素，胡萝卜素溶解在乳脂中。冬季饲料中胡萝卜素含量较低，所以牛奶的微黄色较轻，夏季饲料中胡萝卜素含量较高，所以牛奶的微黄色较重。

2.牛奶的气味　牛奶中含有一些挥发性芳香性物质，所以正常的牛奶有一种特殊的香味，加热后香味更浓。牛奶很容易吸收外界的气味，饲喂有刺激性气味的饲料会影响牛奶的气味，长期存放的牛奶会出现酸味、苦味或腥臭味，分别是细菌分解乳糖、蛋白质、脂肪造成的。

3.牛奶的比重　牛奶的标准比重是20℃时牛奶的重量与同体积纯水在4℃时的重量之比。正常值为1.028～1.032。用牛奶比重计测得的数值用“度”表示，度数除以1 000再加1即为牛奶的比重。牛奶的比重随温度升高而降低，温度每升高或降低1℃，比重降低或升高0.000 2（0.2度）。牛奶的比重与其成分密切相关，牛奶的非脂干物质越多，比重越高；脂肪含量越高，比重越低。因此，牛奶比重是反映牛奶干物质含量特别是非脂干物质含量的指标。影响牛奶比重的因素主要是日粮干物质进食量及人为掺水。牛奶中掺入5%的水，比重下降0.001 5（1.5度），同时乳脂率下降0.15%，而牛奶比重每下降0.5度，干物质含量减少0.125%，乳脂率每下降0.05%，干物质含量减少0.06%。因此，牛奶中掺入5%的水，乳干物质含量减少0.56%。

4.牛奶的酸度　新鲜牛奶的酸度为16～18T，是牛奶本身具有的自然酸度。牛奶在存放过程中因微生物分解乳糖产生乳酸而使牛奶酸度升高，这种升高的酸度叫发生酸度。自然酸度与发生酸度之总和称总酸度。造成牛奶总酸度升高的原因主要是存放时间过长及存放温度过高。刚挤下的奶为36℃左右，应尽快冷却降温至3～5℃，保存时间不超过24小时。

5.牛奶中的微生物及造成牛奶污染的因素　健康乳房内的牛奶应该是无菌的，但外界微生物可通过乳头孔进入乳房内，存在于乳池，特别是乳头乳池。挤奶前应将头两把奶废弃。牛奶中的微生物主要是乳酸菌(乳酸链球菌、乳酸杆菌)、蛋白质分解菌、脂肪分解菌。牛奶中常见的病原微生物有大肠杆菌、溶血性链球菌、结核杆菌、沙门氏杆菌及引起奶牛乳房炎的细菌(金黄色葡萄球菌、无乳链球菌、乳房链球菌等)。牛奶中的微生物来源主要是挤奶过程中及牛奶存放过程中来自牛体体表、盛奶容器、挤奶用具、挤奶员的手和衣物、牛舍内的牛粪尿、污水、蚊、蝇及空气的污染，其次是混入了乳房炎病牛的奶。牛舍卫生不良、牛体卫生不良、挤奶员卫生不良、挤奶时对乳房乳头擦洗不净或不干、挤奶用具卫生不良及掺杂、掺入乳房炎病牛奶等是造成牛奶污染的主要原因。

第六章　奶牛的繁殖

第一节　牛的生殖器官和生理功能

一、母牛的生殖器官和生理功能

母牛的生殖器官包括卵巢、输卵管、子宫、阴道、尿生殖前庭、阴唇和阴蒂等。

（一）卵巢

母牛的卵巢长2～3 cm，宽1.5～2.0 cm，厚1～1.5 cm，呈扁椭圆形，附着在卵巢系膜上，子宫角尖端外侧。青年母牛，其卵巢位置通常在耻骨前缘之后，而经产母牛，由于子宫角经常垂入腹腔，因此，其卵巢大多位于耻骨前缘的下方，卵巢的功能是分泌雌激素及孕酮。

（二）输卵管

输卵管被包在输卵管系膜内，长15～30 cm，有许多弯曲。管的上1/3段较粗，称为壶腹，是卵子受精的场所，其余部分较细，称为峡部。管的前端接近卵巢，扩大呈漏斗状，发情期便于接纳卵巢排出的卵子。受精卵在输卵管中停留3～4天后迁移至子宫。

（三）子宫

母牛的子宫可以分为子宫颈、子宫体、子宫角三部分，子宫基部之间有一纵隔，将两角分开，形成两个子宫角基部的角间沟。子宫是精子通向输卵管的渠道，也是胎儿生长发育的场所，临产时子宫内的胎儿可达35～40 kg，羊水20～30 kg以及5 kg左右的胎盘，分娩之后，子宫需9～12天才会恢复到怀孕前的状态。

1.子宫颈　牛的子宫颈长5～10 cm，直径2.5～5 cm，子宫颈肌的环状层很厚，颈管呈螺旋状，颈口壁厚而硬，并突入阴道2～3 cm。母牛妊娠后，子宫颈封闭，并由黏稠的子宫栓（黏液栓）封口，以防异物和细菌感染，临产前10天，子宫栓才开始溶解消失，子宫颈扩张，为胎儿顺利分娩做好准备。

2.子宫角　母牛的子宫角长20～40 cm，青年母牛弯曲如绵羊角状，位于骨盆腔内，经产母牛的子宫角较长，垂入腹腔。子宫内膜上散布着80～120个呈扁圆形的子宫阜，母牛怀孕后，子宫阜即发育为母体胎盘。

3. 子宫体　子宫体是两个子宫角汇合的地方，长 3～4 cm，呈圆筒状管道，两角基部之间的纵隔之上有一纵沟，称为角间沟。

(四)阴道

阴道位于直肠腹侧，阴道腔为一扁平的缝隙，前端为子宫颈突出部与阴道腔形成的阴道穹隆，后端以尿生殖前庭的尿道外口和阴道为界，全长 22～28 cm。阴道是自然交配时精液的注入部位，同时也是分娩时犊牛产出的通道。

(五)尿生殖前庭

尿生殖前庭是从阴瓣到阴门裂的短管，长约 10 cm，在前庭两侧壁黏膜下层有前庭大腺，发情时分泌液增多。

(六)阴唇

阴唇为母牛生殖道的最末端部分，由左右两片构成，中间形成阴门裂。

二、公牛的生殖器官和生理功能

公牛生殖器官由睾丸(性腺)、输精管道(附睾、输精管和尿生殖道)、副性腺(精囊腺、前列腺和尿道球腺)以及外生殖器(阴茎)组成。

(一)睾丸

公牛睾丸成对，位于前腹股沟区阴囊内，呈长卵圆形。睾丸的功能主要为生产精子，分泌雄性激素。睾丸温度必须比体温低 3～4℃，如果睾丸太冷，则囊皮就收缩，使睾丸贴近身体；若睾丸太热，则囊皮舒张，使睾丸下坠远离身体。阴囊温度也可以由其表面的血流调节控制。

(二)附睾

附睾附着于睾丸，由附睾头、附睾体和附睾尾 3 部分组成。精子最后是在附睾成熟，并贮存在附睾尾，附睾内的 pH 值为弱酸性、温度也较低且缺乏精子代谢所需的糖类，因此，精子在附睾中呈休眠状态，贮存 60 天仍具有受精能力。

(三)输精管

输精管起始于附睾尾，经腹股沟管进入骨盆腔，开口于膀胱颈附近的尿道壁上。输精管的主要作用是借助于管壁的肌肉蠕动，将精子送到尿生殖道内。

(四)尿生殖道及副性腺

尿生殖道起始于膀胱颈末端，止于阴茎的龟头，是尿液和精液排出的共同管道。公牛副性腺的分泌物对精子的稀释、活化、营养以及尿生殖道的冲洗等都具有重要作用。

(五)阴茎和包皮

公牛的阴茎长 80～100 cm,海绵体欠发达,呈 S 状弯曲。包皮是一种皮肤被囊,对阴茎起保护和滋润作用。

第二节 母牛的发情和发情鉴定

一、性成熟和体成熟

性成熟是指初情期之后,母牛的生殖器官和第二性征发育达到完善的程度,能产生成熟的卵子和雌激素,而且具有繁殖后代的能力。

体成熟是指性成熟之后,基本上具有成年母牛固有的外貌特征,母牛达到体成熟的年龄约为 18(15～22)个月。

无论公母,都需要等到牛的身体发育成熟(即体成熟)后才能配种,不能过早,过早配种将影响牛自身的身体发育,也不利于其后代的健康,但从经济利益考虑,配种时间也不能过迟。牛的性成熟后,当体重达到成年牛体重的 70%左右,就可以视为体成熟,可以进行配种。一般要 20 月龄左右(母牛 1.5～2 岁,公牛 2～3 岁),跟品种、饲养条件和气候不同有关。

二、母牛的发情

(一)初情期

母牛出现第一次发情或排卵的年龄称之为初情期。育成母牛的初次发情时间与品种及体重有关。当育成牛体重达成年体重的 40%～50%即进入初情期,因此,生长发育较快的育成母牛仔 6～8 月龄时就可出现初情期,而有些营养不良的育成牛,初情期可延迟至 18 月龄。

(二)产后发情

母牛产犊后,经过一定的生理恢复期,又会出现发情。产后生理的恢复包括卵巢功能、子宫形态和功能以及内分泌功能的恢复等过程。产后的一段时间,由于促性腺激素分泌减少,卵泡发育受到抑制而没有大的卵泡,子宫大小、位置和功能也没有恢复,一般需要 21～50 天,经产母牛、难产母牛和有产科疾病的母牛,则需要更长的时间,母牛才能再次发情。同时,因品种、个体及营养水平的差别,产后第 1 次发情的时间变化范围较大,通常为 30～45 天。

（三）发情持续期

发情持续期是指从发情症状出现，到症状消失所持续的时间。母牛的发情持续期短则 6 小时，长达 30 小时，90％的母牛发情期为 10～24 小时，平均 18 小时。品种、年龄、营养状况、环境温度的变化等都可以影响牛的发情持续时间。一般初情期母牛和老母牛的发情持续期短于壮年母牛。

（四）排卵时间

母牛通常在发情开始后 24～30 小时或发情结束后 10～15 小时排卵，而且 90％为单侧排卵（其中右侧排卵占 53％～60％，左侧排卵占 40％～47％），双侧排卵仅占 10％，夜间排卵多于白天。

（五）发情周期

母牛出现初情期后（除妊娠及分娩 28 天内），会周期性的出现发情，从一次发情之日起到下一次发情开始之前的这段时间，称之为一个发情周期。母牛的发情周期平均为 21 天（18～24 天），发情周期还受到纬度、温度、营养水平、个体以及健康状况等的影响。

三、发情鉴定

发情是母牛性活动的表现，是由于性腺内分泌的刺激和生殖器官形态变化的结果。准确的发情鉴定可进行适时输精、提高受胎率。

（一）外部观察法

在发情期间，母牛由于受到体内生殖激素、特别是雌激素的作用，90％～95％的健康母牛具有正常的发情周期和明显的发情表现。母牛的发情通常可采用行为观察、生殖道变化以及直肠触摸卵巢等途径进行鉴定（图 6-1）。母牛的发情可分为 3 个阶段。

1. 发情早期　此期持续时间为 6～24 小时。其表现主要有：①母牛频繁试图爬跨其他母牛；②追寻其他母牛并与之为伴；③发情母牛被其他母牛爬跨时，尚不愿接受，一爬即跑；④兴奋不安、敏感、哞叫；⑤阴户略有肿胀。

2. 发情期　此期一般为 6～18 小时。其表现为：①母牛被其他母牛爬跨时，后肢张开，静立不动，接受爬跨是这一阶段的最明显特征；②爬跨其他母牛；③不停地哞叫，不安，食欲减退，甚至出现拒食，排粪排尿次数增多，产奶量下降；④嗅闻其他母牛外阴或尿液，或试图将其下巴搁在另一母牛的尻部上并进行摩擦；⑤阴户红肿，湿润发亮，黏液多、透明含泡沫，牵缕性强，牵之成丝可提拉数次，两指水平牵拉后，黏丝可呈“Y”状；⑥弓背，腰部凹陷，荐骨上翘；⑦因爬跨致使尾根部被毛蓬乱；

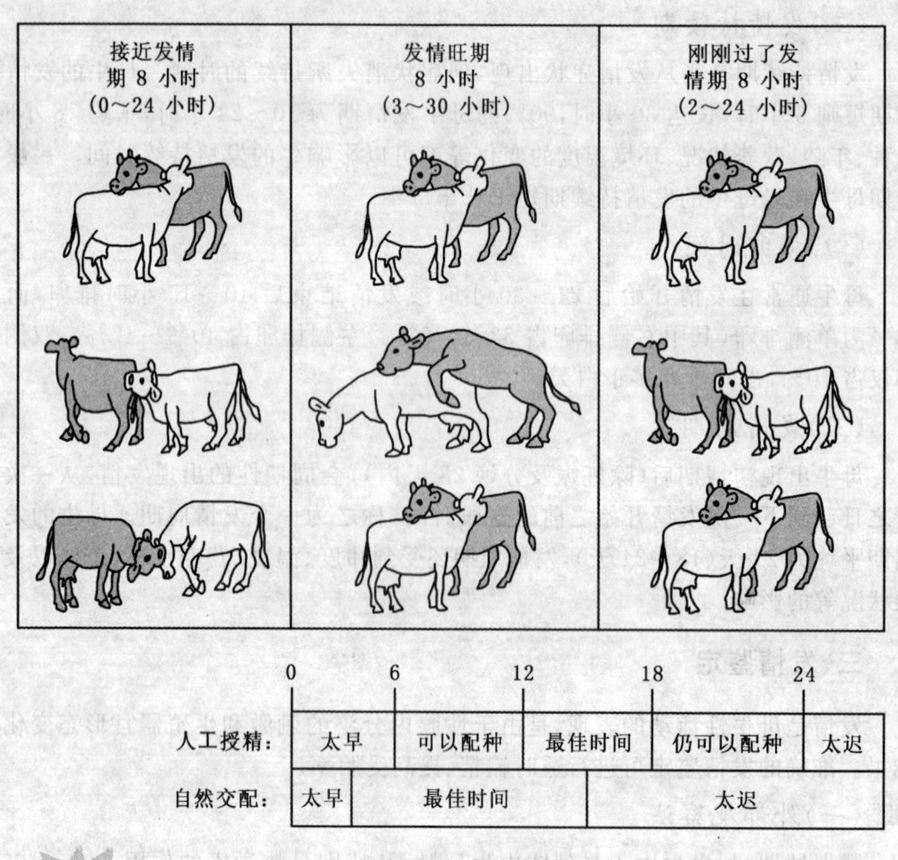

提示

产后 40～50 天发情配种最为适宜，产后 60 天以上配种的受胎率约在60%。

图 6-1 发情母牛配种时间

⑧尾部和后躯有黏液。

3. 发情后期 此期表现为：①不接受其他母牛的爬跨；②发情母牛被其他母牛闻嗅或有时闻嗅其他母牛；③尾部有干燥的黏液。

发情后 1～4 天约有 90%的育成母牛和 50%的成年母牛可从阴道排出少量血。据调查，在输精后第二天出现流血的受胎率最高。

(二)直肠检查法

用手通过直肠来触摸卵巢上的卵泡发育情况，以此来查明母牛的发情阶段，判定真假发情，确定输精时间，是目前生产中最常用、效果也是最为可靠的一种母牛发情鉴定方法。

1.卵泡发育　母牛在发情过程中卵泡的发育可以分为以下4个阶段。

(1)卵泡出现期。卵巢稍增大，卵泡直径0.5～0.75 cm，触诊时为一软化点，波动不明显，这时期母牛已开始表现发情。

(2)卵泡发育期。卵泡增大到1～1.5 cm，呈小球形，触摸时波动明显，母牛发情表现已经由发情期进入发情后期。

(3)卵泡成熟期。卵泡不再增大，但泡壁变薄，紧张度增强，直肠触摸有一触即破之感，母牛发情表现已不明显，不接受爬跨，是输精配种的最佳时期。

(4)排卵期。卵泡破裂排卵，卵泡液流失，泡壁变松软，成为一个小凹陷。排卵后6～8小时，黄体开始生长，凹陷逐渐被黄体填平。

2.检查方法　戴上胶质(或塑料薄膜)手套，抹上润滑剂，手指并拢呈锥形，缓缓插入肛门并伸至直肠，先掏出直肠内的宿粪，然后再进行检查。检查时一般手掌平展，掌心向下，用力按下且左右抚摸，在骨盆底的正中感到前后长而稍扁的棒状物，即为子宫颈。试用拇指、中指及其他手指将其握在手里，感受其粗细、长短和软硬。将拇指、食指和中指稍分开，顺着子宫颈向前缓缓伸进，在子宫颈正前方由食指触到一条浅沟。沟的两旁各有一条向前弯曲的圆筒状物，粗细近似于食指，就是左右两个子宫角。摸到手后继续前后滑动，沿子宫角的大弯，向下侧面摸索，可以感觉到有扁圆、柔软而有弹性的肉质，即为卵巢。

找到卵巢后，可用食指和中指夹住卵巢系膜，然后用拇指触摸卵巢的大小、形状、质地和其表面卵泡的发育情况，以判断发情的时期及输精时间。

3.发情观察时间　据报道，大约25%的母牛发情出现在18:00～24:00;43%的母牛发情出现在0:00～6:00;22%的母牛发情出现在6:00～12:00;10%的母牛发情出现在12:00～18:00。但不同季节有差异，夏季更多母牛发情在夜间，而冬季则在白天。因此，每天发情观察至少3次，即早晨6:00～7:00、中午10:00～14:00和下午17:00～20:00。实践证明，多次观察能提高发情母牛的检出率，尤其在夏季气温高，发情症状不太明显时应多次观察。

四、影响母牛初情期和发情症状的因素

对母牛发情影响比较明显的因素有牛的品种差异、饲养管理条件的影响、自然因素的影响以及个体之间的差别。

(一)品种

不同种的牛或不同品种的牛，初情期的早晚及发情的表现不同。一般情况下，

大型品种初情年龄晚于小型品种的牛。如奶用小型品种娟姗牛初情年龄为 8 月龄，而更赛牛和荷斯坦牛为 11 月龄。

（二）自然因素

由于自然地理因素的作用，不同的牛种或品种经过长期的自然和人工选择，形成了各自的发情特征，虽然这种特征随着饲养方式的改变已经发生了很大的变化，但自然的影响有时还能看出来。

母牛发情持续时间长短亦受气候因素的影响。高温季节，母牛发情持续期要比其他季节短。在炎热的夏季，除卵巢黄体正常地分泌孕酮外，还从母牛的肾上腺皮质部分泌孕酮，导致发情持续期缩短。草原放牧饲养的母牛，当饲料不足时，发情持续期也比农区饲养的母牛短。

（三）营养水平

营养水平是影响家畜初情期和发情表现的非常重要因素，自然环境对母牛发情的影响，在一定程度上亦是因营养水平的变化所致。一般情况下，良好的饲养水平可以增加牛的生长速度，提早牛的性成熟，也可以加强牛的发情表现。牛的体重变化与初情期有直接的关系，因此，在良好的饲养管理条件下，牛的健康生长，有利于牛的性成熟。试验表明，高营养水平的奶牛与低水平的营养比较，前者可以使牛的初情期提早 6～9 个月。母牛在较好的饲养条件下，平均在 9.3 月龄（280 天）即进入性成熟期，而在饲养水平较低的情况下，初情期可能要晚 3～6 个月。

在牛自然采食的饲料中，可能含有一些物质，影响牛的初情期和经产牛的再发情。如存在于豆科牧草（如三叶草）中的植物雌激素，就可能影响牛的发情特征。我国传统上在早春季节利用某些植物草及根给动物催情，即是利用植物雌激素的例证。长期采食三叶草后，母牛流产率增高，处女牛乳房及乳头发达。而北美疯草据认为含雌激素样物质及其他“毒素”，可以影响精子和卵子生成。实验研究表明，某些植物存在的类雌激素物质，可抑制牛卵泡发育和成熟，导致牛繁殖力的改变。

（四）生产水平和管理方式

母牛的发情表现与生产性能有关，肉用牛性表现往往没有乳用牛明显，而产奶量高的奶牛个体，其发情表现有时也没有其他牛明显。其原因可能与高产奶牛产奶代谢功能的旺盛，一定程度上抑制了与发情有关的生殖内分泌作用所致。过度肥胖的牛，发情特征往往不明显，可能与激素分泌亦有关。因此，在生产上，应避免母牛产后恢复发情的时间间隔与牛饲养管理措施有关。例如，高产奶牛可较低产奶牛约延长 9 天才出现发情，每天挤奶或哺乳次数越多，间隔越长。营养差、体质弱的母牛，其间隔时间也较长。肉牛产前、产后分别饲喂低、高能量饲料可以缩短第一次发情间隔，如产前喂以足够能量而产后喂以低能量，则第一次发情间隔延长，有一部分牛在配种季节不发情，这部分牛倘要提前配种，必须尽可能采取措施（提早断奶等），让牛提前发情。

第三节 适时输精

准确掌握母牛的发情状态后，就需要对其进行受精使之怀孕，授精的方法有自然交配和人工授精两种。以下主要介绍人工授精。

所谓人工授精，就是用人为的方法使精子与卵子相结合而达到使母畜受孕目的。它的优点在于扩大种公畜的配种头数，如果1头种公牛用于自然本交，1年最多不过配种50头，而1头种公牛1年所生产的冷冻精液的产量可配母牛1万～3万头以上；提高受胎率，预防因本交而感染的疾病，克服公母畜因体格大小悬殊而带来的自然交配困难，节省或不需要种公牛的饲养费用，能较快地繁殖优良后代进入商品化生产，提高经济效益，尤其是在牛、羊养殖业朝着产业化方向发展的今天，更加显示了它的无可代替的重要性和优越性。

一、牛的采精

（一）器材和设备的准备

采精用的主要器材和设备有牛用假阴道、集精杯、假台牛等。假阴道及集精杯等器材，在采精前必须充分洗涤，玻璃器材应高温干燥消毒。采精时要调节假阴道内壁的温度至39℃左右，并维持适当的压力。阴道内壁还要涂抹适量医用凡士林以增加润滑度。假台牛可以是非种用待淘汰的健康母牛，或是利用木料或金属制成的假台牛架。但如若是假台牛架，其后部需要制成与母牛的后躯相似，在架的表面，大多覆盖牛皮。

精液处理、检查和保存需要的器材和设备包括精液处理设备（如恒温水浴箱、离心机等）、精液质量检测设备（如显微镜、比色仪等）、精液分装设备（如封装用细管、精液分装机）、冷藏箱、冷冻设备和冷藏设备（液氮、液氮罐）等。

人工授精用器材有精液运输时保存精液的设备、人工授精器材（如输精管或输精枪）、精液质量检查设备（如显微镜）、牛体清洗器材。

另外，在各个环节，还需要器材的消毒设备和药品，如烘箱、干燥箱、酒精等。

（二）公牛的准备

公牛的准备主要是指初次采精公牛的调教和公牛采精前的准备。

1. 初次采精公牛的调教　公牛的性成熟期在7～8月龄，人工采精的公牛，8～10月龄可开始采精训练。新公牛开始采精训练时，为了促使其性欲，可用健康的非种用母牛作台牛，诱使公牛接近台牛，并刺激其爬跨。待公牛适应了采精后，也可将母牛换成假台牛，但要注意，在肉用牛和一些性欲不很强的乳用公牛，往往用假台牛更激发不起公牛的性欲，故不宜进行更换。在采精训练时，必须注意耐心细致的原则，不能强行从事或粗暴对待采精不顺利的公牛，以防使公牛产生对抗情绪。采精人员应保持固定，避免由于更换人员造成公牛的惊慌和不适。同时，采精的场所应保持安静、卫生、温度适宜。特别在夏季，要避免高温影响公牛的生精机能、精液性状以及公牛的性欲，最好在公牛舍内安装淋浴设备或采取其他必要的降温方法。

2. 公牛采精前的准备　除了公牛采精环境与上述相似外，还应清洗牛体，特别是牛腹部和包皮部，以避免脏物污染精液。公牛在采精前1～2小时，不应大量采食饲料。在夏季，不要在公牛采精前后立即饮用凉水。采精前还应避免牛的激烈运动。

(三)采精操作步骤

①将公牛牵至采精架，让其进行1或2次假爬跨，以提高其性欲。

②采精员立于台牛右侧，待公牛受刺激达到性高潮后，把勃起的阴茎导入假阴道内。公牛射精时，应配合牛的射精冲动移动假阴道，于射精结束时，轻轻地顺势取下假阴道，并使其保持立势，以免精液逆流而从集精杯(或集精管)进入假阴道。

③将假阴道外筒的开关打开，放掉内部的温水，取下装有精液的集精杯或集精管，移入实验室进一步处理。检查密度、pH值、畸形率、顶体完整率等。

(四)精液品质检查

1. 肉眼检查

(1)精液的外观。精液的颜色随着精子浓度而有所不同。精子浓度越高，精液颜色愈成乳白色。精液异常时可呈现不同的颜色，如精液中混入尿液呈琥珀色；有新鲜血液时呈红色；而含有血液及组织细胞时，精液呈褐色或暗褐色；当精液含有化脓性物质时，可出现绿色等，这些异常精液均不宜作授精或制作冷冻精液用。

(2)精液量。为3～8 mL。

(3)气味。正常的公牛精液含有特有的腥味，无腐败和恶臭。但当精液出现异常时，有化浓性物质，精液可出现臭味。

(4)酸碱性(pH值)正常精液的pH值呈中性或弱碱性(7.0～7.8)。精液的

pH 值与精子浓度呈负相关关系。pH 值愈低，即精液呈中性或稍酸性时，精子浓度愈高，这是因为高浓度精子代谢使乳酸等在精液中积累的缘故。

2.显微镜检查　在无显微镜设备的情况下，只有利用简单的肉眼检查法，根据精液的外观判断精液的好坏，但却不能真正了解精子状态。利用显微镜检查，可以准确判断精子的活力、存活率和精子形态等，而这些指标与受胎率有极密切的关系，所以显微镜设备是判断牛精液质量所必备的工具。

(1)精子活力。检查精液活力时要使用加热的显微镜平台，高密度和高活力的精液样品在显微镜下呈云雾状。在对精子进行稀释检查时，应注意稀释液的温度要与原精液相同，否则可能影响精子正常的活力。活动精子是指视野中呈直线前进运动的精子，做旋转运动、向后运动或摇摆运动的精子不计为活动精子，这是因为非前进运动的精子一般不具备与卵子结合并受精的能力。刚采出的牛精子的正常活力应不低于 0.7，即 70%的精子为呈直线前进运动。

(2)形态。完整的精子包括头、颈和尾 3 部分，其头部长度约 8 pm，颈部长度约 12 μm。精子头部前端为帽样结构覆盖，称为顶体。精子尾部长约 50 pm。公牛精液中亦含有异常精子，如果异常精子数大于 20%，可能引起精液的受精能力降低，这样的精液不能用于人工授精。

检查精子形态时，一般在载玻片滴一滴混匀的原精液，再加一滴染色液，完全混匀后，平拉制片，最后使载玻片在常温下干燥后检查。也可将一小滴精液样品与一小滴 10%的福尔马林相互混合均匀(使精子活动静止)后，覆盖干净的盖玻片再置于显微镜下镜检。每一样品计算 100 个以上的精子，然后再计算正常精子的百分率。

不正常的精子种类有头部过大或过小、双头、双颈、无头精子、折尾、卷尾、颈部和中部含有原生质滴的不成熟精子等。

对于大多数种公牛来说，正常精子数都大于 85%。另外，在精液中还可能发现下列非精子细胞：白血球、红血球、原生脂滴、退化精子细胞团、原始精子细胞、巨大或多核细胞以及片状上皮细胞等。

公牛精液的异常精子比例随季节有明显的变化。在晚春和夏季尤其要检查精液质量，因为公牛在炎热季节如果受到热应激的影响，异常精子数增加，可能降低精液的受胎能力。

3.精子浓度的计算　一般使用血球计数板和稀释管。也可利用光电比色仪测定。

二、确定输精时间

奶牛的发情周期平均为 21 天左右，发情持续期较短，大约 20 小时，排卵一般发生在发情结束后 10～16 小时，因此，准确的发情鉴定，适时输精是提高受胎率的有力保证。奶牛输精的实践表明：在母牛接受爬跨(即站立发情阶段的末期或发情后期的开始阶段)；卵泡发育期的后期或卵泡成熟期输精可获得最佳的受胎效果。从母牛接受爬跨开始到排卵后的这段时间输精的不返情率表明，在母牛接受爬跨第 8～24 小时输精的受胎率最高。

输精人员应掌握以下规律：母牛在早晨接受爬跨，应在当日下午输精，若次日早晨仍接受爬跨应再输精 1 次；母牛下午或傍晚接受爬跨，可推迟到次日早晨输精。如果输精员由本场人员担任，一般在第一次输精后 12 小时做第 2 次输精。如果是个体饲养的小群奶牛，输精时间应更灵活些。

三、输精部位和输精次数

(一)输精部位

大量的试验证明，采用子宫颈深部、子宫体、排卵侧或排卵侧子宫角输精的受胎率没有显著差异。当前普遍采用子宫颈深部(子宫颈内口)输精。

(二)输精次数

冷冻精液输精，除母牛本身的原因外，母牛的受胎率主要受精液质量和发情鉴定准确性的影响，若精液质量优良，发情鉴定准确，1 次输精可获得满意的受胎率。由于发情排卵的时间个体差异较大，一般掌握在 1～2 次为宜。盲目地增加输精次数，不但不能提高受胎率，有时还可能造成某些感染，发生子宫或生殖道疾病。

四、输精方法

(一)开张器输精法

借助开张器将母牛的阴道扩大，借助一定的光源(手电筒、额镜、额灯等)找到子宫颈外口，把输精管插入子宫颈 1～2 cm 处，注入精液，随后取出输精管和开张器。此法虽然简单、容易掌握，但输精部位浅，易感染，受胎率低。因此，目前很少采用。

(二)直肠把握子宫颈输精法

与直肠检查相似，一只手戴上薄膜手套，伸入直肠，掏出宿粪，寻找子宫颈，并握住子宫颈的外口端，使子宫颈外口与小指形成的环口持平。用伸入直肠的手臂压开阴门裂，另一只手持输精器插入阴门（插入时先斜上再转成水平，切勿将输精器插入尿道开口）。借助握子宫颈外口处的手与持输精器的手协同配合，使输精器缓缓越过子宫颈内侧的皱褶（一般为 42 个），然后注入精液，在把握子宫颈时，位置要适当，才有利于两手的配合，既不可靠前，也不可太靠后，否则难以将输精器插入子宫颈深部。直肠把握子宫颈法是国内外普遍采用的输精方法，具有用具简单，不易感染，输精部位深和受胎率高的优点。其受胎率比开张器法高出 10%～20%，大幅度提高了奶牛的繁殖率和经济效益。同时借助直肠触摸母牛子宫和卵巢的变化，也可进一步判断发情或妊娠情况，防止误配或造成流产。

个人的授精技术对受胎率有很大影响，有经验的人工授精员可获得最佳的受胎效果。在炎热的气候条件下，母牛的发情时间较短，全天进行输精都有效。在这种条件下，奶牛饲养者自己进行人工授精操作往往可获得较好的结果，而受过一定人工授精技术训练是获得最佳效果的保证。经常对人工授精人员进行考核有助于评价和改进他们的输精质量和受胎效果。为了获得良好的受胎效果，精液应贮存于可定期检查的容器内。

五、产犊到第一次输精最佳间隔时间的确定

虽然产犊后首次输精时间提早可使母牛妊娠的时间提前，但产犊后过早配种也 并非明智之举，因为：①产后泌乳早期需要一段时间恢复身体；②一产青年母牛在下次妊娠前尚未完成自身的发育；③产后早期妊娠率很低；④实践证明奶牛的产犊间隔少于 365 天并非有利；⑤更重要原因是产后过早配种其泌乳期达不到 305 天。因此，许多生产者对一些高产牛都把产后第 1 次配种时间控制在产后 85～95 天。

六、母牛的再配种

一般情况下，很难做到所有的输精都能成功地妊娠，有时经多次输精仍不妊娠；有些虽然能正常妊娠，但有时会在妊娠后发生胚胎死亡和流产。通常把在妊娠初期 40 天内的妊娠失败称胚胎死亡；妊娠 43～151 天的妊娠中断称胎儿死亡；而把在此以后发生的妊娠中断叫流产。胚胎死亡可能无任何明显外部症状，因此母牛输精后继续进行发情观察是十分重要的。特别是对输精 3 周后无发情表现而被认为妊娠的母牛更应注意。对输精 3～6 周的母牛也应继续观察，发现返情，应及时再输精，以避免时间和经济的浪费。最后一次输精经 6～8 周若无任何发情表现，应该进行妊娠诊断。如果经多次输精仍不妊娠，就应及时淘汰。若牛群中有多

头母牛出现类似问题，应及时检查和处理。实践证明，上述问题常常是管理不善所致。

第四节 妊娠与分娩

一、妊娠

在奶牛的繁殖管理中，妊娠诊断有着重要的经济意义，尤其是早期诊断可以减少空怀，增加产奶量，提高繁殖率。妊娠诊断的方法虽然很多，目前在生产实践中应用的主要有外部观察法、直肠检查法、孕酮水平测定法和超声波诊断法等 4 种。以下主要介绍直肠检查法。

（一）外部观察法

妊娠最明显的表现是发情周期停止，食欲增加，被毛变得光亮，性情变得温顺，行动谨慎，到 5 个月后腹围出现不对称，右侧腹壁突出，乳房逐渐发育。外部观察法通常只作为一种辅助的诊断方法。

（二）直肠检查法

直肠检查法是判断是否妊娠和妊娠时间的最常用、且最可靠的方法。奶牛妊娠 21～24 天，在排卵侧卵巢上，存在发育良好、直径为 2.5～3 cm 的黄体，90%是怀孕了。配种后没有怀孕的母牛，通常在第 18 天黄体就消退，因此不会有发育完整的黄体。但胚胎早期死亡和子宫内有异物时也会出现黄体，应注意鉴别。

妊娠 30 天后，两侧子宫大小不对称，孕角略为变粗，质地松软，有波动感，孕角的子宫壁变薄；而空角仍维持原有的状态。用手轻握孕角，从一端滑向另一端，有胎膜囊从指间滑过的感觉，若用拇指和食指轻轻捏起子宫角，然后放松，可感到子宫壁内有一层薄膜滑过。

妊娠 60 天后，孕角明显增粗，相当于空角的两倍左右，波动感明显，角间沟变得宽平，子宫开始向腹腔下垂，但依然能摸到整个子宫。

妊娠 90 天后，孕角的直径为 12～16 cm，波动极明显；空角也增大了 1 倍，角间沟消失，子宫开始沉向腹腔，初产牛下沉要晚一些。子宫颈前移，有时能摸到胎儿。孕侧的子宫中动脉根部有微弱的震颤感（妊娠特异脉搏）。

妊娠 120 天后，子宫全部沉入腹腔，子宫颈已越过耻骨前缘，一般只能摸到子宫的背侧及该处的子叶（如蚕豆大小），孕侧子宫动脉的妊娠脉搏明显。

再往以后直至分娩，子宫进一步增大，沉入腹腔甚至抵达胸骨区；子叶逐渐长大(可达到鸡蛋大小);子宫动脉越发变粗,有如拇指。空怀侧子宫动脉也相继变粗、出现妊娠特异脉搏。寻找子宫动脉的方法是,将手伸入直肠,手心向上,贴着骨盆顶部向前滑动。在岬部的前方可以摸到腹主动脉的最后一个分支,即髂内动脉,在左右髂内动脉的根部各分出一支动脉即为子宫动脉。用双指轻轻捏住子宫动脉,压紧一半就可感觉到明显的颤动。

(三)妊娠诊断中常见的错误

1.胎膜滑落感判断错误　当子宫角连同宽韧带一起被抓住时就会误判胎膜滑落感;当直肠折从手指间滑落时同样会发生误判。

2.误认膀胱为怀孕子宫角　应注意膀胱为一圆形器官,而不是管状器官,没有子宫颈也没有分叉。正常时在膀胱顶部中右侧可摸到子宫。另外,膀胱不会有滑落感。

3.误认瘤胃为怀孕子宫　因为有时候瘤胃压着骨盆,这样非怀孕子宫完全在右侧盆腔的上部。如摸到瘤胃,其内容物像面团,容易区别。同时也没有胎膜滑落感。

4.误认肾脏为怀孕子宫　如仔细触摸就可识别出叶状结构。此时应找到子宫颈,感觉所触摸器官是否与此相连。若摸到肾叶,那就既无波动感,也无滑落感。

5.阴道积气　由于阴道内积气,阴道就会膨胀,犹如一个气球,不细心检查可误认为子宫。按压积气的阴道,并将奶牛后推,就会从阴户放出空气,可以听见排气的声音,并同时可感觉到积气的阴道在缩小。

6.子宫积浓　检查时可触摸到膨大的子宫,且有波动感,有时也不对称,可摸到黄体。仔细检查会发现子宫紧而肿大,无胎膜滑落感,并且子宫内容物可从一个角移到另一个角。阴道往往有黏液排出。

二、分娩与助产

(一)预产期推算

牛的妊娠期平均为280天,通常以此来计算预产期。

(二)分娩预兆

1.骨盆　分娩前数天,骨盆部韧带变得柔软。当荐坐韧带变得非常松软,用手触摸感觉是一团软组织,且尾根两侧出现明显的塌陷现象,一般不超过24小时即可分娩。

2.外阴部　分娩前数天,阴唇逐渐肿胀,阴唇上皮肤皱褶平展,质地变软,阴道黏膜潮红,黏液由稠变稀,子宫栓软化并从子宫排出,有时挂在阴户上。

3.乳房　乳房在分娩前迅速发育，腺体充实。临产前4～5天可挤出少量清亮胶样液体，产前2～3天可以挤出初乳。乳头基部红肿，乳头变粗，表面光亮，有的母牛有滴奶现象。

4.体温　在妊娠8～9个月时，体温上升到39℃，但临产前下降0.4～0.8℃，坚持每天清晨测温可以发现产期的到来。

5.行为　临产时母牛食欲下降，起卧不安，举尾频尿，回顾腹部，拱腰，后躯左右摆动，哞叫等。

（三）分娩过程

正常的分娩过程一般可以分为以下3个阶段。

1.开口期　子宫纵形肌和环形肌开始间歇性收缩，并向子宫方向进行驱出运动，使子宫颈完全开放，与阴道的界限消失。这一时期的特点是只阵缩而不出现努责。此时，母牛表现为不安，时起时卧，来回走动，时而弓背抬尾，做排便状，哞叫，开口期约为6小时(1～12小时)，经产母牛一般短于初产母牛。

2.胎儿产出期　本期从子宫颈完全张开到胎儿产出为止，特点是阵缩和努责同时作用，以强烈的努责将胎儿排出体外。该时期的子宫肌收缩期延长，松弛期缩短，弓背努责，经多次努责后可从阴户口看见淡白或微黄色、半透明、膜上有少数细而直的血管，膜内有羊水和胎儿的羊膜囊，紧接着羊膜囊破裂，羊水和胎儿一起排出。这一阶段一般持续0.5～4小时。如果羊膜破裂半小时后，胎儿仍不能自行排出，即属于难产，则必须进行人工助产。

3.胎衣排出期　胎儿排出后，母牛一般需要稍作休息，然后子宫又开始阵缩，伴有程度较轻的努责，将胎衣排出。奶牛的胎衣排出期为2～8小时，超过12小时尚未排出胎衣者，应该按照胎衣滞留进行处理。

（四）助产以及助产的原则

助产是指在自然分娩出现某种困难的时候进行人工帮助来产出胎儿。奶牛的助产是及时处理奶牛难产，进行正确的产后处理以及预防产后奶牛炎症和犊牛健康的重要环节。分娩是母牛正常生理过程，一般情况下，不需要助产而任其自然产出。但在胎位不正，胎儿过大，母牛分娩乏力等自然分娩有一定困难的情况下，需进行必要的助产。

助产者要穿工作服、剪指甲、准备好酒精、碘酒、剪刀、镊子、药棉以及助产绳等。助产人员的手、工具和产科器械都要严格消毒，以防病菌被带入子宫内，造成生殖系统的疾病。

当发现母牛有分娩症状助产者先用0.1%～0.2%的高锰酸钾温水或1%～

2%来苏尔，洗涤外阴部或尻部附近，并用毛巾擦干，等待母牛的分娩。

当观察到胎儿已经露出体外时，不应急于将胎儿拉出，应将手臂消毒后伸入产道，检查胎儿的方向、位置和姿势，如胎位正常，可让其自然分娩。若是倒生，后肢露出后，应及时拉出胎儿，因为当胎儿腹部进入产道时，脐带容易被压在骨盆上，不能再从母体通过血液得到氧气供应，倒生者无法进行呼吸，如停留过久，胎儿可能会窒息死亡。

如果胎儿前肢和头部露出阴门，但羊膜仍未破裂，可将羊膜扯破，并掏出胎儿口腔、鼻腔及周围的黏液，以便胎儿呼吸。

需要特别注意的是，奶牛的助产，特别是难产的处理，最好可以在兽医师的参与下进行，并以保证牛健康，特别是母牛正常繁殖能力为前提。

第五节　繁殖机能障碍

繁殖机能障碍是奶牛业中长期存在而又难于解决的问题。据统计，奶牛繁殖机能障碍发生率高于其他牛，可达15%～20%。其中又以子宫内膜炎引起的不孕牛所占的比例最高，占不孕牛的50.62%，其次为卵巢疾病，占40.74%。

一、未见发情

在未见发情的奶牛中，隐性发情占80%，子宫内有异物导致有持久黄体占6%，卵泡囊肿为6%，卵巢静止或卵巢功能低下占6%，其他情况占1%～2%。

每个奶牛场、各种年龄阶段的奶牛均可发生隐性发情，尤其是高产奶牛。影响奶牛发情的因素有牛舍（拴系方法）、季节（尤其是夏季）、产奶量（第一泌乳期牛）、营养（体重下降）、遗传及发情鉴定技术等。大部分隐性发情往往是几种因素综合作用的结果，但是发情鉴定不当是造成隐性发情的主要原因。为此，要改变发情鉴定方法，增加发情鉴定次数，时常触诊卵巢上的黄体和卵泡发育情况，估计奶牛在发情周期中的阶段，推算下次发情的日期，提高发情检出率。

二、持久黄体

母牛只有黄体消退，导致血液中孕酮含量降低，才会出现发情排卵。黄体存在会抑制发情（早期怀孕牛例外），由于持久黄体引起的母牛不发情通常不超过3%，在卫生条件过差和胎衣滞留病例较多的奶牛场，母牛子宫内有异常生理性内容物或异常的病理性内容物，脓（子宫积浓）、死胎（干性坏死、浸软、死胎），就容易出现持久黄体，而且经产牛多于初产牛。

目前治疗持久性黄体，最简便的方法是注射 25 mg 的前列腺素 F2A 或 0.5 mg 前列腺素类似物（如 Estrumate）使持久黄体消退，黄体消退后，血液中孕酮的含量也自然会下降，卵泡发育，雌激素分泌增加引起子宫颈松弛和子宫收缩，从而排出子宫内的异物，出现正常发情症状。

三、卵巢静止性乏情（真性乏情）

真性乏情是一种卵巢缺乏活力的繁殖机能障碍，多见于产奶量高、营养不良的第一胎青年母牛，而且拴系式牛发病率高于散栏式牛。患牛往往体况不良，直肠检查可发现子宫萎缩，两侧卵巢很小，没有黄体。

治疗真性乏情奶牛，首先应加强饲养管理，使母牛体况恢复（有慢性病者应及时治疗），而后可以考虑激素治疗，在母牛体内建立人工黄体，其方法是连续 16 天每天口服 10 mg 氯地孕酮或放置阴道栓。在这种方法治疗结束后，注射 1 000 IU 的孕马血清促性腺激素，这样 2～4 天后就可以开始发情，但诱导发情的受胎率较低，可在下次发情时进行配种。

四、发情不规则

母牛发情间隔不足 17 天或超过 24 天都应视为发情不规则。原因如下：一是发情鉴定不过关发生漏检；二是母牛生殖机能紊乱，如卵泡囊肿或胚胎早死等。本节主要介绍卵泡囊肿。

患卵泡囊肿的奶牛，将导致不发情或成为慕雄狂，发情间隔长短无规律，慢性卵泡囊肿由于雌激素的诱导，还会出现一些身体结构和行为的变化，如一侧或双侧骨盆韧带松弛（一侧骨盆韧带松弛表示该侧卵巢有囊肿），尾根高抬（慕雄狂）。直肠检查会发现卵巢肿大病呈圆形，卵巢上卵泡直径超过 2.5～5 cm，卵泡持续时间可达 10 天或者更长，表面平滑并有明显的波动感。约有 50%的病例，双侧卵巢都有囊肿，仅一侧卵巢患病的病例中，右侧卵巢患病的比例稍高于左侧卵巢。

影响卵泡囊肿的因素主要有以下 6 种。

（1）遗传因素。卵泡囊肿的遗传率为 0.2。

（2）年龄。发病率随年龄增加，青年母牛发病率较低，大多数病例在 5～6 岁以上。

（3）季节。冬季和春季，由于母牛在舍内饲养，活动较少，阳光也减少，发病率增加。

（4）生理阶段。产犊后 15～45 天为卵泡囊肿的多发时期，且高产牛发病率较高。

（5）营养。据报道，矿物质和微量元素的不足与发病有关，三叶草、白菜、甜菜有时含有大量的植物激素，可诱发卵泡囊肿。

(6)使用激素。在周期卵泡阶段服用雌激素可导致卵泡囊肿。其可能是雌激素在卵泡还没有发育成熟就刺激垂体释放促黄体素，从而不排卵。

五、母牛分泌物异常

母牛的生理过程(子宫复原、发情)或病理过程(阴道炎、子宫内膜炎)均可从外阴排出分泌物，通常可根据分泌物的特性、颜色、气味等外观进行区分。

1. 生理性分泌　在发情期间，在雌激素的作用下，子宫颈分泌 100～150 mL 透明的线状黏液，发情后 1～4 天可见黏液带血，这是由于发情时子宫内膜充血，表层毛细血管破裂所致。

在围产后期(产后 15～20 天)从生殖道排出恶露。恶露主要由子宫排出，只有一小部分来自子宫颈和阴道。其成分有子宫上皮细胞、碎片、黏液、血液、白细胞和脂肪。正常恶露没有异味，由子宫收缩排出，也有部分恶露被子宫吸收。

产后头 3 天的恶露呈黏稠状(残留胎液及排出物)并含有血液，每天排出量达 1 000 mL 以上。4～10 天后，恶露转为黏块状并呈灰红色甚至红棕色，每天排出量为 500 mL；10～12 天，恶露中可看到从再生子宫阜中渗出的血，每天排出量为 100 mL，12 天后恶露变为清洁透明，呈黏稠状，一般 20 天后恶露消失，子宫恢复成为无菌状态。

2. 分泌物异常　如果分泌物在外观、颜色、气味或数量与正常生理现象不同，或者在不该有分泌物的时候排出分泌物就称为分泌物异常。引起分泌物异常的主要原因有：分娩异常、产后子宫复原缓慢、急(慢)性产后子宫内膜炎、损伤性阴道化脓感染、子宫和阴道脱出、卵泡囊肿、胎儿死亡、流产、泌尿器官炎症等。

第六节　现代繁殖技术

一、性别控制

人们对不同用途(品种)的牛，有着不同的要求。由于性别不同，牛的生产性能和特点也不相同，性别之间的经济价值也相差悬殊。以牛为例，对奶牛来说，产奶母牛的经济效益较高，因此人们都希望它多产母犊。如能有计划地控制雄性的出生率，就可以使产奶母牛数量按指数递增，获得最大的经济效益。

无论是自然交配还是人工授精，其后代犊牛的公母比例都是 1∶1，随着现代生物学的发展，使雌性后代比例提高成为可能。

1. 处理精液　近代对性别决定因子的研究认为，哺乳动物含 Y 染色体的精子与卵子受精，形成 XY 型合子，发育成为雄性个体。含 X 染色体的精子与卵子受精形成 XX 合子发育成为雌性个体。而 X 与 Y 精子在许多方面存在着一定差异，根据这一基本原理，我们可以通过对精液的处理来获得 X 精子含量更高的精液，使用这种精液给奶牛授精，可以明显提高后代中母牛的比例。

2. 控制受精环境　在受精过程中，精液以及受精母牛的阴道、子宫乃至输卵管中分泌物的各种营养精子的物质含量和 pH 值的不同，对后代性别比例也有影响。所以，控制受精环境也可以达到获得更多小母牛的目的。常用的方法有精氨酸法(控制精液中精氨酸的含量)和调配精液的 pH 值。

二、胚胎冷冻保存

胚胎冷冻保存是将胚胎保存在－196℃超低温的液氮中做长期保存。可使胚胎移植不受时间地点的限制，从而达到提高胚胎移植效率，结合后面介绍的胚胎分割和胚胎移植技术，可以筛选出优秀的胚胎并长期保存，同时也保存了优良母牛的基因。

现在常用的胚胎冷冻方法有 3 种：常规冷冻法、一步冷冻法和玻璃化冷冻法。

三、胚胎分割

家畜胚胎分割是 20 世纪 80 年代发展起来的一项生物工程技术。应用这项技术可以人为地把胚胎分割成 2 个或几个，移植给受体母畜，可获得一卵双胎甚至多胎，比起移植未分割的整胚，产仔率可大大提高。胚胎分割技术可以对遗传学、发育生物学、营养学、生理学以及动物育种学等研究提供非常宝贵的材料。人们可以不用考虑遗传背景去研究各种因素对动物的影响。

胚胎分割是对胚胎进行显微操作，人为的将胚胎分为 2 份或多份，以制造同卵双胎或多胎的方法，是胚胎移植中扩大胚胎来源的一个重要途径。目前已被用于产生许多同卵双生后代。分割后的 2 枚半胚，即使性别不明，也可移植给同 1 头受体牛，而不会产生异性孪生母犊不育的问题。

牛分割后的 2 枚半胚，可先移植 1 枚半胚，另一半胚冷冻贮存，如果所移植的半胚移植成功，即可对此进行半胚牛的遗传性能测定。如果证明是优秀个体，可再将另一半胚胎解冻，如移植成功，即可获得遗传性能完全相同的孪生牛。

四、胚胎移植

牛胚胎移植的主要技术环节包括：供体、受体的选择，供体、受体的发情同期化，超数排卵，胚胎的采集，胚胎检查、质量鉴定，胚胎冷冻保存和胚胎移植。

胚胎移植也称为受精卵移植，是将 1 头良种母牛配种后的早期胚胎用冲洗子宫的方法取出，或是经体外受精获得的胚胎，移植到另一头同种的、生理状态相同的母牛体内，使之继续发育成为新个体，通俗称为“借腹怀胎”。提供胚胎的个体称为供体，而接受胚胎的个体称为受体。

胚胎移植产生的后代的遗传特性受供体母畜和与之交配的公畜决定，而受体母畜只提供其胚胎发育期间的营养。因此，胚胎移植在充分发挥优良高产奶牛的繁殖潜力，提高繁殖效率，加速牛群品种发育，诱发母牛产双胎，扩大良种牛群等方面具有重要重义。其中的关键技术环节为超数排卵技术。

一般情况下，母牛的 1 个发情周期中只排出 1 个成熟的卵子。为了提高良种母牛的利用效果，要对供体母牛进行超数排卵处理。超数排卵的结果是在 1 个发情周期中母牛可以排出多枚成熟的卵细胞，每 1 枚卵细胞在受精后都可发育为胚胎，将这些胚胎分别移植到多头受体母牛的子宫内代为怀孕，就可以充分利用高产奶牛的繁殖潜力。

第七章　奶牛常见疾病防治

第一节　传染性疾病

一、口蹄疫

口蹄疫是由小核糖核酸（RNA）病毒引起的牛等偶蹄兽和人的一种热性急性高度传染性疾病，国内俗称“口疮”、“蹄癀”。临床上以口腔黏膜、唇部、蹄部和乳房皮肤发生水疱和溃烂为特征。

【病原学】口蹄疫病毒为 RNA 病毒。

【流行病学】口蹄疫能侵害多种动物和人，其中偶蹄兽最易感染。病畜和带毒动物为主要传染源。常见的传播媒介有病畜排泄物、分泌物及其畜产品和被其污染的各种用具。常见的传播途径有呼吸道、消化道、生殖道和破损的皮肤和黏膜。流行有季节性，但不同的地区可表现为不同的季节性，如牧区往往从秋末开始，冬季加剧，春季减轻，夏季平息。口蹄疫病毒由于传染性很强，一经发生往往成流行性，每隔一两年或三五年就流行 1 次，有一定的周期性。其传播既有蔓延式，又有跳跃式。

【症状】潜伏期 2～4 天。体温高达 40～41℃，萎靡，食欲下降，流涎。1～2 天后，唇内面、齿龈、舌面和颊部黏膜突起蚕豆至核桃大小的水疱。口腔形成水疱的同时或稍后，可能在趾间及蹄冠的皮肤上发生红、肿、热及水疱，并迅速破溃糜烂。病牛跛行或不愿站立。乳头皮肤也可能出现水疱并破溃形成烂斑。怀孕奶牛经常流产，产奶量下降，出现并发症时可引起乳房炎。如无并发症，病变恢复很快，全身症状好转。病程 1 周左右，蹄部若出现病变时，则病期可拖延 2～3 周。死亡率很低，通常为 1%～3%。但若出现病毒侵害心肌，病情可突然变化，常因心脏麻痹而突然倒地死亡，称恶性口蹄疫，死亡率高达 20%～50%。

【诊断】根据典型流行病学特点、临床表现和剖检病变即可怀疑本病，确诊需进行病毒分离鉴定或动物试验。

【治疗】

（1）口腔先用 0.1%～0.2% 的高锰酸钾水、0.2% 的福尔马林溶液、2%～3%

的明矾、2%～3%的醋酸或3%硼酸水冲洗，然后涂抹10%～20%的碘甘油或1%～3%的硫酸铜，也可撒布冰硼散及各种抗生素软膏。

(2)蹄用3%来苏尔、1%福尔马林或3%～5%的硫酸铜浸泡。也可以用水洗净后以抗菌软膏或涂以20%的碘甘油，然后用绷带包扎。

(3)乳房挤奶时常规消毒，温水清洗，然后涂以青霉素软膏或硫磺软膏。

【预防】平时的预防措施为在本病的常发区，对牛、羊、猪等易感动物坚持接种口蹄疫疫苗，包括牛羊O型口蹄疫灭活疫苗(单价苗)，牛羊O-A型口蹄疫双价灭活疫苗(双价苗)。

(1)种公牛后备牛。每年注苗2次，每隔6个月注苗1次。单价苗肌肉注射3 mL/头，双价苗4 mL/头。

(2)生产母牛。分娩前3个月肌肉注射单价苗3 mL/头或双价苗4 mL/头。

(3)犊牛。出生后4～5个月首免，肌肉注射单价苗2 mL/头或双价苗2 mL/头。首免后6个月二免(方法、剂量同首免)，以后每隔6个月接种1次，肌肉注射单价苗3 mL/头或双价苗4 mL/头。

发生口蹄疫时应立即上报，划定疫区，严格封锁，就地扑灭，严防蔓延。对疫点内的牛、羊、猪进行检疫，病牛就地治疗或急宰。污染的厩舍、饲槽、工具和粪便用2%氢氧化钠溶液消毒。

二、结核病

结核病由分枝杆菌引起的家畜、家禽、人以及多种动物患病的一种慢性传染病。其特征是病牛逐渐消瘦，引起被侵害的组织器官形成肉芽肿和干酪样、钙化结节病变。

【病原学】以牛分枝杆菌为主，还有(人)结核分枝杆菌和禽分枝杆菌，均属于革兰氏阳性杆菌，抗酸染色，能耐受酒精，抗干燥。它们对链霉素、异烟肼、对氨基水杨酸、环丝氨酸和利福平等药物敏感。而对青霉素、磺胺以及其他广谱抗生素不敏感。

【流行病学】可侵害多种动物。传染源为各种结核病动物和人。常见的传播途径有呼吸道和消化道。常见的传播媒介有被病菌污染的空气、水源、饲料、牛奶及其制品、土壤等。牛群的饲养管理、环境卫生条件、使役情况、免疫状态和年龄均可影响牛群的发病率。牛犊以消化道感染为主，成年牛以胸部感染为多见。本病发生和流行与环境及饲养管理条件有关，凡是环境不良，如畜舍阴暗潮湿、光线不足、通风不良、牛群拥挤、病牛和健康牛同栏饲养、饲料配比不当及饲料中缺乏维生素和矿物质等均可促进本病发生。本病无明显的季节性和地区性，多散发。

【症状】

(1)牛常发生肺结核。病初牛易疲劳,可见短而干的咳嗽,后咳嗽剧烈且频繁,表情痛苦。呼吸次数增多,喘气。日见消瘦,贫血。

(2)乳房结核。乳房淋巴结肿大,乳房出现局限性或弥散性硬结,乳房表面凹凸不平,乳汁稀薄如水,或泌乳停止。

(3)肠道结核。病牛食欲下降,消化不良,迅速消瘦,顽固性腹泻,粪便呈半液状,带有黏液和脓液。直检可知肠系膜淋巴结肿大。

(4)生殖系统结核。从阴道中流出透明的黄白色黏液,混有血液和干酪样絮片或脓液。

(5)脑结核。可见病牛惊恐、兴奋、肌肉震撼、步态不稳,头颈僵硬,眼肌麻痹,后可见痉挛、昏迷、呼吸与心率失常。

【诊断】当牛发生原因不明的进行性消瘦,咳嗽,肺部异常,顽固性下痢,体表淋巴结肿大,即可怀疑该病。一般牧场可采用提纯牛型结核杆菌素皮内试验,在牛颈部一侧中部选定一个部位去毛,用游标卡尺量皮厚。用无菌蒸馏水稀释干燥的提纯牛型菌素至每毫升含10万IU后使用,剂量为每头牛0.1 mL,72小时后观察并量皮厚,注射部位红肿,皮厚比原来的增加4 mm以上的,判为阳性;红肿不明显,皮厚增加2～3.9 mm的,判为可疑;皮厚增加不到2 mm的,判为阴性。确诊需进行剖检、病原镜检和培养鉴定。如有必要可配合取病变组织或炎性渗出物进行菌检或动物试验。

【治疗】

(1)处方一。病初及症状轻微的每日用异烟肼3～4 g,分3或4次混在精料中饲喂,3个月为一个疗程。症状严重的可口服异烟肼每日1～2 g,同时肌肉注射链霉素每次3～5 g,隔日1次。

(2)处方二。卡那霉素肌肉注射,400万IU,每日2次,连用5天;同时对氨基水杨酸钠80～100 g,每日分2次口服。

【预防】

(1)对牛群用结核菌素每年至少进行2次检疫,阳性者集中隔离。病牛污染的牛棚、用具应用20%漂白粉、5%硫酸、5%来苏尔进行消毒。

(2)对来自感染牛群或隔离牛场的乳品,必须加热至65℃,经30分钟消毒后方可食用。

(3)对严重开放性结核牛应屠宰,肉经高温处理后方可利用,内脏销毁或深埋。

(4)病牛所产的小牛应隔离饲养,按规定进行3次以上的检疫,证明为阴性者方可送入假定健康牛群中培养。

(5)对饲养场地每年要进行 2～4 次大消毒，饲养用具每月要消毒 1 次。粪便经发酵处理后利用。

(6)结核病人不得饲养、管理牛群。

三、布氏杆菌病

由布氏杆菌引起的家畜、多种野生动物和人的一种慢性人畜共患传染病。主要侵害生殖道，引起子宫、胎膜、关节、睾丸和附睾的炎症；母牛临床发生胎衣停滞、流产及繁殖障碍。

【病原学】主要由流产布氏杆菌所致，布氏杆菌革兰氏染色呈阴性，小球杆状。该菌具有较强的侵袭力和扩散力，对常用的消毒药，对卡那霉素、庆大霉素、链霉素、氯霉素、土霉素、四环素敏感。

【流行病学】传染源主要是母牛，其次是患病公牛。流产胎儿、胎衣、羊水、阴道分泌物及公畜的精液内皆含有大量的病菌。易感牛可通过消化道、呼吸道、生殖道和皮肤等途径接触被病菌污染的饲料、饮水、土壤、乳汁等感染发病，感染后终身带菌。母牛比公牛易感。一旦引入该病，很难根除。本病无明显的季节性，但春天发病较高。

【症状】孕牛流产，且多发生在妊娠期的 5～8 个月，以死胎为主，弱仔很快夭亡。流产后常发生胎衣滞留和化脓性子宫内膜炎。有的母牛发生关节炎。

【诊断】临床症状和剖检病变即可怀疑本病。一般牛场可采用虎红平板凝集试验：取被检血清 0.03 mL，加抗原 0.03 mL 混合，4 分钟内观察反应结果，凝集者，判为阳性；不凝集者为阴性。确诊需进行血清学检验或病原分离鉴定。

【治疗】

(1)处方一。母牛流产后发生胎衣不下时，可将金霉素粉 1 g(土霉素粉 2 g)溶于蒸馏水 300 mL 中，灌入子宫内，隔日 1 次，直到子宫干净，分泌物清亮透明为止。

(2)处方二。长效土霉素 2 000 mg，稀释后分点于颈部皮下注射，结合使用硫酸链霉素，用量 20 mg/kg，1 次静脉注射。

(3)处方三。四环素 2～3 g，1 次内服，每日 4 次；链霉素 1 g，1 次肌肉注射，连用 3 周。

【预防】控制本病最好的措施是自繁自养，引种时必须要进行严格的检疫。如果牛群出现流产，立即隔离病牛，消毒环境、流产胎儿和胎衣，并尽快做出诊断。如确诊为此病，应将其消灭。

四、牛流行热

牛流行热是由病毒引起的一种急性、热性传染病。其特征是体温升高、出血性胃肠炎,气喘,间有瘫痪。乳牛、黄牛都有发生,其临床特征是体温升高,出血性肠胃炎,气喘,间有瘫痪。

【病原学】病原体为牛流行热病毒,属 RNA 型。病毒颗粒呈十分典型的弹状,两边平直,顶端略钝圆。病毒存在于病牛血液中,用高热期病牛血液 1～5 mL 给健牛静脉注射,经 3～5 日即可发病。

【流行学】本病侵害偶蹄动物种的牛,如奶牛、黄牛、水牛。羚羊、绵羊也可感染并产生中和抗体。乳牛以高产和重胎牛发病后最严重,且死亡率高,育成牛次之。本病季节性强,本病多流行于 8～10 月份。此时降雨量集中,温差较大,运动场泥泞,杂草丛生,易于蚊蝇滋生,为其传播媒介。一般奶牛群中母牛最先发病,其次是育成牛,并呈跳跃性传播;流行具有典型的周期性,一般 3～5 年流行 1 次。

【症状】

(1)一般症状。突然发病,表现精神沉郁,体温升高达 42℃,持续 2～3 天,故称为“暂时热”或“三日热”。心跳、呼吸加快,肌肉震颤,食欲废绝,粪干呈黑色,外附黏液或血液,奶产量明显下降。

(2)典型症状。①消化型:食欲废绝,便秘或腹泻,腹痛;②呼吸型:气喘,可视黏膜发绀,上下眼睑肿胀,重者张口吐舌,喜站而不卧,或卧地后即起立,有的病牛背部、颈部皮下气肿;③瘫痪型:步态强拘,病初发热,次日体温恢复正常而卧地不起,重病者呈躺卧姿势,肌肉强硬;④麻痹型:主见咽、食道麻痹,病畜由口流出多量黏性唾液,常吊于鼻端、口角,食道逆蠕动明显,采食咳嗽、饮水常从鼻孔内流出,有的伴瘤胃臌胀,病畜眼结膜肿胀,外翻呈鲜红色,眼球突出。此外,病牛伴发流产、乳房炎。尸体剖检见消化道广泛出血,黏膜脱落,肺间质增宽气肿或水肿、肝、脾、肾轻度肿胀、变性,有坏死灶。

【诊断】根据流行病学、临床症状可做出诊断。

【治疗】迄今牛流行热无特异疗法。为恢复健康、阻止病情恶化,防止继发感染,只能采取对症治疗。

(1)体温升高、食欲废绝病牛。

①处方一。5%葡萄糖生理盐水 2 000～3 000 mL,10%磺胺嘧唑钠 100 mL,1 次静脉注射,每天 2 次。

②处方二。30%安乃近 30～50 mL,或百尔定 30～50 mL,1 次肌肉注射。

(2)呼吸困难、气喘病牛。

①处方一。输氧，初期输氧速度宜慢，一般为 3～4 L/分，后可控制在 5～6 L/分为宜，持续 2～3 小时。

②处方二。25%安茶碱 20～40 mL；6%盐酸麻黄素液 10～20 mL，1 次肌肉注射。

③处方三。地塞米松 50～75 mg，葡萄糖盐水 1 500 mL，混合，缓慢静脉注射。本药可缓解呼吸困难，但可引起孕畜流产，应慎用。

④处方四。胸部穿刺，选择胸侧第 6 肋间，距背中线 20～25 cm 处，用瘤胃穿刺针直刺入胸腔，进针 10～12 cm 处，气从针孔逸出后，呼吸次数减少，缓解气喘。

(3)对兴奋不安牛。

①处方一。甘露醇或山梨醇 300～500 mL，1 次静脉注射。

②处方二。氯丙嗪 0.5～1 mg/kg，1 次肌肉注射。

③处方三。硫酸镁 25～50 mL/kg，缓慢静脉注射。

(4)对瘫痪卧地牛。

①处方一。25%葡萄糖液 500 mL，10%安那加 20 mL，40%乌洛托品 50 mL，10%水杨酸钠液 100～200 mL，1 次静脉注射。

②处方二。20%葡萄糖酸钙 500～1 000 mL，缓慢静脉注射。多次使用钙剂效果不明显者，可用 25%硫酸镁 100～200 mL，静脉注射。

③处方三。0.2%硝酸士的宁 10 mL，或康母朗 30 mL，百会穴注射。

(5)对咽喉、食道麻痹病牛。

①处方一。20%葡萄糖液 500～1 000 mL，5%葡萄糖生理盐水 1 000～1 500 mL，1 次静脉注射，每天 2 次。目的是维持体质，提高耐受力，促使麻痹能逐渐消除。严禁口服灌药，避免发生异物性肺炎。

②处方二。维生素 B_1、维生素 B_{12} 30～50 mL，1 次肌肉注射。

【预防】

(1)进行免疫接种。自然发病康复牛在一定时间内对本病有免疫力。用弱毒疫苗接种，共注 2 次，第 1 次注射后 1 个月再接种 1 次，免疫期 6 个月。

(2)加强环境管理。加强环境卫生，积极消灭蚊蝇，做好防暑降温工作。供给优质饲料，以提高机体抗病力。

(3)加强疾病监控。已发病牛场，应坚持早发现、早治疗原则；全群奶牛应逐头检查体温、食欲、泌乳量。凡体温升高，食欲减退，产奶下降者应尽早治疗。为便于观察、治疗，可以根据牛场具体条件，选择一适当场所集中病牛。治疗时要加强护理，给予适口性好的饲料，如青绿饲料、多汁饲料。对瘫痪牛要经常翻身，防止发生褥疮引起败血症。

五、蓝舌病

蓝舌病是由昆虫媒介库蠓属的异翅库蠓传播的一种反刍动物的非接触性病毒性传染病。绵羊、牛、山羊和野生反刍动物等对此病易感，1 岁左右的绵羊最易感，故又称绵羊卡他性热、绵羊口鼻疼痛或羔羊牧场僵硬症。其特征表现为发热，白细胞减少，口腔、鼻腔和胃肠道黏膜发生溃疡性炎症。由于病畜舌、齿龈、颊部黏膜充血肿胀，淤血后变为青紫色，故得名蓝舌病。

【病原】病原体为环状病毒属的蓝舌病病毒。该病毒至少有 24 个血清型，各血清型之间缺乏交叉免疫性，不同地区都有地方性主型。该病毒易在鸡胚卵黄囊或血管内繁殖。病毒抵抗力强，能耐受氯仿、乙醚和去氧胆酸钠，在 50％的甘油中可存活多年。对胰蛋白酶、2％～3％的氢氧化钠敏感。

【流行】病毒主要存在于病畜血液以及各脏器之中，康复动物体内带毒 4～5 个月。牛、山羊和其他反刍动物多为隐性感染，绵羊不分年龄、性别和品种，都有易感性。病畜和带毒动物是本病的主要传染源。传播途径具有多样性，主要通过库蠓传播，病毒可以在库蠓体内增殖。绵羊虱、蝇能机械性传播本病。也可以通过精液和胎盘传播本病。该病的发生具有严格的季节性和地区性，一般发生于夏、秋季。池塘、河流较多的低洼地区多发。牛羊的发病率为 30％～40％，死亡率为 20％～30％，常死于继发性肺炎。

【症状】自然感染潜伏期 3～10 天。急性病程 6～14 天。病畜发热，体温升高至 40～42℃。某些病例体温升高是唯一症状。绵羊多为急性经过，食欲废绝，精神委顿，颊部黏膜出血，后转蓝紫色。齿床、齿龈、舌及唇边缘出现烂斑，大量流涎，鼻黏膜发炎引起呼吸困难，流出脓性分泌物，皮肤有针尖大小的出血点或斑；有一些病例蹄冠、蹄叶发炎而跛行或卧地不动；有的还出现下痢或粪便带血，孕畜流产。剖检可见消化道黏膜有糜烂或溃疡，伴有出血点，肌肉出血、变性，肌间胶样浸润。

【诊断】根据流行特点和临床症状病理变化进行诊断。确诊可进行病原学检查和血清学试验。病原学检查，一般于急性发热期采集血液，并用柠檬酸钠或 EDTA 抗凝；或用淋巴结和脾脏制成超薄片镜检。血清学试验，一般在发病后 7～14 天采集血清送检，采用琼脂凝胶扩散、ELISA 及荧光抗体技术等方法检测。

【治疗】目前尚无特效疗法。局部应用收敛消炎药物可以促进痊愈。加强饲养管理，避免烈日风雨，给以易消化的饲料。继发感染可用适当的抗生素或磺胺药治疗。

(1)处方一。硫酸庆大小诺霉素注射液,80 万～100 万 IU,一次肌肉注射,每日 2 次,连用 5 天。

(2)处方二。3%过氧化氢溶液,200 mL;磺胺软膏,20 g;溃疡部冲洗,涂布。

【预防】主要是切断传染源、消灭传播媒介和免疫接种。加强口岸检疫和运输检疫,严禁从存在本病的国家和地区引进牛羊等易感动物及其精液和胚胎。加强饲养场地的卫生管理,注意灭蚊蠓。夏季放牧宜选择高地,夜间牛羊不在野外低湿地过夜。定期进行药浴、驱虫:①喷杀虫药,用 0.2%除虫菊酯煤油溶液或除虫菊花序干粉 0.37～0.75 g 与煤油 1.8 L 混合制成溶液,在夏季每隔 5～7 天全场喷雾;②用 0.05%蝇毒磷,或 1.25%马拉硫磷,或 0.06%氧酸磷(蜱虱敌)向畜体上喷淋,以防库蠓叮咬。发现病畜或分离到病毒,要及时进行扑杀和无害化处理。接触本病的畜群要进行隔离、封锁。在流行地区定期接种疫苗。①鸡胚化弱毒苗(单价和多价)免疫期 1 年,接种时应注意怀孕期不能接种;②羊肾细胞培养疫苗,适用于羔羊,也有良好的抗体反应。

六、牛病毒性腹泻——黏膜病

牛病毒性腹泻——黏膜病是由病毒引起的牛的一种传染病。其临床特征是体温升高、口腔黏膜烂斑、腹泻、流产及胎儿发育异常。

【病原学】本病病毒属黄病毒科、瘟病毒属成员。本病毒与猪瘟病毒和边界病毒同属,有密切的抗原关系。

【流行病学】病毒和带毒动物是本病的主要传染源,它们通过分泌物和排泄物往外散毒,污染水源和饲料等。易感牛群主要经消化道和呼吸道感染,胎牛可经胎盘感染。本病呈地方性流行,一年四季均可发生。

【症状】

(1)急性型。体温 40.6～42.2℃,持续 4～7 天。2～3 天内鼻镜和口腔黏膜表面糜烂,流涎,呼吸恶臭。此时,病牛开始水泻,呈喷射状,后带黏液和血。有的病牛伴有蹄叶炎和趾间皮肤糜烂,跛行。

(2)慢性型。发热不明显,典型症状为鼻镜溃烂。蹄叶炎,趾间皮肤坏死、糜烂,跛行。妊娠牛感染后常发生流产,或产出先天缺陷性犊牛。最常见的是小脑发育不全,瞎眼,共济失调。

【诊断】根据典型的临床症状和剖检病变可怀疑本病,确诊需进行病毒分离和血清学检验。

【治疗】本病目前尚无有效的治疗方法。发病后,应用收敛剂和补充体液,配合抗菌药物控制继发感染可以减少损失,最好急宰病牛以消除传染源。

(1)处方一。次碳酸铋片 30 g,磺胺甲基异嗯唑片(新诺明)40 g,1 次口服,磺胺药每日 2 次,首次量加倍,连用 3～5 天,也可用次硝酸铋,或活性炭与氟哌酸,痢菌净等口服。

(2)处方二。丁胺卡那霉素注射液,300 万 IU;5%葡萄糖生理盐水,3 000 mL,一次静脉注射,重症配合强心、补糖及维生素 C 等。也可用菌特灵注射液、恩诺沙星注射液肌肉后静脉注射。

【预防】引进种牛时应严格检疫,防止引入带毒牛。一旦发生本病,病牛必须及时隔离或急宰,严格消毒限制牛群活动,防止扩大传染。疫病流行区,可用黏膜病弱毒疫苗或猪瘟弱毒疫苗进行皮下接种,成年牛注射 1 次,犊牛 2 月龄适量注射 1 次,达成年时再注射 1 次。

七、牛传染性胸膜肺炎

牛传染性胸膜肺炎也称牛肺疫,是由丝状霉形体引起的对牛危害严重的一种接触性传染病,主要侵害肺和胸膜,其病理特征为纤维素性肺炎和浆液纤维素性肺炎。临床上表现为体温升高,呼吸困难,贫血,消瘦和皮下水肿。

【病原学】牛肺疫丝状霉形体,过去称星球丝菌。细小,多形,但常见球形,革兰氏染色阴性。多存在于病牛之肺组织、胸腔渗出液和气管分泌物中。日光、干燥和热力均不利于本菌的生存;对苯胺染料和青霉素具有抵抗力。但 1%来苏尔、5%漂白粉、1%～2%氢氧化钠或 0.2% L 汞均能迅速将其杀死。10 万分之一的硫柳汞,10 万分之一的"九一四"或每毫升含 2 万～10 万 IU 的链霉素,均能抑制本菌。

【流行病学】在自然条件下主要侵害牛类,包括黄牛、牦牛、犏牛、奶牛等,其中 3～7 岁多发,犊牛少见。本病在我国西北、东北、内蒙古和西藏部分地区曾有过流行,造成很大损失;目前在亚洲、非洲和拉丁美洲仍有流行。病牛和带菌牛是本病的主要传染来源。

牛肺疫主要通过呼吸道感染,也可经消化道或生殖道感染。本病多呈散发性流行,常年可发生,但以冬春两季多发。非疫区常因引进带菌牛而呈暴发性流行;老疫区因牛对本病具有不同程度的抵抗力,发病缓慢,通常呈亚急性或慢性经过,往往呈散发性。

【症状】潜伏期 2～4 周,短者 7 天,长者可达几个月之久。

(1)急性型。病初体温升高至 40～42℃,鼻孔扩张,鼻翼扇动,有浆液或脓性鼻液流出。呼吸高度困难,呈腹式呼吸,有吭声或痛性短咳。前肢张开,喜站。反刍迟缓或消失,可视黏膜发绀,臀部或肩胛部肌肉震颤。脉细而快,每分钟 80～

120次。前胸下部及颈垂水肿。胸部叩诊有实音，痛感；听诊时肺泡音减弱；病情严重出现胸水时，叩诊有浊音。若病情恶化，则呼吸极度团难，病牛呻吟，口流白沫，伏卧伸颈，体温下降，最后窒息而死。病程5～8天。

(2)亚急性型。其症状与急性型相似，但病程较长，症状不如急性型明显而典型。

(3)慢性型。病牛消瘦，常伴发癌性咳嗽，叩诊胸部有实音且敏感。在老疫区多见牛使疫力下降，消化机能紊乱，食欲反复无常，有的无临床症状但长期带毒，故易与结核相混，应注意鉴别。病程2～4周，也有延续至半年以上者。

【诊断】本病初期不易诊断。若引进种牛在数周内出现高热，持续不退，同时兼有浆液性纤维素胸膜肺炎之症状并结合病理变化可做出初步诊断。进一步诊断可结合补体结合反应。其病理诊断要点为：①肺呈多色彩的大理石样变；②肺间质明显增宽、水肿，肺组织坏死；③浆液纤维素牲胸膜肺炎。

【治疗】本病早期治疗可达到临床治愈。病牛症状消失，肺部病灶被结缔组织包裹或钙化，但长期带菌，应隔离饲养以防传染。具体措施：

(1)处方1。新胂凡纳明(九一四)3～4 g，溶于5%葡萄糖盐水或生理盐水100～500 mL中，1次静脉注射，间隔5日1次，连用2～4次，现用现配。

(2)处方2。四环素或土霉素2～3 g，每日1次，连用5～7日，静注；链霉素3～6 g，每日1次，连用5～7日，除此之外辅以强心、健胃等对症治疗。

【预防】非疫区勿从疫区引牛。老疫区宜定期用牛肺疫氢氧化铝菌苗1～2 mL臀部肌肉注射，免疫期1年；发现病牛应隔离、封锁，必要时宰杀淘汰；污染的牛舍、屠宰场应用3%来苏尔或20%石灰乳消毒。

八、牛传染性鼻气管炎

牛传染性鼻气管炎，又称坏死性鼻炎、红鼻病，是由病毒引起牛的一种接触性传染病，表现上呼吸道及气管黏膜发炎、呼吸困难、流鼻汁等症状，还可引起生殖道感染、结膜炎、脑膜脑炎、流产、乳房炎等多种病型。

【病原学】牛传染性鼻气管炎病毒又称牛疱疹病毒Ⅰ型，属疱疹病毒科，为双股RNA病毒，有囊膜，对乙醚和酸敏感，－70℃保存的病毒可存活数年。许多消毒药都可使其灭活。

【流行病学】本病主要感染牛，尤以肉用牛多见，其次是奶牛。肉用牛群的发病率高达75%，病死率也较高。患病牛和带毒牛为主要传染源，有的病牛康复后带毒长达17个月以上。病毒随鼻、眼和阴道分泌物、精液排出，易感牛接触被污染的空气飞沫或与带毒牛交配，即可通过呼吸道或生殖道感染。病毒也可通过胎盘侵入胎儿引起流产。

【症状】潜伏期为4～6天。根据侵害的组织不同,分以下5种类型。

(1)呼吸道型。体温突然升高达40℃以上,精神沉郁,废食,呼吸高度困难,不断咳嗽,鼻流大量黏液脓性鼻液,鼻黏膜严重充血呈火红色并有溃疡,鼻镜发炎充血,呈火红色,故称红鼻病。

(2)生殖道型。病初轻度发热,频频排尿并有痛感,阴门及阴道黏膜水肿、充血,阴道尚有不少颗粒状小脓疱,严重时黏膜表面被覆灰色假膜,并形成溃疡。患病公牛龟头、包皮内层和阴茎充血,形成小脓疱或溃疡,康复后可长期带毒。

(3)眼型。一般无明显全身反应,主要症状是结膜角膜炎,表现结膜充血,水肿,角膜形成云雾状灰色坏死膜,结膜形成颗粒状坏死膜,眼、鼻有浆液性或脓性分泌物,有的与呼吸道型同时发生。

(4)流产型。多无前驱症状而流产,多见于初胎青年牛。

(5)脑炎型。主要发生于犊牛,体温升高,共济失调,沉郁后兴奋或沉郁与兴奋交替出现。吐沫,惊厥。最后卧地不起,角弓反张,终因衰竭死亡。

【诊断】根据病史及临床症状,可初步诊断为本病。确诊可进行病毒分离、包涵体检查、免疫荧光试验、血清中和试验、间接血凝试验或酶联免疫吸附试验等。近年来,检测病毒DNA的核酸探针技术、聚合酶链反应(PCR)技术也已建立。病牛临床表现有以下几种类型。

(1)呼吸型。多数是这种类型。牛只突然精神沉郁,不食,呼吸加快,体温高达42℃;鼻镜、鼻腔黏膜发炎,呈火红色,所以称红鼻子病。咳嗽、流鼻液、流涎、流泪。多数呈现支气管炎或继发肺炎,造成呼吸困难甚至窒息死亡。

(2)生殖器型。母牛阴户水肿发红,形成脓疱,阴道底壁积聚脓性分泌物。严重时在阴道壁上也形成灰白色坏死膜。公牛则发生包皮炎,包皮肿胀、疼痛,并伴有脓疱形成肉芽样外观。

(3)肺炎型:多发生于青年牛和6月龄以内的犊牛,表现表现明显的神经症状。

此外,还有流产型和眼结膜型。以上各型,有的单独发生,有的合并发生。尸体剖检,在鼻腔和气管中有纤维性蛋白物渗出为本病的表征。进一步确诊需实验室检验,常用方法有血清综合试验 、病毒分离、荧光抗体法等。

【治疗】本病目前无特异治疗方法。病后加强护理,给予适口性好、易消化的饲料,以增强牛的耐受性。抗生素虽对本病无治疗作用,但可防治继发感染,控制并发症。

处方:四环素200～250 U,或土霉素2～2.5 g,每天注射2次;对脓疱性阴道炎及包皮炎,可用消毒药液,如0.1%高锰酸钾液、1%来苏尔、0.1%新洁尔灭等进行局部冲洗，洗净后图布四环素或土霉素软膏，每天 1～2 次。

【预防】当暴发本病时，应立即隔离，同时对所有牛进行疫苗接种。疫苗目前有 3 种：鼻内注射苗、匈牙利热稳定苗和灭活疫苗（即为甲醛灭活的氢氧化铝胶浓苗），可根据疫苗说明书选用。该病的预防应主要依靠加强兽医防疫，检疫制度，防止病毒带入。

九、疯牛病

牛海绵状脑病，又称疯牛病，是成年牛的一种致命性神经系统性疾病，是由非常规致病因子引起的一种亚急性海绵状脑病。其临床特征表现出运动失调，感觉过敏和惊恐。死后剖检表现脑内灰质呈海绵状，神经朊大量丧失，以及淀粉样病变。

【病原】由于牛海绵状脑病和痒病同属于亚急性海绵状脑病，且认为痒病是牛海绵状脑病的原型，因此，对牛海绵状脑病致病因子的认识，大多来自于对痒病病原的研究。目前认为牛海绵状脑病的病原为痒病样纤维（Scrapie-Associated Fibrils，简称 SAF）。

【流行病学】含有被痒病病原因子污染的反刍动物蛋白的肉骨粉是牛海绵状脑病的传播媒介。牛海绵状脑病在奶牛群的发病率高于哺乳牛群，这与品种的易感性无关，原因是两种牛的饲养方式不同。奶牛通常在断奶后头 6 个月饲喂含肉骨粉的混合饲料。而哺乳肉牛则很少饲喂这种饲料。牛海绵状脑病患牛的比例与牛群的大小成正比，牛群越大，就需要越多的饲料，那么购买被污染的饲料的比率就更大。47%以上的感染牛群只有 1 例牛海绵状脑病，18%的感染牛群有 2 例牛海绵状脑病，说明了牛群对外来传染源的感染水平很低。

病例对比试验表明，小牛饲料中含有肉骨粉，是发生牛海绵状脑病的最大风险因素。牛海绵状脑病可实验性地感染狨（中南美洲所产的一种猴，属于灵长类）、鼠、牛、猪、绵羊和山羊。将牛海绵状脑病患牛的脑组织匀浆脑内接种和腹腔接种狨，46～47 个月后出现神经症状，脑组织病理学检查可发现具有牛海绵状脑病的典型病理学变化，从而证明了牛海绵状脑病的宿主也包括灵长类。

【症状】牛海绵状脑病的病程一般为 14 天至 6 个月，其临诊症状包括神经性的和一般性的变化，神经症状可分为 3 个类型：①最常见的是精神状态的改变，如恐惧、暴怒和神经质；②3%的病例出现姿势和运动异常，通常为后肢共济失调、颤抖和倒下；③90%的病例有感觉异常，表现多样，但最明显的是触觉和听觉减退。大部分患牛（87%）出现的临诊症状可分为以上 3 种。这与中枢神经系统的弥漫性病变相一致。而常见的一般症状是体质下降（78%）、体重减轻（73%）和产奶量减少，大部分病牛保持良好的食欲。在临诊期的某些阶段，大约 79%的病牛出现一种临诊症状和一种神经症状。经病理学确诊为牛海绵状脑病的动物,没有只表现一般临诊症状而无神经症状的。

【预防】尚无有效治疗方法,也无疫苗,目前的防治措施是:①尽早扑杀病牛,对疑似感染牛,应进行脑组织病理学检查,尽快确诊,对尸体一律销毁;②禁止饲料中用反刍动物的肉,骨粉,及其他组织制成的添加剂喂牛;③加强动物检疫,严防疫病进入。

十、常用消毒液配置和防疫推荐表

表 7-1 和表 7-2 为常用消毒液配置浓度表及奶牛常见传染病防疫程序推荐表。

表 7-1　常用消毒液浓度表

名称	浓度	适用范围
消毒威	1∶800	牛舍内环境、洗手消毒
万福金安	1∶200	牛舍内环境、洗手消毒
火碱	2%～3%	牛舍外环境、门口消毒池
Dealval 乳头药浴	1∶10	乳头药浴消毒
聚维酮碘、硫酸铜、福尔马林	5%	蹄浴液

表 7-2　奶牛常见传染病防疫程序推荐表

月份	疫病种类	生物制剂	防疫方法和判断结果
1月	炭疽	炭疽芽孢菌Ⅱ型	肌肉注射,成年牛 1 mL/头
2月	口蹄疫	口蹄疫 O 型疫苗	肌肉注射,犊牛 2 mL/头,成年牛 3 mL/头
3月	结核布鲁氏菌病	提纯牛型结核菌素每毫升 10 万 U 布鲁氏病平板抗原	皮内注射选择颈部 1/3 处,0.1 mL/头,72 小时后观察结果并量皮厚,皮厚小于 2 mm 为阴性,2～3.9 mL 为可疑,4 mL 以上为阳性
5月	流行热	牛流行热疫苗	成年牛 4 mL/头,犊牛 2 mL/头,颈部皮下注射(3 周后进行第 2 次免疫)
6月	口蹄疫	口蹄疫 O 型苗	第 2 次免疫注射,方法同前
9月	口蹄疫	口蹄疫 O 型苗	第 3 次免疫注射,方法同前
10月	结核布鲁氏菌病	同前	方法同前
12月	口蹄疫	口蹄疫 O 型苗	第 4 次免疫注射,方法同前

第二节　营养代谢病

一、酮病

酮病是由于糖脂肪代谢障碍致使血液中糖含量减少而血液中酮含量增多，在临床上以酮血，酮尿，酮乳，出现低血糖，消化机能障碍和神经系统紊乱为特征的营养代谢性疾病。

【病因】原发性酮病病因：①营养的不足；②瘤胃黏膜代谢机能障碍；③乳腺合成乳脂机能障碍；④肝脏生酮与肝外组织酮体代谢平衡紊乱；⑤内分泌机能障碍。继发性酮病病因：真胃变位、创伤性网胃炎、子宫内膜炎及产后瘫痪等疾病，加上日粮急剧改变以及各种应激作用。

【症状】可分为以下 4 种类型：

(1)消化型酮病的症状。病牛精神沉郁，食欲反常，病之初期泌乳量急剧增多，短期内又急剧下降，直至泌乳机能中止。

(2)精神型酮病的症状。除呈现消化型酮病的症状外，其主要是从口角流有混杂泡沫状唾液，兴奋不安，狂暴摇头，眼球震荡，作圆圈运动。

(3)乳热型酮病的症状。与乳热症状相似，泌乳量急剧下降，体重减轻，肌肉乏力，不时发生持续性痉挛。

(4)继发型酮病的症状。精神沉郁，食欲减退或废绝，反刍、嗳气或瘤胃蠕动机能紊乱，以及泌乳量大减。重型病牛多伴发黄疸和精神症状。

【诊断】根据本病的临床症状，结合发病病史以及血液尿液中酮体含量增多、血糖含量减少，可做出病性诊断。

【治疗】

(1)加强护理。调整饲料，减喂油饼类等富含脂肪的饲料，增喂富含糖和维生素的饲料如胡萝卜、干草等。

(2)补糖。可用 25％～50％葡萄糖 300～500 mL，静脉注射，每日 2 次。如同时肌肉注射胰岛素 100～200 U，则效果更好。

(3)补充产糖物质。可用丙酸钠 120～200 g，混饲喂给，连用 7～10 天。也可内服乳酸钠或乳酸钙 450 g 的，每日 1 次，连用 2 天。

(4)激素疗法。可应用氢化可的松 0.5～1 g，或醋酸可的松 0.5～1.5 g，肌肉注射或静脉注射。

(5)解除酸中毒。可静脉注射 5％碳酸氢钠液 500～1 000 mL，或内服碳酸氢钠 50～100g，每日 1～2 次。

【预防】加强饲养管理，注意饲料搭配，不可偏喂单一饲料。妊娠后期和产犊后，应减喂精料，增喂优质青干草、甜菜、胡萝卜等含糖和维生素多的饲料。适当运动，及时治疗前胃疾病。

二、牛妊娠毒血症

牛妊娠毒血症也称肥胖母牛综合症、牛的脂肪肝和肥胖牛的酮病。临床表现为食欲废绝，胃肠蠕动停止，间有黄疸。病牛表现出酮病，进行性衰弱，神经症状，乳房炎和卧地不起。

【病因】主要原因是饲养管理不当，特别是在干奶期饲养失误所致。表现为干奶期日粮中能量、蛋白质水平过高，超过了实际需要量。

【症状】随分娩而表现症状者，病牛精神抑郁，食欲废绝，瘤胃蠕动微弱，产乳少或无乳。可视黏膜黄染，体温达 39.5～40.5℃，目光呆滞。分娩后 2～3 天发病者，主要呈现为酮病。食欲降低或废绝，奶产量骤减或无乳。

【诊断】根据流行病学、临床症状及对药物反应，可初步确诊，由于母牛很多产后疾病都表现出食欲废绝、酮病和卧底不起症状，临床上应进行类症鉴别。

【治疗】本病发生后，预后一般不良。药物治疗的目的是抑制脂肪分解，加速脂类的利用，减少脂肪酸在肝脏中的蓄积。

(1)补充糖原，提高血糖浓度。①50％葡萄糖溶液 1 000 mL，1 次静脉注射；②50％右旋糖酐注射液，初次用量 1 500 mL，1 次静脉注射，以后改为 500 mL，每日 2～3 次静脉注射；③25％木糖醇液 500～1 000 mL，1 次静脉注射；④丙二醇 117～342 g 或丙酸钠 114～228 g，每天 2 次内服；⑤胰岛素 200 万～300 IU，每日 2 次皮下注射。以加强葡萄糖的外周利用。

(2)抗脂肪肝形成，使用抗脂剂。①氯化胆碱 50 g，1 次内服，也可用 10％氯化胆碱液 250 mL，1 次皮下注射；②烟酸 12～15 g，1 次内服，连服 3～5 天；③泛酸钙 200～300 mg，配成 10％溶液，1 次静脉注射，连续 3 天。

(3)对症治疗。当体温升高或为防止继发感染，可用金霉素、四环素，剂量为 200～250 万 IU，1 次静脉注射，每天注射 2 次。为防止氮血症，可用 5％碳酸氢钠液 500～1 000 mL，1 次静脉注射。为增进食欲，改善瘤胃机能，可灌服健康牛瘤胃液 5～10 L；硫酸镁 300～500 g，加水灌服，连服 3 天。

【预防】妊娠毒血症是干奶期营养失调而于分娩后急性发作的疾病。

(1)合理饲养，防止干奶母牛肥胖。日粮供给应按机体需要，控制精料喂量，保证充足的干草。

(2)根据母牛生理状况、体况,分组管理。干奶母牛单独饲喂,过于肥胖母牛应喂优质干草,补给含钴、碘食盐及矿物质,加强运动。

(3)加强配种工作。发情观察要细,不漏掉发情牛,及时输精,提高受胎率,防止空怀期延长,干奶期过长而使母牛肥胖。

(4)加强对围产期母牛的监护。经常观察母牛食欲、精神及全身状况,异常者,应及时诊断并迅速治疗,促进机体尽早康复。为了能提高机体体质,提高食欲,维持血糖、血钙浓度,促进糖原异生和减少对贮存脂肪的动员,可采用以下方法:①25%葡萄糖溶液、20%葡萄糖酸钙溶液各 500 mL,产前 5 天开始静脉注射,每天 1 次,直到产后母牛食欲正常为止;②丙二醇 200 g 或丙酸钠 125 g,产前 6 天饲喂,每天 1 次,连续饲喂 15~20 天。

三、母牛躺卧不起综合症

母牛躺卧不起综合症是指母牛分娩前后以不明原因而突发起立困难或站不起来为主症的临床综合症。其临床表现为产后长期卧地不起,对钙制剂治疗无反应。知觉,意识尚存,食欲,精神正常,爬行。

【病因】低钙血症、低磷血症以及低镁血症等继发性疾病;对蛋白需求量过多的妊娠母牛,在分娩前未给予足够的补饲;瘤胃内异常发酵过程产生的有毒物质,以分娩为契机造成毒物中毒。

【症状】病牛后躯肌肉麻痹、松弛和乏力等,致使站立困难甚至站不起来。精神机敏,食欲正常,瘤胃机能正常。心跳次数增多,脉细而弱,心律不齐。

【诊断】根据临床症状和病理变化来建立病性诊断。通过应用钙制剂治疗后反应,对非典型乳热和母牛睡倒站不起来进行区别诊断。剖检变化:腰,腿部肌肉和神经损伤,呈现出局部肌肉的缺血性坏死,心肌炎和肝脏脂肪变性。

【治疗】由于本病病因及病性等尚不十分清楚,治疗原则只能实行对症疗法。即针对低钙血症、低磷血症等进行治疗的同时,也要对并发症进行治疗。首先,应用 25%葡萄糖酸钙注射液 500 mL,缓慢静脉注射。若病牛症状无明显改善时,可隔 8~12 小时后再用药 1 次。必要时结合乳房送风疗法(限于无乳房炎病牛),疗效较为明显。应用上述药物治疗无效的病牛(即母牛睡倒站不起来型),可改用磷制剂、镁制剂等治疗,如磷制剂可用 15%磷酸二氢钠注射液 200 mL,加复方生理盐水 1 000 mL,缓慢静脉注射;钾制剂可用 5%氯化钾注射液 10~20 mL/kg 体重,加注 5%葡萄糖注射液 2 000 mL,缓慢静脉注射;镁制剂可用 20%~25%硫酸镁注射液 100~200 mL 静脉注射。

对神经、肌肉和骨骼等继发性外科损伤或各种并发症,应酌情采取各自地相应对症疗法。对病牛进行治疗的同时，也必须加强护理，如饲养于宽敞场地或牛舍，床面垫敷大量锯末、沙土或褥草，以防滑倒以及卧地发生褥疮，对侧卧病牛还要每天定时翻转卧位或按摩全身以促使血液循环，杜绝褥疮发生。若有条件最好人为将病牛吊起，强迫站立，周身喷洒酒精后用草把按摩。对腰、臀部还可用针灸疗法，有的奏效。对球节呈突球状屈曲姿势的病牛，可应用绷带整复固定。其他以强心、利尿以及促使肝脏解毒功能等为目的，可进行营养性药物治疗。

【预防】预防本病发生时，可参照产后瘫痪的预防措施。在平时加强饲养管理的基础上，对妊娠母牛分娩前1～2周起，将其饲养在宽敞产房待产，绝对不要拴系牛舍内饲养待产。从分娩前2～8天开始，肌肉注射维生素D_3制剂1 000 IU，有明显减少本病发生的效果。

四、产后瘫痪

生产瘫痪亦称褥热症，是母畜分娩前后突然发生的一种严重代谢性疾病。其特征是由于缺钙而知觉丧失及四肢瘫痪。其临床表现为精神沉郁，全身肌肉无力，昏迷，瘫痪卧地不起。

【病因】目前认为，促使血钙降低的因素有下列几种，生产瘫痪的发生可能是其中一种（单独）或几种因素共同作用的结果。分娩前后大量血钙进入初乳且动用骨钙的能力降低，是引起血钙浓度急剧下降的主要原因。

在分娩过程中，大脑皮质过度兴奋，其后即转为抑制状态。分娩后腹内压突然下降、腹腔的器官被动性充血，以及血液大量进入乳房，引起暂时性的脑贫血，因之使大脑皮质抑制程度加深，从而影响甲状旁腺，使其分泌激素的机能减退，以致不能维持体内的平衡。另外，怀孕后半期由于胎儿发育的消耗和骨骼吸收能力的减弱，骨骼中贮存的钙量大为减少。因此即使甲状旁腺的机能受到的影响不大，而骨骼中能被动用的钙已不多，不能补偿产后的大量丧失。分娩前后从肠道吸收的钙量减少，也是引起血钙降低的原因之一。

【症状】牛发生生产瘫痪时，表现的症状不尽相同，有典型的与轻型（非典型）的2种。

(1)典型症状。整个过程不超过12小时，病初通常是食欲减退或废绝，反刍、瘤胃蠕动及排粪排尿停止，泌乳量降低；精神沉郁，表现轻度不安；不愿走动，后肢交替踏脚，后躯摇摆，好似站立不稳，四肢肌肉震颤。所有病例开始时鼻镜即变干燥，四肢及身体末端发凉，皮温降低，但有时可能出汗。呼吸变慢，体温正常或稍低。脉搏则无明显变化。

初期症状发生后数小时（多为1～2小时），病畜即出现瘫痪症状；后肢开始不能站立，虽然一再挣扎但仍站不起来。由于挣扎用力，病畜全身出汗，颈部尤多，肌肉颤抖。不久，出现意识抑制和知觉丧失的特征症状。病牛昏睡，眼睑反射微弱或消失，瞳孔散大，对光线照射无反应，皮肤对疼痛刺激亦无反应。肛门松弛，肛门反射消失。心音减弱，速率增快，每分钟可达 80～120 次；脉搏微弱，勉强可以摸到；呼吸深慢，听诊有啰音；有时发生喉头及舌麻痹，舌伸出口外不能自行缩回，呼吸时出现明显的喉头呼吸声。吞咽发生障碍，因而易引起异物性肺炎。病畜以一种特殊姿势卧地，即伏卧，四股屈于躯干以下，头向后弯到胸部一侧。用手可将头颈拉直，但一松手，又重新弯向胸部；也可将病畜的头弯至另一侧胸部。体温降低也是牛生产瘫痪的特征症状之一。病初体温可能仍在正常范围之内，但随着病程发展，体温逐渐下降，最低可降至 35～36℃。

(2)轻型(非典型)症状。非典型病例所占的数目较多，产前及产后很久发生的生产瘫痪也多为非典型的。其症状除瘫痪外，主要特征是头颈姿势不自然。病牛精神极度沉郁，但不昏睡，食欲废绝。各种反射减弱，但不完全消失。病牛有时能勉强站立，但站立不稳，且行动困难，步态摇摆。体温一般正常或不低于 37℃。

【诊断】诊断生产瘫痪的重要依据是病牛为 3～6 胎的高产母牛，刚刚分娩不久(绝大多数在产后 3 天之内)，并出现特有的瘫痪姿势及血钙降低(一般在 8 mg%以下，多为 2～5 mg%)。如果乳房送风疗法有良好效果，更可做出确诊。

【治疗】静脉注射钙制剂或乳房送风是治疗生产瘫痪最有效的惯用疗法，治疗越早，疗效越高。

(1)静脉注射钙剂。最常用的是硼酸葡萄糖酸钙溶液(制备葡萄糖酸钙溶液时，按溶液数量的 4%加入硼酸，这样可以提高葡萄糖酸钙的溶解度和溶液的稳定性)，高浓度的葡萄糖酸钙溶液对此病的疗效更好。

(2)乳房送风疗法。向乳房内打入空气的乳房送风疗法，至今仍然是治疗牛生产瘫痪最有效和最简便的疗法，特别适用于对钙疗法反应不佳或复发的病例。乳房送风疗法的机理是在打入空气后，乳房内的压力随即上升，乳房的血管受到压迫，因之流入乳房的血液减少，随血流进入初乳而丧失的钙也减少，血钙水平(也包括血磷)得以增高。与此同时，全身血压也升高，可以消除脑的缺氧、缺血状态，使其调节血钙平衡的功能得以恢复。另外，向乳房打入空气后，乳腺的神经末梢受到刺激并传至大脑，可提高其兴奋性，解除其抑制状态。

向乳房内打入空气，需用专门的乳房送风器。使用之前应将送风器的金属筒消毒并在其中放置干燥消毒棉花，以便滤过空气，防止感染。打入空气之前，使牛侧卧，挤净乳房中的积奶并消毒乳头，然后将消过毒而且在尖端涂有少许润滑剂的乳导管插入乳头管内，注入青霉素 10 万 IU 及链霉素 0.25 g(溶于 20～40 mL 生理盐水内)。打气之后,用宽纱布条将乳头轻轻扎住,防止空气逸出。待病畜起立后,经过1小时,将纱布条解除。

绝大多数病例在打入空气后约0.5小时,即能苏醒站立;治疗越早,打入的空气数量足够,效果越好。一般打入空气后10分钟,病牛鼻镜开始变湿润;15～30分钟眼睛睁开,开始清醒,头颈姿势恢复自然状态,反射及感觉逐渐恢复,体表温度也升高。驱之起立后,立刻进食,除全身肌肉尚有颤抖及精神稍差外,其他均恢复正常。肌肉震颤虽可持续数小时之久,但最后总会消失。

对病畜要有专人护理,多加垫草,天冷时要注意保温。病牛侧卧的时间过长,要设法使其转为伏卧或将牛翻转,防止发生褥疮及反刍时引起异物性肺炎。病畜初次起立时,仍有困难,或者站立不稳,必须注意加以扶持,避免跌倒引起骨骼及乳腺损伤。痊愈后1～2天内,挤出的奶量仅以够喂病牛为度,以后才可逐渐将奶挤净。

【预防】在干奶期中,最迟从产前2周开始,给母牛饲喂低钙高磷饲料,减少从日粮中摄取的钙量,是预防生产瘫痪的一种有效方法。在干奶期间,可将每头奶牛每日摄入的钙量限制在100 g以下,增加谷物精料的数量,减少饲喂豆科植物干草及豆饼等,使摄入的钙磷比例保持在(1.5～1)∶1之间。分娩之前及以后,立即将摄入的钙量增加到每天每头125 g以上。干奶期中,最迟从产前2周开始,减少富于蛋白质的饲料;促进母牛消化机能,避免发生便秘、腹泻等扰乱消化的疾病;产后不立即挤奶及产后3天之内不将初乳挤净等。

五、母牛产后血红蛋白尿

【病因】日粮中磷供应不足,造成低磷血症,致使红细胞膜变脆,发生溶血。犊牛自由饮水不受限制,或因缺水突然暴饮,或因天气炎热引水过量也可引起。

【症状】红尿是最突出的临床特征。最初1～3天内尿液逐渐由淡红向红色、暗红色直至紫红色和棕褐色转变,以后逐渐消退。病重者,精神沉郁,食欲下降,泌乳量下降;贫血,黏膜苍白并黄染,血液稀薄,凝固性降低;体温正常或略高,呼吸急促,心跳加快;粪便干燥,尿液颜色加深。

【诊断】

(1)肾盂肾炎。由肾棒状杆菌,大肠杆菌污染所致。尿中有血块脓块,尿液检查有蛋白质、上皮细胞、红细胞、白细胞及大量病原菌。

(2)钩端螺旋体病。由钩端螺旋体传染引起,幼畜较成年牛易发病且症状严重。孕牛会发生流产,并分泌血染乳汁。血、尿液中均可查出病原菌。

(3)焦虫病。病牛体温升高(稽留热),体表淋巴结高度肿大,在红细胞内可以看到呈环形,逗点状的虫体,本病主要在夏、秋发生。

(4)中毒性血红蛋白尿。常见的毒物有草木樨、洋葱、亚硝酸盐和棉籽饼中毒等。这些物质引起发病通常都有明显中毒症状,如体温无变化、消化道症状明显、常伴有神经症状。

【治疗】静脉注射20%磷酸二氢钠溶液300~500 mL,每天2次,重症2~3天可痊愈。停喂缺磷饲料,内服120~180 g骨粉,每日2或3次,连喂1周;或投服碳酸氢钠每日80~100 g,连用3~4天。对重症病牛,在用磷制剂治疗同时,输入健康牛血1~2 L,再给予葡萄糖液和生理盐水辅助治疗。

【预防】日粮营养标准应按母牛需要量供应,给予全价饲料;对缺磷的土壤要增加施磷肥;适当控制十字花科饲料的喂量,并要与其他饲料配合饲喂;在冬季,每日适当补加骨粉50 g或麦麸子500~1 000 g;在犊牛哺乳期注意饲料里粗纤维的含量,不能喂过多的精料,以促进瘤胃的发育,减少本病的发生。

六、瘤胃酸中毒

瘤胃酸中毒是由于过多饲喂谷类或多糖类饲料后,导致瘤胃内发酵异常产生大量的乳酸,临床上是以乳酸酸中毒和瘤胃内某些微生物群活性降低为特征的瘤胃消化机能紊乱性疾病。

【病因】主要的是过饲大麦、玉米等富含碳水化合物的精料,以及各种块根饲料,其次是饲料突然改变。

【症状】

(1)最急性型(重型)。采食或偷食大量的谷类等精料后12小时出现中毒症状,病势发展较为迅速。临床表现为腹痛,如站立不安,后腿踢腹等,有的精神沉郁呈昏睡状态。食欲废绝,眼结膜潮红(充血),视力极度减退,瘤胃蠕动停止,腹围膨胀、高度紧张。

(2)急性型。在采食大量精料后12~24小时内发生中毒。表现饮、食欲大减,甚至废绝,精神沉郁,呻吟,磨牙,肌肉震颤,奶牛泌乳量明显地减少。

(3)亚急性型——慢性型(轻型)。由于症状轻微,多数病牛不易早期发现。病牛一时性食欲减退,但饮欲有所增强,瘤胃蠕动减弱,泌乳性能降低。

【诊断】通过病史、临床症状、血液生化学分析及瘤胃内容物检验等,综合分析可建立病性诊断。至于类症鉴别诊断,通过直肠检查、瘤胃液检验以及真胃叩诊等方法。

【治疗】原则:解除脱水和酸中毒,中和瘤胃乳酸。

(1)5%葡萄糖(或复方氯化钠)2 000~3 000 mL,5%碳酸氢钠500~600 mL,

20 安钠咖 20～30 mL 静脉注射。连续使用，直到脱水和酸中毒解除。

(2)中和瘤胃内乳酸。可投服碳酸氢钠粉 200～300 g，或用石灰水(生石灰 1 000 mL 水 5 000 mL，搅拌，用上清液)洗胃，直至瘤胃液呈碱性。

(3)对症治疗。防止继发性感染，用庆大霉素 100 万或四环素 200 万～300 万 U，1 次静脉注射，每日 2 次。当牛不安、甩头时，用山梨醇或甘露醇 250～300 mL 次静脉注射，每日 2 次，以降低颅内压，解除休克。当全身症状缓解，但仍站不起时，可注水杨酸或低浓度(2%～3%)钙制剂。

【预防】

(1)干奶期营养水平不应过高，精料每日 4 kg 为宜，粗纤维不应低于 13%，干草每日应 3～4 kg，防止牛抢食过多精料，尤其在分娩前后，泌乳盛期增加精料饲喂时，应逐渐增加，并注意精粗比例。

(2)精料多的牛场，日粮中可加 2% 碳酸氢钠，0.8% 氧化镁(按混合料量计算)。

(3)加强产前产后牛的健康检查，进产房后应定期作尿液酮体和 pH 值测定。对尿 pH 值下降、酮体阳性牛应尽早治疗。

七、瘤胃碱中毒

瘤胃碱中毒是由于饲养失误导致瘤胃内异常发酵，产生大量的伴有瘤胃内微生物群中的大肠杆菌和大肠变形杆菌等急剧大量增殖，并使瘤胃内容物腐败过程占优势时，特称为瘤胃腐败症。通常在临床上将两者统称为瘤胃碱中毒。

【病因】在饲养过程中有意过多饲喂富含蛋白饲料、饲喂粗料不足或缺乏、饲料突然改变、过饲尿素及非蛋白氮添加剂、其他在瘤胃碱中毒发展过程中，由于瘤胃液 pH 值升高，瘤胃内微生物群减少且区系改变、由于喝进不清洁饮水，采食污秽变质饲料以及酸败的脱脂奶等，同样会使大肠杆菌和大肠变形杆菌群大量增殖而诱发本病。

【症状】通常在临床上仅呈现消化不良症状，易被忽视。只有当瘤胃内容物腐败分解过程加剧时，才使临床症状加重，如食欲减退或废绝，瘤胃蠕动减弱，逐渐消瘦，反复发生瘤胃胀气，泌乳量明显减少，乳脂率降低，在奶牛中尚有由大肠杆菌和克雷白氏杆菌所引起的乳房炎、子宫内膜炎、胎衣停滞和繁殖障碍等疾病的相应症状。

【诊断】通过病因、病史调查，结合临床症状特点，可做出初步诊断。类症鉴别诊断方面，应注意本病与瘤胃酸中毒、单纯性消化不良等病加以区分。

【治疗】首先，要停喂构成病因的所有饲料，改饲优质干、青草，同时调整瘤胃液 pH 值，投服稀盐酸 30～60 mL 或乳酸 50～100 mL，1～2 次/天。为了调理瘤胃微生物群以及恢复其活性机能，可将健康牛瘤胃液 2～5 L 给病牛投服接种（移植疗法），有明显疗效。重型以消化不良和腹泻为主的病牛，投服 5～10 g 链霉素、土霉素或金霉素，连续投服 2～3 天为 1 个疗程。对伴发神经症状的病牛，必要时可酌情施行瘤胃切开术，清除其中大半腐败变质内容物后，或饲喂优质青、干牧草粉，或移植健康牛瘤胃液 2～5 L。为解毒或排毒目的，可应用谷氨酸钠、精氨酸—谷氨酸，或鸟氨酸—天门冬氨酸合剂试治。对不全麻痹的病牛，除静脉注射葡萄糖酸钙注射液外，还可与维生素 B_1、维生素 C 等制剂合用治疗。

【预防】关键是严格禁止饮用污秽的水，不要过饲蛋白质富有的饲料，以及腐败变质的豆科牧草等。必要时添加适量糖浆、蜂蜜等混饲。

八、骨软症

骨软症是成年牛钙、磷代谢障碍的一种慢性全身性疾病。临床表现为消化机能紊乱、异嗜、跛行、骨质疏松和骨骼变形等。并随着泌乳增高，饲养管理不当，发病增多。尤以年老而又高产的母牛易发。

【病因】饲料中钙或磷含量不足，或钙与磷的比例严重不当，以及维生素 D 缺乏等是本病发生的主要原因。

【症状】病初常以前胃弛缓的症状为主。奶牛常伴发腐蹄病，骨软症奶牛发情延迟或呈持久性发情，受胎率低、流产和产后胎衣停滞等。病势进一步加重，骨骼严重脱钙，易发骨裂、骨折及腱附着点剥脱。泌乳奶牛产奶量明显减少，有的伴发贫血和神经症状。

【诊断】根据病史调查、临床症状特点，结合实验室检验指标变化以及 X 光检查等，可做出病性诊断。注意与肌肉风湿、氟中毒、慢性铅中毒、锰铜缺乏症蹄叶炎等区别。

【治疗】

(1)饲料中补加钙制剂，如碳酸钙、乳酸钙、南京石粉等，每日 30～50 g，连用数日。

(2)静脉注射 10%氯化钙 200～300 mL，或 10%葡萄糖酸钙 500 mL，或 20%磷酸二氢钙溶液 300～500 mL，每天 1 次，连用 5～7 天。

(3)维生素 AD 注射液 15 000～2 000 U，或维丁胶性钙 20 mL，每日 1 次，连续数日。

【预防】主要在于调整草料内磷钙含量和磷钙比例，经常补喂骨粉。加强管理，适当运动，多晒太阳。

九、佝偻病

佝偻病是指犊牛在生长过程中，由于矿物质钙、磷和维生素D缺乏所致的成骨细胞钙化不全，软骨肥大及骨骺增大的骨营养不良性疾病。临床表现为消化机能紊乱、跛行和长骨弯曲变形等。

【病因】佝偻病是由于日粮中钙或磷含量不足或钙与磷比例不当，以及维生素D缺乏等致病。

【症状】病初呈现精神沉郁，食欲减退并异嗜，不爱走动，步态强拘，跛行。病情进一步发展，前肢腕关节外展呈“O”形姿势，两后肢跗关节内收呈“X”形姿势。生长发育延迟，营养不良，贫血。

【诊断】根据取慢性经过的病史，结合临床症状，可做病性诊断。应与风湿性关节炎、骨折及其他骨质性疾病进行区分。

【治疗】佝偻病的治疗，主要是应用大剂量维生素D制剂和矿物质补饲。应注意剂量不宜过大，不然会导致钙在组织中沉积的副作用等不良后果。矿物质补饲的除应用氧化钙、磷酸钠、磷酸钙（20～40 g/天）等与饲料混合外，也应注意钙与磷比例问题，最适宜的钙与磷比例为2∶1。首选矿物质补料为骨粉。除重型的犊牛外，在用上述的补饲措施后，可收到较好效果，此外，还可在用8%磷酸钠注射液100 mL，静脉注射治疗的同时，给病犊牛饲喂豆科牧草、优质干草等更有利于康复。

【预防】按犊牛年龄和体重，以及钙、磷和维生素D的需求量等，调制全价营养日粮，以保证饲料中有足够维生素D和矿物质，必要时可补饲优质鱼粉、骨粉等。在北方寒冷季节和地区的舍饲犊牛群，应延长其户外太阳光线照射时间。

十、牧草搐搦

青草搐搦也叫低血镁抽搐，是指反刍动物采食幼嫩的青草或谷苗之后，突然发生的一种低镁血症。临床表现为兴奋、痉挛等神经症状。

【病因】本病是由于极为复杂的无机物代谢异常，特别是镁代谢障碍引起的。包括土壤中镁缺乏和钾过多、发病季节和天气因素、牧草中矿物质含量不平衡、品种年龄和泌乳等因素。

【症状】本病在临床上以低镁血性痉挛为特征性症状，在发病的前1～2天呈现食欲不振，精神不安、兴奋，有的精神沉郁，步样强拘，后肢摇晃。

【诊断】在寒冷、多雨的初春和秋季，放牧在人工草场上的牛群呈现兴奋痉挛等神经症状，可怀疑本病，最终诊断需血镁含量的测定结果。

【治疗】针对病性补给镁和钙制剂有明显效果。通常将氯化钙(30 g)和氯化镁(8 g)溶解在蒸馏水(250 mL)中煮沸消毒，缓慢地静脉注射。还可将8～10 g硫酸镁溶解在500 mL的20%葡萄糖酸钙溶液中制成注射液，在30分钟内缓慢地静脉注射，均取得较好疗效。

除上述药物治疗外，可针对心脏、肝脏、肠道机能紊乱等情况，给些对症疗法的药物，以强心、保肝和止泻等为主，必要时应用抗组胺制剂进行治疗。在护理上应将病牛置于安静、无过强光线和任何刺激的环境饲养。对不能站立而被迫横卧地上的病牛应多敷褥草，时时翻转卧位，并施行卧位按摩等措施，防止褥疮发生。

【预防】

(1)草场管理。对镁缺乏土壤应施用含镁化肥，当然其用量按土壤pH值、镁缺乏程度和牧草种类而有所差别。一般为提高牧草的镁含量，可在放牧前开始每周对每100 m^2 草场撒布3 kg硫酸镁溶液(2%浓度)。同时要控制钾化肥施用量，防止破坏牧草中矿物质的镁、钾之间平衡。

(2)对放牧牛群的措施。首先要对牛群进行适应放牧的驯化，在寒冷、多雨和大风等恶劣天气放牧时，应避免应激反应，防止诱发低镁血症。所以，对放牧牛群，在放牧前一个月就应进行驯化，使其具有一定适应能力；其次是补饲镁制剂，放牧牛群，尤其是带犊母牛，在放牧前1～2周内可往日粮中添加镁制剂补料；再者，在本病易发病期间，除半天放牧外，宜在补饲野草和稻草的同时，在饮水和日粮中添加氯化镁、氧化镁和硫酸镁等，每头牛每天补饲量不超过50～60 g为宜。最近，有的国家为预防本病发生，在牛网胃内置放由镁、镍和铁等制成的合金锤(长约15 cm)任其缓慢腐蚀溶解，可在4周内起到补充镁的作用。

十一、运输搐搦

运输搐搦是指营养良好的临近分娩妊娠牛群在长途运输中或到达目的地后突然发病，临床上以运动失调、意识障碍、卧地昏睡等症状为特征的代谢性疾病。

【病因】本病发生的真正原因尚不清楚，但与急性低钙血症有关。运输之前过食、运输中过挤、换气不良、过度闷热、饮水供应不足以及到达目的地后立即任其自由饮水和运动等应激因素，也是构成本病发生的诱因。

【症状】病初呈现过度兴奋，磨牙或咬肌痉挛等神经症状。相继出现后驱部分肌肉麻痹，步态不稳，最后不能站立。病牛烦渴而食欲废绝，有的妊娠母牛诱发流产。

【诊断】根据发病病史和临床症状，结合实验室检验血钙、血磷含量偏低的结果，可做出病性诊断。

【治疗】本病的治疗原则是用于产后瘫痪。多用10%葡萄糖酸钙注射液500～1 000 mL,静脉注射,若与适量硫酸镁注射液和等渗葡萄糖注射液混合静脉注射,疗效更为明显。对非常兴奋和痉挛发作的病牛,可用水合氯醛30 g溶解在500 mL水中,投服或灌肠,或皮下注射苯异丙胺,剂量0.1～0.3 g。

【预防】计划运输的牛群,尤其是妊娠后期母牛群,要减少饲料饲喂量,或改为舍饲控制采食量。同时,在运输前肌肉注射盐酸氯丙嗪或其他镇静药(1～1.25 mg/kg体重),以减少运输应激,有预防本病发生的效果。在运输中做到不拥挤,通风良好,不过热,并保证饮水供应和适当的休息。到达目的地后24小时内,将牛群拴系冷凉处,在2～3天内限制饮水量和运动量。

第三节　消化系统疾病

一、食道阻塞

食道管腔突然被食物或异物所阻塞叫食道阻塞(也叫食管阻塞)。其临床特征是吞咽障碍、流涎和瘤胃臌胀。

【病因】饲料加工调制不当,块根饲料如胡萝卜、甜菜、白薯、马铃薯等未经打碎,豆饼块未经浸软,牛贪食而吞食急咽;饲料中混入砖、石、玻璃片及金属异物也可引起。

【症状】共同症状是发病前一切正常,一旦发生阻塞,采食突然停止。颈部食道阻塞时,病牛流涎,兴奋不安,空嚼,咳嗽,呃逆运动,瘤胃臌胀,于颈沟部食道上部可触摸到梗塞物。颈部直伸,头高抬。胸部食道阻塞时,患牛不安,呼吸困难,口腔张开,哮喘,瘤胃服胀严重。食道不完全阻塞时,能部分咽下唾液和嗳气,当食道完全阻塞时,饮水及采食后即从口腔逆出,流涎,瘤胃臌胀及呼吸困难严重。

【诊断】本病以其发病突然,临床表现流涎,吞咽障碍,伸颈抬头,瘤胃臌胀易于诊断。

触诊。咽部、颈部食道阻塞时,可触摸到阻塞物。

胃管探测。咽部、颈部食道梗塞时,胃管插入困难,胸部食道阻塞时,胃管插到阻塞部时,推进受阻。

【治疗】

(1)掏取法。先用胃管灌入植物油100～200 mL(如阻塞上方有多量的液体或颗粒性饲料,可先用胃管将其抽出,而后灌入植物油),将牛头保定好,装开口器,用毛巾包盖切齿,助手用双手将阻塞物自下而上推送到咽部固定,术者用左手将牛舌拉出口外，右手伸入咽部取出阻塞物。

(2)胃管插入法。先灌服2%普鲁卡因20～30 mL，经10分钟后，灌服液状石蜡或植物油100～200 mL，用胃管小心的将梗塞物向胃内推送。或在胃管上连接打气筒，有节奏的打气，趁食管扩张时，将胃管缓缓推进，有时可将梗塞物送入胃内。

(3)手术疗法。切开食管，取出梗塞物。

【预防】

(1)加强饲养管理，合理调治饲料。块根类饲料应切碎，豆饼要泡软，饲喂要定时定量。

(2)块根类饲料要集中堆放，料房门要关严，以防偷吃。关键在于对牛加强饲养管理。加强饲料加工调制，块根类饲料应加工切碎、切小，饼类饲料应粉碎泡软。饲养时，先给青贮料、精料，后给块根饲料；管理上，保管好饲料，块根集中堆放，加固牛栏，以防跑牛偷食。畜舍、运动场内不应有金属物体和玻片，防牛只异食而将其食进。

二、前胃弛缓

前胃弛缓是指前胃机能紊乱而表现出兴奋性降低和收缩减弱或缺乏的一种疾病。病的临床特征是食欲下降，异食；精神沉郁，对外界反应迟钝；瘤胃蠕动减弱或异常。

【病因】原发性者主要是饲养不当所致。其中有精料喂量过多，日粮配合不平衡，粗饲料不足而过多饲喂糟粕类等；饲喂单纯的、难以消化的秸秆管理不当也有一定影响。继发性者见于急性传染病、血液寄生虫病、代谢病及中毒性疾病的经过中。

【症状】

(1)急性前胃弛缓。病畜食欲减退，或对某些食物采食少量，最后到食欲废绝。反刍次数减少或停止。咀嚼无力或口数不定。排出色暗干粪，呈块状、索状，并附有黏液。

(2)慢性前胃弛缓。病牛食欲时好时坏，瘤胃蠕动时有时无，全身无力，皮温不均，被毛粗刚，喜卧不站，泌乳停止，眼球下陷，严重酸中毒时，精神沉郁，脱水，体温下降。

【诊断】根据食欲、反刍障碍，瘤胃听诊和触诊情况，结合患畜全身状况易于诊断。

【治疗】加强护理，除去病因，增强瘤胃机能。

(1)护理。病初宜禁食1～2天，以后喂给优质干草和易消化的饲料，要少给勤添，多饮清水，适当运动。

(2)增强瘤胃机能。先用清水反复洗胃，将瘤胃内大部分内容物洗出之后，灌服缓泻、制酵剂，如用硫酸镁500 g。松节油30～40 mL，酒精80～100 mL，温水4～5 L，1次内服。再用兴奋瘤胃蠕动药，如用苦味酊60 mL，稀盐酸30 mL，番木鳖酊15～25 mL，酒精100 mL，常水500 mL，1次内服；或新斯的明20～60 mg，皮下注射，最好用其最低量，每隔2～3小时注射1次(妊娠母牛应用时要慎重)。为了改善瘤胃生物学环境，提高纤毛虫的活力，可用胃管先给健康牛灌服温水8 000～12 000 mL，而后用胃管采取其瘤胃内容物约3 000 mL，加适量水混合后，速给病牛灌服，效果良好。病牛食欲废绝时，可静脉注射25%葡萄糖液500～1 000 mL，发生酸中毒时，可静脉注射5%碳酸氢钠液1 000～2 000 mL。

【预防】注意改善饲养管理，合理调配饲料，不喂粗硬、霉败、冰冻等质量不良的饲料，变更饲料时应循序渐进，严禁为追求高产而片面增喂大量精料和糟粕类饲料。适当运动，以增强抵抗。

三、瘤胃鼓气

瘤胃鼓气是指瘤胃、网胃内容物急剧发酵产生大量气体，并由于嗳气机能障碍使瘤胃内压过度升高(9.3 kPa)的一类瘤胃消化机能紊乱性疾病，临床上表现为瘤胃、网胃过度膨胀。

【病因】其原因大致是产气过多和排气障碍两大环节。产气过多这环节又与饲料的关系极为密切；排气障碍环节主要是嗳气反射机能紊乱。具体原因为过饲或采食大量易于发酵产气的牧草，瘤胃内气体的排出障碍。

【症状】通常，在采食后2～3小时内突然发病，腹围膨大，左肷部臌起几乎与腰椎横突起平。伴随病情发展、出现伸颈吐舌、张口呼吸，呼吸加快从口角流出大量唾液，病牛出现兴奋不安和腹痛症状，食欲废绝，反刍和嗳气机能丧失。

【治疗】治疗原则是排气减压，缓泻制酵，恢复瘤胃机能。

(1)排气减压。对一般轻症病例，可给制酵剂，如鱼石脂10～20 g，或松节油30 mL，1次内服；或烟叶末100 g，菜油(或石蜡油)250～500 mL，松节油40～50 mL，常水500 mL，1次内服，多在30分钟左右见效。重症病例，要立即插入胃管排气，或用套管针在左肷窝部进行瘤胃穿刺放气。放气时应缓慢进行，以免放气速度过快发生脑贫血而昏迷。放气后，可由套管内注入来苏尔15～20 mL，或福尔马林10～15 mL，加水适量，以制止继续发酵产气。对于泡沫状瘤胃臌胀，可用植物油或液状石蜡250～500 mL，1次内服；或二甲基硅油10～15 g，加温水适量，

1 次内服。

(2)缓泻制酵。可用硫酸镁 500～800 g 或人工盐 400～500 g,福尔马林 20～30 mL,加水 5 000～6 000 mL,1 次内服。

(3)恢复瘤胃机能。可酌情选用兴奋瘤胃蠕动的药物,具体措施参见前胃迟缓的治疗。

【预防】加强饲养管理,防止贪食过多幼嫩多汁的豆科牧草,尤其是舍饲转为放牧时,应先喂些干草或粗饲料,适当限制在牧草幼嫩茂盛时的牧地和霜露浸湿的牧地上的放牧时间。切忌过多饲喂豆科牧草(尤其是未开花的豆科牧草),若饲喂时,最好在收割稍干后,并控制饲喂量,这样较为安全。通常,在预测该病较易发生的季节里,可在放牧草场上洒上一定量的植物油,经 3～4 小时后再行放牧,或给放牧牛群口服一定量的表面活性剂等。这在预防该病的发生上都是有效措施。

四、瘤胃积食

瘤胃充满多量食物,致使瘤胃体积超过正常容积时称瘤胃积食(或瘤胃扩张)。其临床特征是瘤胃容积增大,腹痛,脱水和酸中毒。

【病因】本病发生主要是过食。造成过食的因素是饲养管理粗放。大量饲喂品质低劣或难以消化的粗饲料。饲料突然变更,动物饥饿后饲喂而暴食,偏喂多量精料,饮水不足,劳役过度或缺乏运动可促使本病的发生。继发性积食常见于前胃弛缓,瓣胃阻塞,创伤性网胃炎,真胃变位、阻塞以及矿物质代谢障碍。

【症状】病初食欲、反刍减少或停止,鼻镜干燥,背部弯曲,站立不安,起卧,摇尾,踢腹、磨牙,呻吟。肚腹增大,呼吸急促,心跳加快,严重者呈酸中毒,病牛衰弱,精神沉郁,运步无力,肌肉颤抖,卧地不起,脱水,昏迷。

【诊断】根据症状和过食病史,不难诊断。在临床上应作类症鉴别。

【治疗】原则是排除瘤胃内容物和兴奋瘤胃蠕动。

(1)排除瘤胃内容物。轻症时,按摩瘤胃每次 10～20 分钟,1～2 小时按摩 1 次。结合按摩灌服大量温水,效果更好。重症时,可内服泻剂,如硫酸镁或硫酸钠 400～800 g,番水鳖酊 15～20 mL,鱼石脂 15～20 g,龙胆酊 20～50 mL,1 次内服;或液状石蜡 1 000～2 000 mL,1 次内服;或盐类泻剂与油类泻剂并用;或反复洗胃,排出多量胃内容物。

(2)兴奋瘤胃蠕动。当瘤胃内容物泻下后,可应用兴奋瘤胃蠕动的药物,如新斯的明等。病牛饮食废绝、脱水明显时,应静脉补液,同时补碱,如 25%葡萄糖 500～1 000 mL,复方氯化钠或 5%糖盐水 3 000～4 000 mL,5%碳酸氢钠液 500～1 000 mL,1 次静脉注射。重症而顽固的瘤胃积食,应用药物不见效时,可行瘤胃切开术，取出瘤胃内容物。

(3)中草药治疗。如西安达瑞动物保健药品厂生产的消食健胃散、消积散或前胃泰康，治疗效果就很好。

【预防】主要是加强饲养管理，防止过食，避免突然更换饲料，易臌胀或粗硬的饲料，要适当加工软化后再喂。注意供给充足的饮水和适当运动。

五、瘤胃角质不全化

瘤胃角质不全化是瘤胃黏膜的一种病理变化。正常的瘤胃黏膜被覆重层扁平角化上皮细胞，其最外角化层上皮细胞为无核扁平细胞。当由于某些原因使其角化不全时，残核鳞状角化上皮细胞过多地堆积，以致发生瘤胃黏膜乳头硬化、增厚等病变。临床上表现出消化紊乱，腹泻和瘤胃鼓胀。本综合症主要发生于过饲精料的集约化肥育肉牛群。

【病因】精料过多与粗料不足或缺乏这是发病的主要原因之一，过饲以颗粒性或粉碎性饲料为主的日粮、瘤胃黏膜的刺激性损伤、反复投服广谱抗生素。

【症状】病初食欲不振，瘤胃蠕动减弱，偏嗜粗饲和异嗜。当病情进一步发展，食欲时好时差，营养不良，进行性消瘦、虚弱，被毛粗糙、无光泽，奶牛还有泌乳性能下降、乳脂率降低。大多数病牛呈现顽固性消化不良症状。

【诊断】瘤胃角化不全症单凭症状很难做出病性诊断，生前只有通过瘤胃切开探查术或瘤胃内窥镜检查等途径建立最终诊断。

【治疗】本病无特效药物治疗。为了改善瘤胃内容物性状，特别是纠正 pH 值，首先饲喂青、干牧草，并控制饲喂精料量，同时投服定量的碳酸氢钠粉，甚至应用健康牛瘤胃液(2～5 L)进行胃管投服(即移植疗法)，可望有些效果。当本病已进入后期，即使用广谱抗生素治疗，也多无实际意义。

【预防】首先要改善饲养方法，如限制精料的饲喂量，多喂粗料及青干草等，如奶牛每 100 kg 体重的不应少于 1.5 kg 粗料量。肉用牛群由育成期过渡到肥育期，由粗料改饲精料的过程，宜缓慢进行(历时要 2～3 周时间)。不要将饲草铡侧切过短(2.5 cm 以下)，更不要加工调制颗粒性及粉碎性饲料。其次是加强管理工作，如注意牛舍、放牧草场以及运动场地的清洁卫生，从饲料中和牛群活动场地范围内清除一切可损伤瘤胃黏膜的尖锐异物，尤其是金属性异物等。平时，注意调整瘤胃液的 pH 值，为此可投服碳酸氢钠粉剂(以占精料的 3%～7.5%为宜)也可在饲料中添加一定量的醋酸钠粉剂饲喂。可补饲必要量的维生素 A 制剂。

六、瓣胃阻塞

瓣胃阻塞俗称“百叶干”，是由于瓣胃收缩力减弱，是以其蓄积大量干涸的内容物、瓣胃肌麻痹和胃小叶压迫性坏死为特征的一种严重疾病。常呈慢性，在前胃疾病中发病率较低。临床表现出精神沉郁，食欲和反刍次数减少或废绝，鼻镜干燥，嗳气增加，乳产量减低，排粪减少，尿减少。

【病因】原发性主要是由于长期饲喂细碎坚实的饲料或久喂坚韧而难以消化的饲料，继发性者见于前胃弛缓，瘤胃积食，瓣胃炎，网胃与膈肌粘连，真胃变位，血原虫病及其他热性病。

【症状】病初精神沉郁，食欲、反刍减少，空嚼磨牙，鼻镜干燥，口腔潮红，眼结膜充血。严重时，食欲废绝，鼻镜龟裂，眼结膜发绀，眼凹陷，呻吟，磨牙，四肢无力，全身肌肉震颤，卧地不起。粪逐渐减少，呈胶冻状、黏浆状、恶臭，后呈顽固性便秘，干燥呈球状，扁硬状，分层外附白色黏液。

【诊断】临床表现出精神沉郁，食欲和反刍次数减少或废绝，鼻镜干燥，嗳气增加，乳产量减低，前胃弛缓和瘤胃积食、臌气症状。病一出现，排粪减少，呈黏酱状，恶臭，后便秘；尿减少，呈深黄色，后期无尿，呼吸、体温和脉搏正常。根据发病症状、粪便变化和全身状况，结合瓣胃触诊浊音区扩大和痛感，初步可做出诊断。

【治疗】

(1)轻症。可内服泻剂和促进前胃蠕动的药物。如硫酸镁或硫酸钠 500～800 g，常水 5 000～8 000 mL，或液状石蜡 1 000～2 000 mL，或植物油 500～1 000 mL，1 次内服。为促进前胃蠕动，可用 10%氯化钠液 300～500 mL，10%氯化钙液 100～200 mL，20%安钠咖液 10～20 mL，1 次静脉注射。如配合肌肉注射新斯的明，效果更好。

(2)重症。可行瓣胃注射，注射部位为右侧第 9 肋间与肩关节水平线相交处，略向下方刺入 10～12 cm。注射药物一般用硫酸钠 300 g，甘油 500 mL，常水 1 500～2 000 mL，1 次注入。也可用硫酸镁 400 g，普鲁卡因 2 g，呋喃唑酮 3 g，甘油 300 mL，常水 3 000 mL，1 次注入。

【预防】①注意饲料配合，少喂坚硬含粗纤维多的饲料，增喂青绿饲料，防止单纯饲喂麸皮、谷糠类饲料；②保证充足的饮水，给予适当运动。

七、真胃移位

真胃移位是指真胃由正常位置移到瘤胃与网胃的左侧与左腹壁之间。其临床特征是慢性消化紊乱。

【病因】干奶期精料、玉米青贮喂量过高；妊娠到分娩后生理解剖特点的变化，妊娠后期，子宫逐渐膨大，膨大的子宫必将瘤胃上抬，真胃逐渐向前及腹腔左侧推移到瘤胃左方；双胎、胎衣不下、产后瘫痪和酮病可导致真胃弛缓，促使本病的发生；而母牛发情时的爬跨，使真胃位置暂时的由高抬随即下降而发生改变，也可成为发病的诱因。

【症状】本病高产牛易发。病牛食欲减退，有的拒食精料，尚能采食少量的青贮和干草，精神沉郁，体温、呼吸、脉搏正常，粪少而呈糊状，因瘤胃被挤于内侧，故在左腹壁出现"扁平状"隆起。由于消化紊乱，病牛呈渐进消瘦，衰竭无力，喜卧而不愿走动，后期卧地不起。

【诊断】根据病史及临床特征变化，如发病在分娩后不久；左侧腹下听诊真胃的钢管音；外观左腹壁呈扁平状隆起，右腰窝下陷；真胃液黄褐色、pH 值等综合判断，是可以确诊的。与迷走神经性消化不良、创伤性网胃炎及酮病有相似之处，应予以鉴别。

【治疗】非手术疗法即翻滚法。将牛四蹄捆缚住，腹部朝天，猛向右滚又突然停止，以期真胃自行复原。也有使病牛右侧横卧，滚转成背卧式，以牛背为轴心，向左、向右呈 90°反复摇晃 3 分钟，突然停止晃动，使牛呈左侧横卧姿势，再成胸卧式，最后使牛站立。翻滚前两天禁食、停水，使瘤胃体积缩小。手术疗法即切开腹壁，整复移位的真胃。手术经路有站立式两侧腹壁切开法和侧卧保定腹中旁线手术切开。

【预防】加强围产期母牛的饲养管理。严格控制干奶期母牛精饲料的饲喂量，保证充足的干草，增加运动，以增强机体的体质，防止母牛肥胖。对产后母牛，应加强监护，精料应逐渐增加，不能为催乳而过度加料，为了保证消化机能尽快复原，要保证干草供给。对有消化机能降低的病牛应及时治疗，尽快使之康复。

八、真胃积食

真胃积食也叫真胃阻塞。是由于真胃内积聚过多的粉碎饲料和泥沙，致使机体脱水、电解质平衡失调、碱中毒和进行性消瘦为矗特征的一种严重疾病。

【病因】本病发生主要是饲养管理失误所致。饲料单纯，品质低劣，牛过多地采食了含蛋白质和能量低劣的粗饲料；粗饲料切得过细或磨成粉状和精料混合饲喂；日粮中精粗比例不当；饲料加工不细。

【症状】食欲减少或废绝，粪便少和腹部膨胀。心跳 90～100 次/分，呼吸加快，鼻镜干裂，鼻孔附着黏性鼻漏。随病时间拖延，病牛精神沉郁，眼球凹陷，少尿、色呈深黄色，具刺激臭味。瘤胃蠕动减弱，内充满干燥的内容物、坚硬。

【诊断】根据饲养情况、临床症状及实验室检查结果，综合分析而定。

【治疗】当病牛衰弱，心搏过速达 100～120 次/分，应淘汰。对于尚有望治愈的病牛，治疗原则是纠正代谢性碱中毒，低氯血、低钾血；补充水和电解质溶液；排除真胃阻塞物。

(1)药物治疗。①氯化钠 108 g，氯化钾 80 g，蒸馏水 20 000 mL，静脉注射，24 小时为 1 周期；②25%硫代丁二酸二辛钠 120～180 小时，1 次灌服，连续 3～5 天。此液也可与 10 000 mL 水和石蜡油 10 000 mL 混合，1 次灌服。

(2)手术治疗。①真胃切开术切开部位在腹中线与右侧腹下静脉之间，从乳房基部起向前 12～15 cm，与腹中线平行切开 20 cm，切开真胃后，掏出真胃阻塞物；②瘤胃切开术切开瘤胃后，用胶管通过网胃、瓣胃，进入真胃，直接用大量消毒液反复冲洗真胃，排空瘤胃后将硫代丁二酸二辛钠直接通过网胃——瓣胃孔注入真胃，以使其内容物软化并促其排空。

【预防】科学喂牛，日粮要平衡，供给的营养一定要满足机体营养需要量。日粮要注意精粗比、碳氮比。粗饲料加工时不能粉得过细，喂时要补充一些多汁饲料、青绿饲料。保证有充足的清洁饮水。清除饲料中的泥沙，喂块根饲料白薯、胡萝卜时，应将泥沙冲洗后再喂。

九、肠便秘

【病因】饲喂粗韧纤维饲料，偷吃或饲喂大量稻谷，舔食的被毛与食物形成毛球，引起食道堵塞。

【症状】鼻镜干燥，食欲消失，反刍停止。肠音减弱或停止，排粪减少变干，泌乳量下降。病情中后期体温下降，心力衰竭，自体中毒，中度脱水。

【治疗】

(1) 保守疗法。经口灌服泻药，如硫酸钠或硫酸镁 500～1 000 g，温水 5～7 L；或液体石蜡油 1～2 L。皮下注射拟胆碱药如新斯的明 30～60 mg 或毛果芸香碱 50～100 mg，以促进阻塞物排出。此外通过直肠按摩阻塞部，或直肠深部灌注温肥皂水也起到一定疗效。对脱水病牛需大量补液。由于阻塞物在肠内停留的部位不同，有些肠便秘用保守疗法治疗是无效的，这就需要施行手术疗法。

(2)手术疗法。手术部位，可在左右侧第 3 腰椎横突下 5 cm 起做一长 20 cm 垂直切口，分层切开腹壁。然后沿膨胀的肠管由前向后沿萎陷的肠管由后向前找到秘结部，实施隔肠按压或侧切取粪，肠壁已坏死的，则应切除，施行断端吻合术。

【预防】注意粗精饲料搭配，舍外圈养或放牧牛自由饮水自由运动，防止牛偷吃大量稻谷。

十、创伤性网胃——腹膜炎

尖锐异物随饲料吞食而刺伤网胃壁所引起的器质性与机能性紊乱的疾病。

【病因】该病由于吞入金属尖锐异物所致。

【症状】异物一旦穿透网胃壁，突然表现急性前胃弛缓症状。典型症状是多站立，不愿移动躯体，强迫运动，步样迟滞；头颈伸展，肘头外展，肘肌颤抖；横卧、起立、排便时苦闷不安，呻吟、上坡轻快，下坡时往往小心翼翼；卧下时非常小心，先用后肢屈曲坐地，然而前肢轻轻跪地，起立时，取马起立姿势。随病时延长，病牛被毛粗刚、逆立；腹部紧缩；空嚼磨牙；瘤胃运动停止。

【诊断】在无任何明显原因而突然发生的前胃弛缓，结合本病特征，疼痛、运动迟滞、独特姿势和药物治疗效果不明显等，可初步诊断为本病。类症鉴别时，应注意与前胃弛缓、慢性瘤胃胀气及急、慢性腹膜炎的区别。

【治疗】

(1)手术疗法。一种是切开瘤胃，另一种是切开瘤胃以检查并取出异物。如伴发创伤性心包炎，由心包取出异物，效果还不是很理想。

(2)保守疗法。将牛放在前高后低的台上，使异物从瘤胃退回。同时大剂量应用抗生素(如青霉素和链霉素合用等)或磺胺类药物，以控制炎症发展。

【预防】主要是防止饲料中混入金属异物。牛场内严格限制铁丝和铁钉的使用。不要在工厂附近放牧、割草。做好饲料、饲草的加工调制工作，可使用磁铁制品吸取草料里的金属异物，也可定期向瘤胃内投放磁棒，吸除网胃内金属异物。

第四节　产科疾病

一、流产

流产也叫妊娠中断。是由各种原因引起胎儿与母体间的正常生理过程受到破坏，不能按期产出正常胎儿的临床病理症状。

【病因】流产的原因很多，从生产出发可以分为传染性和非传染性两大类。前者是由特定的病原如寄生虫、细菌、病毒和其他病原微生物引起；后者则多因饲养管理不当而造成。

(1)传染性的流产。①寄生虫性，如毛滴虫病，新孢子虫病；②细菌、病毒及其他微生物，如胎儿弯杆菌/弧菌病、布氏杆菌病、钩端螺旋体病、牛传染性鼻气管炎、牛病毒性腹泻——黏膜病、牛昏睡嗜血杆菌病、牛衣原体病和牛支原体病等。

(2)非传染性的流产。①饲养不当，如饲料品质低劣，营养不良，日粮中矿物质、微量元素不足或缺乏，饲喂发霉、腐败变质的饲料或含有毒物的饲料；②管理不当，如机械性损伤，突然滑倒，爬跨，拥挤，外力打击和技术失误等；③症状性，患生殖与全身疾病如子宫炎，乳房炎，中毒疾病及其他疾病；④胎儿异常，如畸形，脐带扭转，水肿。

【症状】由于流产的发生时期、原因及母畜反应能力有所不同，流产的病理过程及所引起的胎儿变化和临床症状也很不一样。归纳起来有 4 种，即隐性流产、早产、排出死亡而未经变化的胎儿和延期流产，下面主要介绍后 3 种流产症状。

(1)早产。这类流产的预兆及过程与正常分娩相似，胎儿是活的，但未足月即产出，所以也称为早产。产出前的预兆不像正常分娩那样明显，往往仅在排出胎儿以前 2～3 天乳腺突然膨大、阴唇稍微肿胀、乳头内可挤出清亮液体，牛阴门内有清亮黏液排出。助产方法与正常分娩相同。但在胎儿排出缓慢时，必须及时加以协助。早产胎儿如有吮乳反射，须尽力挽救，帮助它吮食母乳或人工喂奶，并注意保暖。

(2)排出死亡而未经变化的胎儿。这种情况是流产中最常见的一种。胎儿死后，它对母体好像外物一样，引起子宫收缩反应(有时则否，见胎儿干尸化)，而于数天之内即将死胎及胎衣排出。怀孕初期的流产，因为胎儿及胎膜很小，排出时不易发现，而被误认为是隐性流产。怀孕前半期的流产，事前常无预兆。怀孕末期流产的预兆和早产相同。胎儿未排出前，直肠检查摸不到胎动(牛的胎动本来就不明显，必须经过耐心触诊，才能做出决定)，怀孕脉搏变弱。阴道检查发现子宫口开张，黏液稀薄。如胎儿小，排出顺利，愈后较好，以后母畜仍能受孕。否则，胎儿腐败后可以引起子宫阴道炎症，以后不易受孕；偶尔还可能继发败血病，导致母畜死亡，因此必须尽快使胎儿排出来。

(3)延期流产(死胎停滞)。胎儿死亡后如果由于阵缩微弱，子宫颈管不开或开放不大，死后长期停留于子宫内，称为延期流产。依子宫颈是否开放，其结果有以下 2 种。

①胎儿干尸化。胎儿死亡，但未排出，其组织中的水分及胎水被吸收，变为棕黑色，好像干尸一样，称为胎儿干尸化。按照一般规律，胎儿死后不久，母体就把它排出体外。但如黄体不萎缩，仍维持其机能，则子宫并不强烈收缩，子宫颈也不开放，胎儿仍留于子宫中。因为子宫腔与外界隔绝，阴道中的细菌不能侵入，如果细菌也未通过血液进入子宫，胎儿就不腐败分解。以后，胎水及胎儿组织中的水分逐渐被吸收，胎儿变干，体积缩小，并且头及四肢缩在一起。干尸化胎儿都必须在子宫中停留一个相当长的时期。母牛一般是在怀孕期满后数周内，黄体的作用消失

而再发情时，才将胎儿向外排。排出胎儿有时也可发生在怀孕期满以前，个别的干尸化胎儿则长久停留于子宫内不排出。排出胎儿以前，母牛不表现全身症状，所以不易发现。但如经常注意母牛的全身状况，则可发现母牛怀孕至某一时间后，怀孕的外表现象不再发展。直肠检查感到子宫像一圆球，其大小依胎儿死亡时间的不同而异，且较怀孕一定月份应有的体积小得多。一般大如人头，但也有较大或较小的。内容物很硬，这就是胎儿。在硬的部分之间较软的地方，乃是胎儿身体各部分之间的空隙。子宫壁紧包着胎儿，摸不到胎动、胎水及子叶。有时子宫与周围组织发生粘连。卵巢上有黄体。摸不到怀孕脉搏。

②胎儿浸溶。怀孕中断后，死亡胎儿的软组织被分解，变为液体流出，而骨骼留在子宫内，称为胎儿浸溶(maceration)。牛胎儿气肿及浸溶时细菌引起子宫炎并因而使母畜表现败血症及腹膜炎的全身症状，先是在气肿阶段精神沉郁，体温升高，食欲减少瘤胃蠕动弱并常有腹泻。如为时已久，上述症状即有所好转但极度消瘦，母畜经常努责。胎儿软组织分解后变为红褐色和棕褐色难闻的黏稠液体，再努责时流出，其中并可带有小的骨片。最后则仅排出脓液，液体沾染在尾巴和后体上干后成为黑痂。

【诊断】阴道检查，发现子宫口开张，在子宫颈内或阴道中可以摸到胎骨。视诊还可看到阴道及子宫颈黏膜红肿。直肠检查可以帮助诊断，并和胎儿干尸化做出鉴别。子宫的情况一般和胎儿干尸化时相同，子宫壁厚，但可摸到胎儿参差不平的骨片，捏挤子宫还能感到骨片互相摩擦。子宫颈粗大。如在分解开始后不久检查，因软组织尚未溶解，则摸不到骨片摩擦；然而这时借阴道检查，仍能和胎儿干尸化与正常怀孕区别开来。有时这种流产发生在怀孕初期，胎儿小，骨片间的联系组织松软，容易分解，所以大部分骨片可以排出，仅留下少数。最后子宫中排出的液体也逐渐变得清亮。如果畜主不了解母畜的病史，且因母畜屡配不孕而来检查，可使兽医认为只是子宫内膜炎。胎儿浸溶，就母畜的生命来说，愈后必须谨慎，因为这种流产可以引起腹膜炎、败血病或脓毒血病而导致死亡。对于母畜以后的受孕能力，则愈后不佳，因为它可以造成严重的慢性子宫内膜炎，子宫也常和周围组织发生粘连，使母畜不能受孕。

【治疗】首先应确定属于何种流产以及怀孕能否继续进行，在此基础上再确定治疗原则。

(1)对先兆流产的处理，临床上出现孕畜腹痛、起卧不安、呼吸脉搏加快等现象，可能流产。处理的原则为安胎，使用抑制子宫收缩药，为此可采用如下措施。

①肌注孕酮牛 50～100 mg，每日或隔日 1 次，连用数次。防止习惯性流产，也可在怀孕的一定时间，试用孕酮。也可注射 1%硫酸阿托品 1～3 mL。

②禁行阴道检查，尽量控制直肠检查，以免刺激母畜。可进行牵遛，以抑制努责。

(2)先兆流产经上述处理，病情仍未稳定下来，阴道排出物继续增多，起卧不安加剧；阴道检查，子宫颈口已经开放，胎囊已进入阴道或已破水，流产已成难免，应尽快促使子宫内容物排出，以免胎儿死亡腐败后引起子宫内膜炎，影响以后受孕。如子宫颈口已经开大，可用手将胎儿拉出。流产时，胎儿的位置及姿势往往反常，如胎儿已经死亡，矫正遇有困难，可以行使截胎术。如子宫颈管开张不大，手不易伸入，可参考人工引产中所介绍的方法，促使子宫颈开放，并刺激子宫收缩。

(3)对于延期流产，胎儿发生干尸化或浸溶者，首先可使用前列腺素制剂，继之或同时应用雌激素，溶解黄体并促使子宫颈扩张。同时因为产道干涩，应在子宫及产道内灌入润滑剂。在干尸化胎儿，由于胎儿头颈及四肢蜷缩在一起，且子宫颈开放不大，必须用一定力量或先截胎才能将胎儿取出。在胎儿浸溶，如软组织已基本液化，须尽可能将胎骨逐块取净。分离骨骼有困难时，须根据情况先加以破坏后再取出。如治疗的早，胎儿尚未浸溶，仍呈气肿状态，可将其腹部抠破，缩小体积，然后取出。操作过程中，术者须防止自己受到感染。取出干尸化及浸溶胎儿后，因为子宫中留有胎儿的分解组织，必须用消毒液或5%～10%盐水等，冲洗子宫，并注射子宫收缩药，使液体排出。对于胎儿浸溶，因为有严重的子宫炎及全身变化，必须在子宫内放入抗生素，并须特别重视全身治疗，以免发生不良后果。

【预防】引起流产的原因是多种多样的，各种流产的症状也有所不同，除了个别流产在刚一出现症状时可以试行抑制以外，大多数流产一旦有所表现，往往无法阻止。尤其是群牧牲畜，流产常常是成批的，损失严重。因此，在发生流产时，除了采用某些治疗方法，以保证母畜及其生殖道的健康以外，还应对整个畜群的情况进行详细调查分析，观察流出的胎儿及胎膜，必要时并进行实验室检查，首先做出确切诊断，然后才能提出有效的具体预防措施。调查材料应包括饲养放牧条件及制度(确定是否为饲养性流产)；管理及使役情况，是否受过伤害、惊吓，流产发生的季节及气候变化(损伤性及管理性流产)；母畜是否发生过普通病、畜群中是否出现过传染性及寄生虫性疾病；以及治疗情况如何，流产时的怀孕月份，母畜的流产是否带有习惯性等。对排出的胎儿及胎膜，要进行细致观察，注意有无病理变化及发育反常。

在普通流产中，自发性流产表现有胎膜上的反常及胎儿畸形；霉菌中毒可以使羊膜发生水肿、革样坏死，胎盘也水肿、坏死并增大。但由于饲养管理不当、损伤及母畜疾病、医疗事故引起的流产，一般都看不到有什么变化。在传染性及寄生虫性的自发性流产，胎膜及(或)胎儿常有病理变化。例如牛因布氏杆菌病流产的胎膜及胎盘上常有棕黄色黏脓性分泌物，胎盘坏死、出血，羊膜水肿并有皮革样的坏死区；胎儿水肿，胸腹腔内有淡红色的浆液等。上述流产后常发生胎衣不下。具有这些病理变化时，应将胎儿（不要打开，以免污染）、胎膜以及子宫阴道分泌物送实验诊断室检验，有条件时并应对母畜进行血清学检查。症状性流产，则胎膜及胎儿没有明显的病理变化。对于传染性的自发性流产，应将母畜的后躯及所污染的地方彻底消毒，并将母畜适当隔离。正确的诊断，对于做好保胎防流工作是十分重要的。只要认真进行调查、检查和分析，做出诊断，才能结合具体情况提出实用的措施，预防流产的发生。

在农村中，大家畜的普通流产除了少数自发性流产外，绝大多数都是因为饲养管理不当所致，也就是人为因素造成的。对于役畜的流产，各地群众都总结有很好的预防经验，应当结合实际宣传推广。但在重视预防流产的同时，也不要对孕畜过于娇养，因为不敢进行合理的使役，对母畜的健康也是有害的。

总之，防治流产的主要原则是，在可能情况下，制止流产的发生；当不能制止时，应促使死胎排出，以保证母畜及其生殖道的健康不受损害；分析流产发生的原因，根据具体原因提出预防方法；彻底杜绝自发性、传染性及自发性寄生虫性流产的传播，以减少损失。

二、难产

胎儿过大。一般是指母畜的骨盆及软产道正常，但胎儿体格显著大于正常，不能通过。这种胎儿过大也叫做绝对过大，有时见于牛。胎儿过大也包括巨型胎儿在内，但这种情况少见。

【病因】胎儿过大的原因还不清楚，它可能与调节生长的垂体、甲状腺激素机能失常有关。怀孕期延长时，胎儿也可能过大。母畜和大型公畜配种，胎儿肯定会大些，分娩过程也较缓慢，有时需要助产拉出；但因过大而引起难产者，只是少数，因为在正常情况下，胎儿在子宫内的发育是受母体制约的。

【诊断】

(1)诊断前的准备工作。对牛体、场地、检查工具进行严格消毒，兽医及助产人员要剪好指甲，防止损伤母牛产道，并遵守无菌操作规程。

(2)对难产母牛进行临床检查。

①全身健康检查。即对难产母牛的体温、呼吸、心跳、瞳孔反射等方面进行检查，发现呼吸、心脏功能异常时，及时对症治疗。

②产道检查。重点检查难产母牛盆腔是否狭窄；产道是否干燥，有无出血、水肿，排出液体的颜色、气味是否正常；子宫颈开张程度等情况。

③胎儿检查。要查清胎儿进入产道的姿势，是正生还是倒生，以及胎儿大小、胎向变化等情况，准确判定胎儿的死活。

(3)各种难产的确诊。

①胎儿正生或倒生的确诊。若胎儿正生，在产道检查时，手可膜到胎儿的口腔、舌头、脑部和前肢；手伸到胎儿口腔内有口吸吮动作，触动眼睛或肢体有生理反应，说明是活胎。若胎儿倒生，手可摸到胎儿的脐带或肛门、尾巴和后肢；倒生时触动胎儿脐部、肛门、后肢有生理反应，说明是活胎。在产道检查时，手触动胎儿各部位没有任何生理反应，证明是死胎。

②胎儿头颈侧弯难产的确诊。胎儿前腿伸入产道，而头弯于躯干一侧没有伸直，因此不能产出。头颈侧弯在临床上占母牛难产的50%以上。难产初期，胎儿头颈位于骨盆一侧，没有进入产道，头颈侧弯程度不大，在母牛阴门口只能看到胎儿的蹄子。随着母牛子宫收缩，胎儿胎体继续向阴门前进，胎儿头颈侧弯程度就越来越加重，此时胎儿两前腿部以上伸出阴门以外，不见头和唇部。胎儿头颈侧弯的方位在胎儿腿伸出阴门端的一侧，术者的手顺其方向可摸到胎儿头部位于自身胸部侧面。

③胎儿腕部前置难产的确诊。腕部前置是由于胎儿前腿没有伸直，腕关节以上部分顶在母牛耻骨前沿，由于胎儿腕关节的屈曲伴发肘关节屈曲，整个前腿呈折叠姿势，增加了肩胛围的体积而发生难产。如果两侧腕关节部被顶在母牛耻骨前沿，在母牛阴门部位什么都看不见；若是一侧腕关节某部被顶在母牛耻骨前沿，在母牛阴门可看到胎儿的1个前蹄，在产道检查时，手可以摸到胎儿1个或2个前腿，屈曲的腕关节位于母牛耻骨前沿附近。

【治疗】

(1)治疗原则。对胎儿存活的，要采取保胎护母的治疗原则；对胎儿死亡的，采取保母排胎的治疗原则，及时将死胎取出母牛体外。

(2)胎儿头颈侧弯难产的助产。对胎儿头颈弯曲程度不大，仅头部稍弯，助产者用手握住胎儿唇部把胎头扳正；如果胎头弯曲程度大，要先尽力推动胎儿，使母牛骨盆入口的前方腾出空间，然后用手握住胎儿唇部把胎儿扳正，如果扳胎有困难，可用产科绳打一活结，套在胎儿下颌骨之后并拴紧，术者用拇指和中指掐住胎儿唇舌部向对侧压迫胎儿，助手拉绳，将胎头扳正。

(3)胎儿腕部前置难产的助产。若是一侧腕关节前置，术者先用手把胎儿前推，钩住胎儿蹄尖向上抬，使胎儿蹄尖伸入母牛骨盆腔；如果是双侧腕部前置，可按上述方法逐步去做。

(4)母牛骨盆腔狭窄、胎儿过大的治疗。若是活胎采取剖腹产手术；若是死胎，不让其在腹内留置，要迅速用长柄钩钩住胎儿眼眶，拉住胎头，取出母牛体外；实在取不出时施行碎胎术排胎。

(5)难产母牛的护理。难产母牛生产后，体力消耗较大，应加强护理，使机体迅速恢复正常，防止产后疾病的发生。在饲料方面，应给予营养全面且易消化的饲料，开始少量多次，以后逐渐恢复正常；对产后极度虚弱的患畜，以及时补液、强心，供给能量。在管理方面，要精心看护，注意清洁卫生，促进生殖器官尽快复原，保证今后正常繁殖。对产后发生恶露不尽、阴道脱出、生殖系统炎症者，要对症施治。

【预防】

(1)注意膘情。奶牛在临产前20～30天要减少精料，控制食量，注意其膘情，既要保持健康，又不可过肥，以利母牛正常分娩。

(2)坚持运动。奶牛怀孕后最好是常年放牧，在临产前也不可间断运动。发现有临产征兆，不论白天黑夜都要有人看护，并请兽医或助产员接产。

(3)做好检查。在奶牛开始表现努责或破浆时，要请兽医做好产道内检查。方法是将手消毒后伸入子宫，如果胎膜没破裂就隔着胎膜触摸。如果已破裂就将手伸入胎囊内、发现胎势、胎向或胎位有反常现象要立即矫正。难产病例中有近1/2是头颈侧弯，遇到此种情况，须将胎儿推回母腹深部，则轻轻拉动胎头，即能矫正而顺利产出。

(4)巧定产期。对初产母牛，产犊期最好安排在秋季。实践证明，秋季产的犊牛体重比冬春产的犊牛要轻些，有利初产母牛的分娩。

三、胎衣不下

胎衣不下也称胎衣滞留。是指母牛分娩后，经过8～12小时仍不排出胎衣，即为胎衣不下。正常情况下，胎衣排出时间黄牛不超过3～5小时。

【病因】主要与产后子宫收缩无力、怀孕期间胎盘发生炎症及胎盘结构有关。

(1)产后子宫收缩无力。怀孕期间，饲料单纯、缺乏矿物质及微量元素和维生素，特别是缺乏钙盐与维生素A，孕畜消瘦、过肥、运动不足等，都可使子宫弛缓。胎儿过多、单胎家畜怀双胎、胎水过多及胎儿过大，使子宫过度扩张，可继发产后子宫阵缩微弱，因而容易发生胎衣不下。流产、早产、难产、子宫捻转时，产出或取出胎儿以后子宫收缩力往往很弱，因之发生胎衣不下。

(2)胎盘炎症。怀孕期间子宫受到感染（如布氏杆菌、沙门氏杆菌、李氏杆菌、胎儿弧菌、生殖道霉形体、霉菌、毛滴虫、弓形虫或病毒等引起的感染），发生轻度子宫内膜炎及胎盘炎，导致结缔组织增生，使胎儿胎盘和母体胎盘发生粘连，流产后或产后易于发生胎衣不下。

(3)胎盘组织构造。牛胎盘属于上皮绒毛膜与结缔组织绒毛膜混合型,胎儿胎盘与母体胎盘联系比较紧密,这是胎衣不下发生较多的主要原因,胎盘少而大时,更易发生。

(4)其他因素。高温季节,可使怀孕期缩短,增加胎衣不下的发病率。产后子宫颈收缩过早,妨碍胎衣排出,也可以引起胎衣不下。乳牛的胎衣不下还可能与遗传有关。

【症状】胎衣不下分为部分胎衣不下及全部不下。部分胎衣不下,即一部分从子叶上脱下并断离,其余部分停滞在子宫腔和阴道内,一般不易觉察,有时发现弓背、举尾和努责现象。全部胎衣不下即全部胎衣停滞在子宫和阴道内,仅少量胎膜垂挂于阴门外,其上有脐带血管断端和大小不同的子叶。胎衣不下,初期一般没有全身症状,经 1～2 天后,停滞的胎衣开始腐败分解,从阴道内排出污红色混有胎衣碎片的恶臭液体,腐败分解产物若被子宫吸收,可出现败血型子宫炎和毒血症,患牛表现体温升高、精神沉郁、食欲减退、泌乳减少等。

【治疗】治疗胎衣不下的方法很多,概括起来可以分为药物疗法和手术疗法两大类。对牛的胎衣不下,首先可试行手术剥离,如有困难,则采用药物治疗。

(1)药物疗法。牛产后经过 12 小时,如胎衣仍不排出,即应根据情况选用下列方法进行治疗。

①促进子宫收缩。肌肉或皮下注射催产素,牛 50～100 IU,2 小时后可重复注射 1 次。催产素需早用,牛最好在产后 12 小时以内注射,超过 24～48 小时效果不佳。此外,尚可应用麦角新碱,牛皮下注射。灌服羊水 300 mL,也可引起子宫收缩,促使胎衣排出。如灌服后 2～6 小时不排出胎衣,可再灌服 1 次。羊水可在分娩时收集,放在阴凉处,防止腐败变质。如用非本身的羊水,必须保证供羊水的母牛健康无病,尤其是没有结核病及传染性流产等传染病。

②促进胎儿胎盘与母体胎盘分离。在子宫内注入 5%～10%盐水 3 000 mL,可促使胎儿胎盘缩小,与母体胎盘分离;高渗盐水还有促进子宫收缩的作用。但注入后须注意使盐水尽可能完全排出。

③防止胎衣腐败及子宫感染,等待胎衣排出。对牛,可在子宫黏膜与胎衣之间放置粉剂土霉素或四环素 1～2 g,把药物装入胶囊或用水溶性薄膜纸包好置放于两个子宫角中,隔日 1 次,共用 2～3 次,效果良好。也可应用其他抗生素(氯霉素,青、链霉素)或磺胺类药物。子宫内治疗可同时肌肉注射催产素。如子宫颈口已缩小,可先注射雌激素,如己烯雌酚、雌二醇等,使子宫颈口松软开张,便于排出积液及放置药物。雌激素且能增强子宫收缩,促进子宫的血液循环,提高子宫的抵抗力;可每日或隔日注射 1 次,共用 2 或 3 次。

(2)手术疗法。即剥离胎衣。胎衣不下的病牛药物治疗无效时,可在子宫颈管尚未缩小到手不能通过以前(产后 2～3 天),进行剥离。剥离胎衣应注意的原则是,容易剥离就坚持剥,否则不可强行剥离,以免损伤子宫,引起感染;而且胎衣不能完全剥净时,其后果与不剥无异。体温升高的病畜,说明子宫已有炎症,不可进行剥离,以免炎症扩散,加重病情。对这样的病例可继续采用药物疗法。

①术前准备。母畜外阴部按常规消毒。术者将手臂消毒后,先擦 0.1%碘化酒精加以鞣化,使保护层不易脱落,然后涂油。术者手上如有伤口,不宜进行胎衣剥离,以免感染。操作时必须穿戴长塑料臂套、长统靴及橡皮围裙。为了避免胎衣粘附在手上,妨碍操作,可在子宫内灌入 10%盐水 500～1 000 mL。母畜努责强烈时,可在后海穴或荐尾间隙注射普鲁卡因。

②手术方法。对牛是用左手扯紧露出阴门外的胎衣,右手沿着它伸入子宫黏膜与胎膜之间,找到未分离的胎盘。剥离要有顺序,由近及远,逐个逐圈进行;先剥一个子宫角,再剥另一子宫角。辨别一个胎盘是否剥过(分离)的依据是,剥过的母体胎盘表面粗糙,与胎膜不相连;未剥过的则有胎膜盖着,因此表面光滑。

③术后处理。胎衣剥离完毕后,因子宫内可能尚存有胎盘碎片及腐败液体,必须用 0.1%高锰酸钾、0.1%新洁尔灭或其他刺激性小的消毒溶液冲洗,消除子宫中的感染源。冲洗方法是将粗橡胶管的一端插至子宫的前下部,管的外端接上漏斗,倒入冲洗液 2～4 L;待漏斗内的液体快流完时,迅速把漏斗放低,借虹吸作用使子宫内的液体自行排出;有时病畜强烈努责,也能自行将子宫内液体排出。这样反复冲洗 2 或 3 次,至流出的液体基本清亮为止。冲洗完后,子宫内要放置抗生素等药物,隔日 1 次,连用 3 次,防止子宫感染。手术剥离后数天内,要注意检查病畜有无子宫炎及全身情况。一旦发现变化,要及时全身应用抗生素治疗。胎衣不下的牛治愈后,配种可推迟 1～2 个发情周期,使子宫能有足够的时间恢复。

【预防】怀孕母畜要饲喂含钙及维生素丰富的饲料;舍饲牛要适当增加活动时间,产前 1 周减少精料;分娩后让母畜自己舔干仔畜身上的黏液,尽可能灌服羊水,并尽早让仔畜吮乳或挤乳。分娩后立即注射葡萄糖酸钙溶液或饮益母草及当归煎剂或水浸液,亦有防止胎衣不下的效用。如有条件,分娩后注射催产素 50 IU,可降低胎衣不下的发病率。

四、阴道或子宫脱出

阴道脱出为阴道壁的一部分(部分脱出)或全部(完全脱出)突出阴门之外;多见于怀孕末期,但产后也有发生。本病多发生于舍饲的牛及羊,其他家畜少见。子宫全部翻出于阴门之外,称为子宫脱出。牛脱出多见于分娩之后,有时则在产后数小时之内发生；产后超过一天发病者极为罕见。

【病因】怀孕母畜年老经产，衰弱、营养不良、缺乏钙磷等矿物质及运动不足，常引起全身组织紧张性降低；怀孕末期，胎盘分泌的雌激素较多，或摄食含雌激素较多的牧草，可使骨盆内固定阴道的组织及外阴松弛。在上述基础上，如同时伴有腹压持续增高的情况，例如胎儿过大、胎水过多、瘤胃膨胀、便秘、腹泻、产前截瘫、患严重软骨病卧地不起、或乳牛长期拴于前高后低的厩舍内，以及产后努责过强等，压迫松软的阴道壁，均可使其一部分或全部突出于阴门之外。牛患卵巢囊肿，因分泌雌激素较多，也常继发阴道脱出。若子宫弛缓无力；分娩时如阴道受到强烈刺激，产后强烈努责，腹压增高，便容易发生子宫脱出。单胎家畜怀双胎，因而子宫过度扩张、弛缓，产后如仍有努责，也可导致子宫脱。

【症状】

(1)阴道部分脱出主要发生在产前。病初仅当病畜卧下时，可见前庭及阴道下壁形成拳头大、粉红色瘤样物夹在阴门之间，或露出于阴门之外；母畜起立后，脱出部分能自行缩回。有的母畜每次怀孕末期均发生，称为习惯性阴道突出。阴道完全脱出发生在产前，常常是由于阴道部分脱出的病因未除，或由于脱出的阴道壁发炎、受到刺激，导致不断努责而引起的。产后发生者，脱出往往不完全，所以体积一般较产前脱出者小；在其末端有时看到子宫颈膣部肥厚的横皱襞，有时则看不到。脱出的阴道壁也较厚，阴道的脱出部分由于长期不能回缩，黏膜淤血，变为紫红色；黏膜发生水肿，严重时可与肌层分离；表面干裂，流出血水。因地面摩擦及粪尿污染，常使脱出的阴道黏膜破裂、发炎、糜烂或者坏死。严重时可继发全身感染，甚至死亡。冬季则易发生冻伤。根据阴道脱出的大小及损伤发炎的轻重，病畜有不同程度的努责。牛的产前完全脱出，常因阴道及子宫颈受到刺激，发生持续强烈的努责，可能引起直肠脱出、胎儿死亡及流产等。病畜精神沉郁，脉搏快而弱，食欲减少，常继发瘤胃臌胀。牛产后发生阴道脱出，须注意检查是否有卵巢囊肿。

(2)子宫脱出，通常仅限于孕角，空角同时突出的较少。症状明显，可见到有器官从阴门内突出来。牛突出的子宫都较大，有时还附有尚未脱离的胎衣。如胎衣已脱离，则可看到黏膜表面上有许多暗红色的子叶(母体胎盘)，并极易出血。有时脱出的子宫角分为大小不同的两个部分，大的为孕角，小的为空角，二者之间无胎盘的带状区为子宫角分岔处，每一角的末端都向内凹陷。脱出的子宫腔内可能有肠管，外部触诊及直肠检查可以摸到。脱出时间稍久，子宫黏膜即淤血，水肿，呈黑红色肉冻状，并发生干裂，有血水渗出；寒冷季节常因冻伤而发生坏死。牛在子宫脱出后不久，除有弓腰、不安，以及由于尿道受到压迫而排尿困难等现象外，一般不表现全身症状。但如延误治疗，脱出部分受到地面摩擦引起损伤，黏膜发生坏死，并继发腹膜炎、败血病等，即表现出全身症状。肠管进入脱出的子宫腔内时，往往有疝痛症状。肠管系膜、卵巢系膜及子宫阔韧带有时被扯破，其中的血管也被扯断，即引起大出血，很快出现结膜苍白、战栗、脉搏变快弱等急性贫血症状；穿刺子宫末端有血液流出。

【治疗】

(1)阴道脱出。

①阴道部分脱出。因病畜起立后能自行缩回，所以仅防止脱出部分继续增大、避免损伤及感染发炎即可。为此，可将病畜拴于前低后高的厩舍内，同时适当增加逍遥运动，减少卧下的时间；将尾拴于一侧，以免尾根刺激脱出的黏膜。给予易消化饲料；对便秘、腹泻及瘤胃弛缓等病，应及时治疗。

②阴道完全脱出。必须迅速整复，并加以固定，以防复发。

整复前先将病畜保定于前低后高的地方，不能站立的应将后肢垫高，小动物可提起后肢，以减少骨盆腔内的压力。努责强烈，妨碍整复时，应先在荐尾间隙或第一第二尾椎间隙行轻度硬膜外麻醉；也可将药物注射于后海穴。

用防腐消毒液(如0.1%高锰酸钾，0.05%～0.1%新洁尔灭等)将脱出的阴道充分洗净，除去坏死组织，伤口大时要进行缝合，并涂以消炎药剂。若黏膜水肿严重，可先用毛巾浸以2%明矾水进行冷敷，并适当压迫15～30分钟，亦可针刺水肿黏膜，挤压排液；涂以过氧化氢，可使水肿减轻，黏膜发皱。

整复时先用消毒纱布将脱出的阴道托起，在病畜不努责时，用手将脱出的阴道向阴门内推送；待全部推入阴门以后，再用拳头将阴道推回原位。最后在阴道腔内注入消毒药液，或在阴门两旁注入抗生素，以便消炎，减轻努责；热敷阴门也有抑制努责的作用。如果努责强烈，亦可在阴道内注入2%普鲁卡因10～20 mL。整复后，如病因未除，容易复发。为防止再次脱出，可采用压迫固定阴门、缝合阴门(或阴道)、在阴门两侧深部组织内注射酒精、尾间隙硬膜外麻醉、注射肌肉松弛剂等方法，其中以缝合阴门及阴道侧壁和臀部皮肤缝合的方法较为确实可靠。

(2)子宫脱出。子宫脱出，必须及早施行手术整复。脱出的时间愈长，整复愈困难，所受外界刺激愈严重，康复后的不孕率亦愈高。不能整复时，须进行子宫切除术。

①整复法。整复脱出的子宫时，往往难于将子宫角的尖端推入阴门之内；在有肠管进入子宫腔的病例，整复更加困难。因而整复之前必须检查子宫腔中有无肠管，如有，应将它先压回至腹腔。由于脱出的子宫体积很大，而且柔软光滑，难于掌握；再者在推送过程中母畜不断努责，甚至送入一部分后，由于努责而引起重新脱出，所以整复时助手要密切配合，掌握住子宫，并注意防止已送入的部分再脱出。

②脱出子宫切除术。如子宫脱出时间已久，无法送回，或者有严重的损伤及坏死，整复后如有引起全身感染，导致死亡的危险，可将脱出的子宫切除，以挽救母畜的生命。这一手术后，结果在牛一般是良好的。

五、子宫炎症

牛及其他家畜的子宫炎主要是子宫内膜的炎症，称子宫内膜炎。子宫肌炎、子宫浆膜炎，只有在产后急性子宫炎时才可能发生，但很少。牛常见子宫内膜炎，分急性和慢性。急性都发生于产后，在难产、子宫脱出、胎衣不下时感染病原菌后继发；慢性多数由急性转来，或经配种感染。慢性子宫内膜炎是母牛不孕的重要原因之一。

【病因】

(1)微生物感染。主要由自然环境中常有的非特异性细菌引起，其中有大肠杆菌、链球菌、葡萄球菌、棒状杆菌、变形杆菌和嗜血杆菌等。此外，某些特异性病原微生物如结核杆菌、布氏杆菌、沙门氏菌、胎儿弧菌、牛鼻气管炎病毒、牛腹泻病毒等均可引发此病。

(2)牛体和畜舍环境卫生不良。

(3)流产、分娩、配种、助产，剥离胎衣、整复子宫过程消毒不严、粗暴等。

(4)应激等不良因素。

【症状】多于产后5～8天发病。有发烧(39～41℃)、脉搏呼吸增数、精神不振、食欲不佳、反刍无力、泌乳量下降、塌腰弓背、努责排尿等全身症状。局部主要表现为大量炎性分泌物从阴道排出，依炎症性质不同分有浆液性、黏液性、化脓性和坏死性。分泌物颜色由污红色、棕黄色等，腥臭，含絮状物或胎衣碎片。阴道充血子宫颈开张；子宫角变粗下沉。

【治疗】

(1)产后子宫有自净作用。据报道，产后10～15天时90%～100%的奶牛会发生子宫感染，30～40天时感染率降到30%，60天时降到10%～20%。另报道有些正常分娩的母牛，也会发生子宫感染，但多数在产后第一、二次发情时被清除。对黑白花奶牛正常产犊后1～16天子宫内细菌数和子宫内分泌物pH值变化规律的研究发现：①细菌数在产后第1～2天最多，是子宫的最易感染期，第3天开始大幅度减少，子宫开始起净化作用，至第14天后子宫内细菌数已很少，基本上已经净化；②分泌物pH值在产后第1～12天都在7.0以上，呈弱碱性，很适合病原菌的生长，是易感染期，第13天pH值开始降至7.0以下，这与14天后子宫内细菌已很少，子宫基本上已净化相吻合；③子宫内细菌数变化有个体差异，细菌数下降快、数量少的，子宫净化也快。

(2)子宫冲洗和灌注。常用的冲洗药液有1%盐水、1%～2%小苏打、葡萄糖，0.5%来苏尔，0.01%～0.02%新洁尔灭，0.02%呋喃西林，0.1%高锰酸钾等。温度为40～42℃，有出血现象时，可用1%明矾，1%～3%鞣酸等冷溶液。灌注液可用卢格氏液、鱼石脂溶液、4%露它净等。

(3)中草药。如西安达瑞动物保健药品厂生产的益母生化散，治疗效果就很好。

六、卵巢囊肿

卵巢囊肿可分为卵泡囊肿和黄体囊肿2种。卵泡囊肿是由于卵泡上皮变性、卵泡壁结缔组织增生变厚、卵细胞死亡、卵泡液未被吸收或者增多而形成的。黄体囊肿是由未排卵的卵泡壁上皮细胞黄体化而形成的，因而又称为黄体化囊肿。在正常排卵之后，由于某些原因，黄体化不足，在黄体内形成空腔，腔内聚积液体而形成的一种异常状态称为囊肿黄体，它和以上两种囊肿在外形上有显著的不同，有一部分黄体组织突出于卵巢表面(牛)。囊肿黄体不一定是病理性的，因此卵巢囊肿通常是指卵泡囊肿和黄体化囊肿。卵巢囊肿常见于奶牛，多发生于第4～6胎产奶量最高期间，而且以卵泡囊肿居多，黄体化囊肿只占25%左右。卵泡囊肿的主要特征是无规律的频繁发情和持续发情，甚至出现慕雄狂；黄体化囊肿则长期不表现发情。

【病因】引起卵巢囊肿的原因，目前尚未完全研究清楚。用促黄体素及有关的制剂治疗囊肿，效果很好，可以说明囊肿和内分泌失调有关，即促黄体素分泌不足或促卵泡素分泌过多，使排卵机制和黄体的正常发育受到了扰乱。从实践来看，下列因素可能影响排卵机制。

(1)饲料中缺乏维生素A或含有多量的雌激素。饲喂精料过多而又缺乏运动，也容易发生卵泡囊肿，因此舍饲的高产奶牛多发，而且多见于泌乳盛期。

(2)垂体或其他激素腺体机能失调以及使用激素制剂不当，例如注射雌激素过多，可以造成囊肿。

(3)子宫内膜炎、胎衣不下及其他卵巢疾病可以引起卵巢炎，使排卵受到扰乱，因而也与囊肿的发生有关。

(4)在卵泡发育过程中，气温突然变化，乳牛在冬季比天暖时多发。

(5)在黑白花牛，本病与遗传有关。

【症状】患卵泡囊肿的母牛，发情表现反常，如发情周期变短，发情期延长，以至发展到严重阶段，持续表现强烈的发情行为，而成为慕雄狂。有的母牛则不发情,这种情况多见于产后 60 天内。母牛慕雄狂的症状是极度不安,大声哞叫、咆哮、拒食,频繁排泄粪尿;经常追逐和爬跨其他母牛;奶产量降低,有的乳汁带苦咸味,煮沸时发生凝固。由于病牛经常处于兴奋状态,过度消耗体力,而且食欲减退,所以往往身体瘦削,被毛失去光泽。慕雄狂的病畜性情凶恶,不听使唤,并且有时攻击人畜。患卵泡囊肿时间较长的病牛,特别是发展成为慕雄狂时,颈部肌肉逐渐发达增厚,状似公牛。荐坐韧带松弛,臀部肌肉塌陷,并且出现特征的尾根抬高,尾根与坐骨结节之间出现一个深的凹陷;阴唇肿胀、增大,阴门中常排出黏液。长期表现慕雄狂的病牛,发生骨骼严重脱钙,使它在反常爬跨期间可能发生骨盆或四股骨折。

【诊断】直肠检查可发现卵巢上有数个或一个壁紧张而有波动的囊泡,直径一般均超过 2 cm,大于正常卵泡,有的达到 5～7 cm,有时为许多小的囊肿。如囊肿的大小与正常卵泡相同,为了鉴别诊断,可隔 2～3 天(牛)再检查一次,正常卵泡届时均会消失。给牛进行多次直肠检查,可发现囊肿交替发生和萎缩,但不排卵,囊壁比正常卵泡厚;子宫角松软,不收缩。牛患卵泡囊肿时血浆孕酮的浓度低,患黄体化囊肿时则较高;在黄体化的过程中可能进一步提高,但仍然比正常母牛的低。患牛血浆雌激素浓度变化不定,可能与正常牛的相似或较高。血浆睾酮浓度与正常发情周期的相似。据报道,卵巢囊肿患牛的促黄体素浓度一般都比正常牛的高,而且与血浆睾酮浓度为负相关。

【治疗】对于舍饲的高产母牛,可以增加运动,减少挤奶量。

(1)激素疗法应用激素治疗卵巢囊肿,主要是直接促使囊肿黄体化。兹将效果比较可靠的几种疗法介绍于下。

①促黄体素(LH)制剂。常用于治疗卵巢囊肿的外源性促黄体素是人绒毛膜促性腺激素(hCG)和猪、羊垂体提取物(GTH)。hCG 用于牛的剂量是静脉注射 5 000 IU或肌肉注射 1 0 000 IU;GTH 为 100～200 IU。LH 制剂治疗卵巢囊肿的治愈率平均为 75%左右(65%～80%)。产生效应的病牛经常在治疗后 20～30 天之内出现发情周期循环;因而,除非病牛持续表现强烈的慕雄狂征候,在治疗后3～4 周之内一般不需要重复用药。hCG 也可用于腹腔或囊肿内注射,而且用量较小(1 000～2 000 IU),比较经济;但操作复杂,且有副作用,牛用后双胎或三胎的比率可高达 1/2,并可引起胎膜和胎儿水肿、肝和肾脏变性。LH 是蛋白质激素,给病畜重复注射可引起过敏反应;而且应用多次之后,由于产生抗体而疗效降低,使用时应当注意。

②促性腺激素释放激素(GnRH)类似物(现有的国产制剂有 LRH～A, LRH～A3 等)牛肌肉注射 0.5～1.0 mg。GnRH 用于卵巢囊肿效果显著,治疗后

产生效应的母牛大多数在18～23天发情。患牛的治愈率、从治疗至第一次发情的间隔时间及受胎率，和应用hCG的效果相似；而且重复应用发生过敏反应者极少，也不会降低疗效。GnRH还有预防作用，产后第12～14天给母牛注射GnRH可以制止卵巢囊肿的发生。

③孕酮牛每次肌肉注射50～100 mg，每日或隔日1次，连用2～7次，总量200～700 mg。实践证明，应用外源性孕酮治疗卵巢囊肿是有效的，可使60%～70%的病牛恢复周期循环；但它引起囊肿消退的机理尚未完全确定。根据作者的经验，注射孕酮2或3次以后，见效的母牛性兴奋及慕雄狂的症状消失，经过10～20天恢复正常发情，而且可以受孕。

④前列腺素$F_{2\alpha}$及其类似物$PGF_{2\alpha}$对卵巢囊肿无直接治疗作用，而是继GnRH之后应用可以提高效果，缩短从治疗至第一次发情的间隔时间。应用GnRH后的第9天注射$PGF_{2\alpha}$，病畜治疗后开始发情的时间可从18～23天缩短到平均12天左右。氟美松（地塞米松）牛肌肉注射10～20 mg，对多次应用其他激素治疗无效的病例可能收到效果。

（2）手术疗法包括挤破（牛）或穿刺囊肿及摘除囊肿。手术疗法容易引起卵巢及附近的组织损伤甚至粘连，影响以后的排卵受孕，而且也不能消除病因，现基本上已不用。

（3）电针疗法，据报道应用激光和电针治疗卵巢囊肿都有一定的疗效。

七、持久黄体

怀孕黄体或周期黄体超过正常时限而仍继续保持功能者，称为持久黄体。在组织结构和对机体的生理作用方面，持久黄体与怀孕黄体或周期黄体没有区别。持久黄体同样可以分泌孕酮，抑制卵泡发育，使发情周期停止循环，因而引起不育。此病多见于母牛，而且多数是继发于某些子宫疾病；原发性的持久黄体或其他家畜患此病的比较少见。

【病因】舍饲时，运动不足、饲料单纯、缺乏矿物质及维生素等，都可引起黄体滞留。持久黄体容易发生于产乳量高的母牛。冬季寒冷且饲料不足，常常发生持久黄体。此病也和子宫疾病有密切关系；子宫炎、子宫积脓及积水、胎儿死亡未被排出、产后子宫复旧不全、部分胎衣滞留及子宫肿瘤等，都会使黄体不能按时消退，而成为持久黄体。

【症状】持久黄体的主要特征是发情周期停止循环，母畜不发情。直肠检查可发现一侧（有时为两侧）卵巢增大。对牛来说，其表面有或大或小的突出黄体，可以感觉到它们的质地比卵巢实质硬。

【诊断】如果母畜超过了应当发情的时间而不发情，间隔一定时间(10～14天)，经过两次以上的检查，在卵巢的同一部位触到同样的黄体，即可诊断为持久黄体。为了和怀孕黄体区别，必须仔细触诊子宫。有持久黄体存在时，子宫可能没有变化；但有时松软下垂，稍为粗大，触诊没有收缩反应。

【治疗】

(1)常用药物治疗。

①前列腺素 $F_{2\alpha}$，牛肌肉注射 5～10 mg，或者按每千克体重 9 μg 计算用药。

②氟前列烯醇(Fluprostenol，ICI～81008，商品名 Equimate)，可用于牛，0.5～1 mg。

③垂体促性腺激素 200～400 IU。1 次肌肉注射，隔 2 日 1 次，连续 3 次。

④催产素。50 IU，1 次肌肉注射，隔日 1 次，共注射 2～3 次。

⑤雌二醇 4～10 mg，1 次肌肉注射。

(2)卵巢按摩法。即用手隔直肠按摩卵巢，使之充血，每日 1 次，每次 5 分钟，连续 2～3 次。

(3)黄体穿刺或挤破法。手深入直肠内，握住卵巢，使卵巢固定于大拇指于其余四指之间，轻轻挤破黄体。

(4)子宫治疗。伴发子宫炎症时，应肌肉注射雌二醇 4～10 mg，使子宫颈开张，再用土霉素 2 g 或金霉素 1～1.5 g，溶于蒸馏水 150 mL 内，1 次注入子宫内，每日或隔日 1 次，直到阴道分泌物清亮为止。

八、乳房炎

乳房炎泛指乳腺组织的各类型炎症。各种动物均可发生，但多见于奶牛、奶山羊及母猪。

【病因】

(1)厩舍卫生条件差，病原微生物可由乳头进入乳管，并上行到乳腺组织引起发炎。

(2)由于挤奶技术不当、挤压、碰撞等机械性因素，使乳房损伤，微生物感染而引起。

(3)挤奶不净或偶尔挤奶间隔太长，使乳汁滞留于乳房内，易发生乳房炎。

(4)胎衣不下、子宫炎、过食精料引起的瘤胃酸中毒等可继发乳房炎。某些传染病也常并发乳房炎，如布氏杆菌病、结核病、口蹄疫等。

【症状】根据炎症的过程，可分为以下 4 种：

(1)特急性乳房炎。也称坏疽性乳房炎，多发于母牛分娩后数日内，乳房组织形成大面积坏疽，导致败血症而引起严重的全身症状，常可导致死亡。病牛突然食欲不振或废绝，体温上升到 41℃以上，弓腰努背，起立困难，呼吸急促，脉搏加快，肌肉震颤，反刍停止，下痢脱水，乳房严重肿胀，在乳房皮肤上形成紫红色或苍白色的圆形变色部分。病变部位有凉感，其他部位出现发红热感和痛感，产乳量迅速减少，乳汁病初呈水样，以后呈血样或脓样，有强烈的腐败臭味。

(2)急性乳房炎。乳房患部有不同程度的充血、肿胀、温热和疼痛，乳房上淋巴结肿大，乳汁排出不通畅或困难，泌乳减少或停止。乳汁稀薄，严重时，伴有食欲减退、精神不振和体温升高等全身症状。

(3)慢性乳房炎。乳腺患部组织弹性降低，硬结，泌乳量减少，挤出的乳汁变稠并带黄色，有时内含乳凝块。多无全身症状，少数病例体温略高，食欲降低。有时由于结缔组织增生而变硬，致使泌乳能力丧失。

(4)非临床型乳房炎(隐性乳房炎)。乳房无炎症症状，乳汁无肉眼可见的异常。但产奶量受一定影响，乳中病原菌和白细胞、脓球增多。

【诊断】依据病例分析、乳房检查、乳汁眼观及实验室检查结果进行诊断。

【治疗】

(1)特急性乳房炎时，必须采取综合治疗措施：①清洁环境和牛体卫生，精心护理，预防褥疮；②对乳房实行冷敷；③进行抗生素药物治疗，一般可用青霉素 160 万 IU，生理盐水 40 mL，稀释后 1 次肌肉注射，每日 2 次，同时用复方氯化钠、生理盐水液、葡萄糖液、维生素类大量输液，以防止脱水和患败血症。

(2)急性乳房炎时必须全身用抗菌药物，常用以下药物静脉注射：红霉素400～600 万 IU，5%葡萄糖液 1 500 mL，1～2 次/天；或 10%磺胺嘧啶 300～500 mL，1 次/天。

(3)乳房灌注抗生素，先将患区乳汁挤净，用卡那霉素 150 万～200 万 IU；或 0.2%环丙沙星 100 mL 溶入青霉素 160 万～240 万 IU，患区乳房 1 次灌注，2～4 次/天。若乳汁中含絮状物或脓样物或血凝块较多时，宜用生理盐水或 0.1%新洁尔灭溶液冲洗后，再灌抗菌药物。

(4)封闭疗法常用于乳房炎急性期，多采取乳房基底封闭：为封闭前 1/4 乳区。可在乳房间沟侧方，沿腹壁向前、向对侧膝关节刺入 8～15 cm；为封闭后 1/4 乳区，可在距乳房中线与乳房基部后缘相距 2 cm 处刺入，沿腹壁向前，对着同侧腕关节进针 8～15 cm。每个乳叶的注射量为 0.25%～0.5%普鲁卡因 40～50 mL。

(5)在治疗期间用葡萄糖酸钙或氯化钙加入液体中静注，有良好的辅助作用。乳房炎症急性期后，方可热敷，常用 20%硫酸铜溶液，同时可按摩乳房。

九、乳房水肿

【病因】大多由于妊娠后期供应子宫的大量血液急剧地流入乳房，或初期乳静脉血压上升，静脉及淋巴系统不能做出相应的调节，则从血管内渗出的液体成分大量的蓄积于皮下，就会发生乳房浮肿。

【症状】一般无全身症状，大多数发生于高产牛，从分娩前1个月到接近分娩期间突然出现乳房浮肿，特殊地增大，随着病情发展继发起立困难。由于乳房和乳头极易受损伤，所以有时能引起乳房炎。从乳头基部和乳池的周围浮肿波及乳房全部，皮肤紧张带有光泽、无痛，按压乳房出现凹陷的状态，浮肿的乳头变得粗而短，使挤奶发生困难。除此之外，还有发生乳房中隔浮肿的。多数病牛从分娩前就表现食欲不振，到分娩后7天左右期间，乳房膨胀，急剧下垂，浆液集中积于中隔时，致使后肢张开站立，母牛运动困难，易遭受外界损伤，并发乳房炎后，病状显著恶化。乳房水肿病程长时，水肿部由于结缔组织增生而变硬实，逐渐蔓延到乳腺小叶间结缔组织间质中，使后者增厚，引起腺体萎缩，如整个乳房肿大而硬结时，产奶量显著降低。

【防治】为了促使乳房血液循环，促进水肿消退，从分娩几日后就要开始让牛适当运动。同时适当减少精料及多汁饲料，控制饮水量，增加挤奶次数，每次挤奶时用温水(50～60℃)热敷，反复按摩乳房，奶要挤净。病程较长而严重的水肿，应停喂多汁饲料，每次挤奶按摩时间不少于20～30分钟。

对治疗本病比较有效的方法，是给予利尿剂，本剂给予时间，对乳房水肿的消退有很大的影响，在分娩后48小时以内，应尽量在分娩后早期开始给药。可给予双氢克尿塞、速尿等药物。初次投药时，可并用肾上腺皮质激素，可很快促进浮肿消退，但给予利尿剂可丧失体内水分，所以，要注意及时观察脱水症状。另外，对于中隔水肿的病牛，对中隔的病灶可进行穿刺，或切开以排出渗出液，用浸透0.1%新洁尔灭或呋喃西林的纱布条引流，促使水肿早日消退。为防止细菌感染，要注意消毒处理伤口，肌肉注射青霉素200万IU，每日2次。

十、乳池狭窄及闭锁

在奶牛比较多见，常发生在一个乳头池的基底部。

【病因】①由慢性乳房炎或乳池黏膜的局限性炎症所造成；②由粗暴的挤奶或乳头挫伤所造成；③炎症和外伤引起乳头基底部及其附近结缔组织增生(肥厚、肉芽肿)、疤痕，以及黏膜的乳头状瘤，纤维瘤等，均可造成本病；④罕见于先天性乳池狭窄及闭锁。

【症状与诊断】

(1)整个(乳头)乳池狭窄时，其壁变厚，其腔缩小，乳头变硬，乳池中无乳。

(2)局部狭窄时，患叶常常充满乳汁，奶虽能挤出，但乳池再度充满十分缓慢。

(3)触诊乳池壁有环形、不能移动的增厚部分，导乳管插入受阻，有时可摸到肿瘤或瘢痕组织硬块。

(4)乳池完全闭锁时，乳房中充满乳汁，而乳池却空虚无乳。

【治疗】

(1)挤奶时用通奶针穿通狭窄或闭锁部，向外导奶。导完奶后.将涂有抗菌软膏的塑料管穿入并存留，在下次挤奶前抽出。

(2)用带螺纹的铁丝插入乳头管磨挫增生物。

(3)液氮冷冻。将粗细不同的几个通奶针各用线拴住末端，然后浸入液氮罐内2～3分钟，先提出细通奶针，戴上手套捏住拴线的一端。迅速插入乳池管内，并停留1分钟，随后抽出换插下一个。插入的通奶针由细到粗，反复进行多次，最后向乳池内灌入青霉素和普鲁卡因液。若一次冷冻效果不满意，隔2～3天可重复冷冻。如果采用以上方法仍无效果时，则应放弃该乳区的挤奶，使其自行干奶，其他乳区可代偿产奶。

第五节 肢 蹄 病

一、蹄变形

由于各种不良因素的作用，致使牛蹄角质异常生长，蹄外形发生改变而不同于正常牛的蹄形称为蹄变形，也叫变形蹄。本病黄牛、奶牛都有发生。

【病因】引起蹄变形的因素很多，但主要原因是：①饲养不当，日粮配合不平衡；②管理不当，未定期修蹄，或只对严重变形蹄修正而未全群修正，致使角质过度生长；③遗传因素。

【症状】从生产实际出发，为便于蹄的治疗将其归类，分为长蹄、宽蹄和翻卷蹄。长蹄即延蹄，指蹄的两侧支超过了正常蹄支长度，蹄角质向前过度伸延，外观呈长形。宽蹄指蹄的两侧支长度和宽度都超过了正常蹄支的范围，外观大而宽，故俗称为“大脚板”。此类蹄角质部较薄，蹄踵部较低，在驻立和运步中，蹄前缘负重不实，向上稍翘，返回不易。翻卷蹄多见于后蹄的外侧支。从正面看，翻卷蹄支变得窄小，呈翻卷状，蹄尖细长而向上翻卷；从蹄底面看，蹄底磨灭不正，翻卷支的蹄背部弯曲变成蹄底，靠蹄间沟处的角质增厚，蹄底负重不均病牛弓背，运步呈拖曳式。

【治疗】药物治疗多无满意结果，只能采取修蹄治疗。将牛确实保定后，术者站立于所要修蹄的外侧，根据蹄变形的不同，采取不同修整方法。对长蹄用蹄刀或蹄钳，将蹄角质过长部分剪去，对蹄底修平，使其形状、蹄机改善。对宽蹄是将过宽的角质部分除去，对蹄底稍加修整，使其内外侧指(趾)等长、等高。对翻卷蹄用蹄钳剪去过长角质，将翻卷侧蹄底内侧缘增厚的角质修去。

为了使修蹄合理，修蹄后蹄肢生理功能及时得以恢复，修蹄时应注意以下几点。

(1)修蹄前，做好蹄部检查，判断蹄形标准是正常牛前蹄长为7.5～8.5 cm，后蹄趾长为8～9 cm，蹄底厚度为5～7 cm。

(2)无论修何种变形蹄，都应以蹄形具体情况以决定修去角质程度。当趾长度正常，蹄底稍加修正即可。蹄底不能削得太薄，否则易伤及知觉部；变形严重者，修蹄应倍加小心，防止过削出血。

(3)为了保证蹄的稳定性及其正常功能，要注意蹄底的倾斜度。蹄底应向轴侧倾斜，即轴侧较为凹陷，在趾的后半部，越靠近趾间隙，倾斜度也应越大。

(4)对角质发生病灶时，应除去蹄底、球部和蹄壁的松脱角质，将趾后方削低。创内真皮因刺激增生，如果突出明显而基部狭小，应以蹄刀将增生的肉芽组织整个切除。

(5)对肢行病牛，应先修患蹄，再修健蹄。由于一肢肢行，健肢必然过度负重，此时，应置病牛于干净、松软地面的良好环境，加速病愈过程，肢行减轻后，应尽快给健肢修蹄。当经修蹄后数日肢行仍未明显好转时，应对有关趾再进行详细检查。

(6)修蹄应在反浆后雨季来临前。过早修蹄，蹄角质坚硬难修；过晚修蹄天热雨多，不易护理，易感染。

(7)经修整处治的病牛，应置于清洁、干燥的圈舍内，保证蹄部清洁，防止感染。

【预防】关键在于加强饲养和坚持牛蹄卫生保健。日粮应按牛营养需要合理供应，对奶牛，严防为追产量而片面增加精料，保证粗饲料特别是干草喂量。对耕牛，应注意精饲料饲喂量，不能只喂干草不喂料。除此，而应注意矿物质、维生素的补充。加强圈舍卫生，粪便及时清扫，污物要清除，圈舍要干燥。建立定期修蹄制度，及时修正变形蹄，防止变形加重。经常保持蹄卫生，用4%硫酸铜液喷洒浴蹄，每4～5天浴蹄1次，长期坚持。加强育种，培育健牛群。选种时，应选择肢蹄健壮、蹄形正常公牛配种，对有明显蹄变形的公牛后裔不留种用。蹄变形公牛严重者，配种时少用或淘汰。

二、腐蹄病

腐蹄病又称传染性蹄皮炎、指(趾)间蜂窝织炎。为趾间皮肤及其深部组织的急性和亚急性炎症。

【病因】真正病因尚不清楚。分析病因是多样的。通常认为有以下几点:牛体营养不良,体质弱,日粮中矿物质钙、磷不平衡、蹄角质疏松;牛舍阴暗潮湿,运动场泥泞,粪便不及时清除,长时间蹄被粪、尿、泥水浸渍、牛蹄软化;运动场不平坦,病原微生物侵入感染。

【症状】病初病畜表现出频频提举病肢,或频频的用患蹄敲打地面,站立时间较短,行走有痛感、肢行。体温升高至 40～41℃,食欲减退,喜卧而不愿站立。当深部组织臆、趾间韧带、冠关节及蹄关节受到感染时,肢行加重,食欲减退或废绝,消瘦明显,产奶量骤减,生产能力丧失,蹄壳脱落或腐烂变形。

【治疗】其原则是消炎、止痛、防止败血。蹄部消毒与修正。将牛固定在柱栏内,用绳将患肢吊起并固定,用 2%煤焦油皂溶液或 4%硫酸铜液洗净患蹄。对患蹄修正,如有坏死腐烂组织用蹄刀彻底除去,如发现蹄底深度化脓,用小刀扩创,使化脓性分泌物排出,创内可撒布硫酸铜粉、高锰酸钾粉或松馏油棉球填塞,装蹄绷带后,将病牛置于干燥圈舍内饲喂。当病牛体温升高,全身症状严重时,可应用磺胺药和抗生素治疗。磺胺二甲基嘧啶,按 0.12 g/kg 体重,1 次静脉注射或磺胺嘧啶按 50～70 mg/kg 体重,静脉或肌肉注射,每天 2 次,连注 3 天。金霉素或四环素按 0.01 g/kg 体重,1 次静脉注射。为了解除酸中毒,防止败血,可用 5%葡萄糖生理盐水 1 000～1 500 mL、5%碳酸氢钠液 500～800 mL、25%葡萄糖液 500 mL、维生素 C 5 g,1 次静脉注射,每天 1 次或 2 次。

【预防】加强饲养管理,减少蹄部的损伤。搞好环境消毒卫生,创造干净、干燥的环境条件,保护牛蹄健康。运动场平整,异物和粪便及时清除。当畜群中发生感染时,应将病畜从畜群内隔离,以控制感染。在厩舍门口可放干的防腐剂或药液,如 2%～4%硫酸铜溶液;硫磺石灰 1∶15 药浴;潮解的石灰或 5 份硫酸铜和 100 份生石灰相混,令牛从中经过。饲料中添加二氢碘化乙二胺和尿素或硫酸锌饲喂,对腐蹄病有预防作用。

三、蹄糜烂

蹄糜烂指蹄底和球负面角质的糜烂。本病以乳牛多发。

【病因】牛舍阴暗潮湿,运动场泥泞,粪便未及时清除,致使圈舍、运动场内污物堆积,牛蹄长期于污水、粪尿浸渍,角质变软,细菌感染;蹄形不正,蹄底负重不均;指间皮炎、球部糜烂、牛患热性病时诱发本病;管理不当,未定期进行修蹄,无完善的护蹄措施。

【症状】本病常呈慢性过程,无异常现象出现。当深部组织感染化脓,出现肢行。检查蹄底或修蹄时,见蹄底磨灭不正,蹄底或球部出现小的黑色小洞,有许多小洞可融合为一个大洞或沟,蹄底常形成潜道,管道内充满污灰色、污黑色或黑色液体,具腐臭难闻气味。炎症蔓延到蹄冠、球节时,关节肿胀,皮肤增厚,失去弹性,疼痛明显。化脓后,关节破溃,流出乳酪样脓汁。病牛全身症状严重,体温升高,食欲减退,乳产量下降,消瘦,运步呈"三脚跳"。

【诊断】根据蹄部检查其蹄底角质糜烂,肤黑色小洞内流出黑色腐臭服汁,即可确定。

【治疗】单纯性蹄糜烂,先将患蹄清理干净,修理平正,去除糜烂角质,直到将黑色腐臭腋汁放出。用10%硫酸铜溶液彻底洗净创口,创内涂10%碘酊,填塞松馏泊棉球,或放入硫酸铜粉、高锰酸钾粉,装蹄绷带。深部组织感染化脓,并伴有体温升高、食欲废绝时,可用磺胺、抗生素治疗。10%磺胺噻唑钠100~200 mL,1次静脉注射,每天1次,连注7天;硫胺二甲基嘧啶,按0.12 g/kg体重,1次静脉注射;金霉素或四环素,按0.01 g/kg体重,静脉注射;35%碳酸氢钠液500~1 000 mL、25%葡萄糖液500 mL、5%葡萄糖生理盐水1 000 mL,1次静脉注射。关节发炎者,可应用巴布剂、酒精鱼石脂绷带包扎。

【预防】加强管理,注意环境卫生。粪便及时处理,运动场内石块、异物及时清除,减少蹄部外伤和细菌感染;定期修蹄,保护蹄形,防止变形蹄发生;4%硫酸铜浴蹄,5~7天1次,长期坚持,以抑制蹄部化脓性微生物的繁殖、侵入,促进蹄角质硬度增加;已发病牛只,积极采取对症治疗,加强护理,促进尽早痊愈。

四、指(趾)间赘生

指(趾)间赘生又称指(趾)间增生、指(趾)间皮肤增殖,为指(趾)间皮肤组织的慢性增殖性疾病。

【病因】蹄趾向外过度开张,引起趾间皮肤过度伸展与紧张;圈舍阴暗潮湿,运动场污秽、泥泞,粪便不及时清除;微量元素的缺乏或比例失调等,都为趾间皮肤增生性炎发生的重要条件。

【症状】初期,指(趾)间隙背侧穹隆部皮肤发红、肿胀,有一小的舌状突起,此时无跛行出现。随病程发展,增生物不断增大,有些病例组织增生完全填满趾间隙,外观呈持久性跛行。增生物由于受压迫坏死、损伤,表面破溃,经坏死杆菌、霉菌等感染,可见破溃面上有渗出物流出、恶臭,或成干痂覆盖于破溃面。

【诊断】根据指(趾)增生物即可确诊。

【治疗】

(1)药物治疗用0.1%高锰酸钾液或2%来苏尔彻底清洗患蹄,增生部可撒布硫酸铜粉、高锰酸钾粉等,装蹄绷带,48～72 小时后换药物 1 次,直到增生物消除。

(2)手术切除法将牛横卧或柱栏内保定,局部(掌蹄部)用 2%～3%奴夫卡因麻醉,用绳套或徒手将两指(趾)分开,充分暴露增生物,用钳夹住增生物,沿其基部做梭形切口,切开皮肤及结缔组织直到脂肪显露为止,创内撒布抗生素,创缘用线做 2 或 3 针结节缝合,外涂以松馏油,用绷带包扎,隔 3～4 天更换绷带 1 次,2 周后拆除绷带。

【预防】加强管理,保持局部干燥。对牛床、运动场应及时清扫、保持卫生,减少牛蹄部感染机会。坚持硫酸铜溶液浴蹄;定期修蹄,防止蹄变形发生。

五、蹄叶炎

蹄叶炎为蹄真皮与角小叶的弥漫性、非化脓性的渗出性炎症。

【病因】饲料中精饲料喂量过多,粗饲料不足或缺乏;奶牛分娩时后肢的水肿使蹄真皮的抵抗力降低;持续而不合理的过度负重;甲状腺机能减退;对某些药物如抗蠕虫剂、雌激素及含雌激素高的牧草的变态反应;胎衣不下、乳房炎、子宫炎、酮病、妊娠毒血症等,都可能是本病发生的因素。

【症状】

(1)急性病例。体温升高达 40～41℃,呼吸 40 次/分以上,心动亢进,脉搏 100 次/分以上。食欲减退,出汗,肌肉震颤,蹄且冠部肿胀,蹄壁叩诊有疼痛。

(2)慢性病例。全身症状轻微,患蹄变形,见患指(趾)前缘弯曲,趾间弯曲;蹄轮向后下方延伸且彼此分离;蹄踵高而蹄冠部倾斜度变小;蹄壁伸长;系部和球节下沉,弓背,全身僵直步态强拘、消瘦。

【诊断】急性应根据病史、典型症状如肢行、弓背、步态强拘、蹄温增高与疼痛,可以对病性确诊。慢性者除病史、肢行、蹄部压痛诊断外,可用 X 光检查。

【治疗】在治疗时,首先应分清原发性和继发性。原发性多因精饲料喂量过高所致,故应改变日粮结构,减少精料,增加干草。对病畜应加强护理,置于清洁、干燥软地上饲喂,充分休息,促使蹄内血液循环的恢复。为使扩张的血管收缩,减少渗出,可采用蹄部冷浴,0.25%普鲁卡因 1 000 mL 静脉注射封闭。为缓解疼痛,可用 1%普鲁卡因 20～30 mL 行指(趾)神经封闭,也可用乙酰普鲁吗嗪。或采用放血疗法,成年牛泻血 1 000～2 000 mL。放血后可静脉注射 5%～7%碳酸氢钠 500～1 000 mL、5%～10%葡萄糖液 500～1 000 mL。也可用 10%水杨酸钠 100 mL、

20%葡萄糖酸钙液 500 mL,分别静脉注射。对慢性病例,加强饲养,供给易消化饲料,并辅以对症治疗,以促机体营养和体质恢复。保护蹄角质,合理修蹄,促进蹄形和蹄机能的恢复。

【预防】加强饲养管理,严格控制精料喂量,保证粗纤维供给量。为防止瘤胃酸度增高,可投服碳酸氢钠(以精料的 1%为宜)、0.8%氧化镁(按干物质计)等缓冲物质。建立健全蹄卫生保健制度。定期修蹄,减少蹄壁受压,保持或维护蹄正常机能。合理使役,防止或减少蹄受到机械性刺激而发生蹄外伤。及时治疗子宫炎、乳房炎和胎衣停滞等原发疾病,防止继发性蹄叶炎的发生。

六、关节炎

关节炎即滑膜炎。为关节滑膜层的炎症。

【病因】主要由损伤和血源性转移而引起。

【症状】

(1)共同症状。急性者,关节肿大,局部增温、疼痛,驻立时减负体重,肢呈屈曲状态;慢性时炎症减轻,肢行甚轻或无,关节积液;化脓性炎时,肿胀严重,不敢负重。

(2)特征症状。

①膝关节炎。疼痛剧烈,母牛肢行,公牛拒绝配种。关节液增多,关节肿大或仅在关节囊的前方有膨大现象,运动可听到摩擦音。

②跗关节炎。关节液增多,肢行较轻,触诊前方及跟腱两旁内、外侧,可感到关节囊内积液,触摸能感到互相流动。

③腕关节炎。牛的单纯性腕关节炎临床较为少见。腕关节分为 3 部分,以挠腕关节活动度大,较易患病,病肢在弛缓时波动明显。

④系关节炎。随着系关节炎症的加剧,渗出液增多,关节变大而出现不同程度的跛行。如果发生很突然,此时应考虑是否指骨骨折。

【诊断】根据发病调查、临床表现即可诊断。必要时可做穿刺检查。

【治疗】其原则是促进炎症消散,减轻疼痛,防止感染。

(1)急性。用温敷、封闭、裹压迫绷带、安静。局部用 2%普鲁卡因液做环状注射,外涂布安得列斯以消除炎症,外加压迫绷带,阻止渗出。如关节囊内渗出物过多时,可在无菌操作下,抽出关节液,再向内注入 0.5%奴夫卡因青霉素液;醋酸氢化可的松 50～250 mg,青霉素 20 万 IU,隔 4～7 天再注射 1 次,每次注射后关节装绷带;或用醋酸强的松龙 15～50 mg、氢化泼尼松 10 mg,关节腔内注射。

(2)慢性可用酒精鱼石脂绷带、石蜡疗法、烧烙疗法及火针治疗。

(3)化脓性局部可行关节穿刺排脓,用生理盐水,或0.1%新洁尔灭液,或2%氯亚明液,或3%~5%石炭酸液反复冲洗关节腔,并注入抗生素,每天1次。治疗效果不显著者,可切开关节囊,进行外科处理。全身治疗可用磺胺药、抗生素(四环素、金霉素)静脉注射。

【预防】加强兽医防疫、消毒制度,防止疫病的发生、蔓延。对已发生感染性疾病的病牛,应加强治疗,防止病原菌的侵入与转移。对牛要加强护理,提供好的饲养环境,坚持合理使役制度,尽量减少各种不良因素对关节的损伤,保证牛体健康。

第六节　中毒性疾病

一、黄曲霉毒素中毒

黄曲霉毒素中毒是人、畜共患并具有严重危害性的真菌毒素中毒性疾病。主要侵害肝脏,导致内出血、消化机能障碍和神经症状为特征,具有致癌作用。患牛多呈慢性经过。

【病原】其病原为黄曲霉毒素。黄曲霉毒素目前已发现有20种之多,其中以黄曲霉毒素B1,B2,G1和G2毒力最强,尤其是黄曲霉毒素B1更强。黄曲霉毒素是由黄曲霉和寄生曲霉等产生的真菌毒素。本病发生原因多半是牛采食或饲喂了被上述产毒真菌污染的玉米、花生及花生饼、豆类、麦类及其加工副产品。黄曲霉和寄生曲霉等广泛存在于自然界,如土壤、空气、各种谷物及其副产品等。当多雨季节,温度在24~30℃,湿度又较适宜时,若收割、脱粒和贮藏谷物各环节处理不当更易被其污染并产生大量毒素,致使牛发生中毒机会也势必增多。

【症状】犊牛发病后生长发育缓慢,营养不良,被毛粗刚、逆立多无光泽,鼻镜干裂。病初食欲不振,后期废绝,反刍停止。耳尖颤搐,磨牙,呻吟,有腹痛表现,无目的地徘徊、不安,角膜混浊,出现一侧或两侧眼睛失明。伴发中度间歇性腹泻,排泄混有血液凝块的黏液样软便。成年牛的症状远较犊牛为轻。乳牛除泌乳性能降低或停止外,妊娠母牛间或发生早产或流产,个别病牛还出现神经症状,如惊恐、转圈运动等。

【诊断】从病史调查入手,并对现场饲料样品进行检查,结合临床症状和病理变化等情况,综合性分析,可做出初步诊断。为了确定致病性真菌,必须对饲料样品做真菌培养、分离和鉴定产毒真菌,连同对饲料样品中毒素检验。

【治疗】当发生中毒时,就应立即停止饲喂霉败饲料,改饲碳水化合物多的青饲和高蛋白饲料,并减少或不喂含脂肪过多的饲料。通常只要加强护理,对轻型病牛可较快恢复;对重型病牛,除及时投服盐类泻剂排毒外,还要应用一般解毒、保肝和止血药物,如应用25%～30%葡萄糖注射液,加维生素C制剂,或应用20%葡萄糖酸钙注射液500～1 000 mL,1次静脉注射。为了控制继发性感染,酌情应用青、链霉素等抗生素,但切忌用磺胺类药物。

【预防】本病主要在于预防。预防关键又在于做好饲料的防霉和有毒饲料的去毒两个环节性工作。防霉和去毒又应以防霉为主。饲料防霉的根本措施是破坏霉败的因素,如温度和相对湿度等。为了防止谷类饲料在贮藏过程中霉变,可试用化学熏蒸法,熏蒸剂可应用福尔马林、环氧乙烷、过氧乙酸、二氯乙烷和溴甲烷等多种。

二、奶牛亚硝酸盐中毒

硝酸盐和亚硝酸盐中毒是由于采食富有硝酸盐的饲草与饲料引起,在临床上以可视黏膜发绀,呼吸困难等急性贫血性缺氧为主征的中毒性疾病。本病多发生于梅雨期和秋季季节,即在每年4～6月份和10～12月份,以及翌年1月份有集中发病的趋势。

【病因】主要是由于饲喂或采食富含硝酸盐的草料,使饲草和饲料中富含硝酸盐的决定性条件有:①在肥沃的或施用家畜粪尿以及氮肥的土地上生长的饲草和饲料,如禾本科作物处于生长早期阶段;②日照不足(阴雨天)以及铁、铜、钼、磷、硫、锰等元素缺乏时,由于生长在这类土地上的植物进行光合作用受到影响,使植物中硝酸盐不能转化为氨基酸,使硝酸盐蓄积量增多;③施用除莠剂(2～4天)过后,使植物中硝酸盐含量相应地增加;④饲料搭配不当,尤其是缺乏碳水化合物的足够比例时,则易使硝酸盐变为亚硝酸盐。

【症状】连续多日给予奶牛含大量硝酸盐的饲料时,该牛发病特急,但其症状与采食量和牛体健康程度不同而有差异。病初表现精神沉郁、反刍停止、食欲废绝、乳房和乳头逐渐变为白色,流涎、咬牙、下痢、体温正常或降低。继而眼、唇、舌、外阴部等黏膜发绀、心音亢进、呼吸急促、呕吐、腹痛、腹泻、步态蹒跚、抽搐等。而且心脏衰弱和呼吸困难的症状更为突出,病牛卧地不久,经1～2小时即死亡。血液呈巧克力色,凝固不良。

【诊断】应依据临床的黏膜发绀,呼吸高度困难,血液呈巧克力色等主要症状,病牛发病突然,发生的群体性,饲料调制失衡等,可做出初步诊断。也可通过在现场做变性血红蛋白检查和亚硝酸盐简易检验进行确诊。

【治疗】药物治疗多用氧化还原剂——美蓝(亚甲蓝)制剂,应用生理盐水或5%葡萄糖溶液制成4%美蓝注射液,按9 mg/kg体重,静脉注射。除应用美蓝制剂(特效解毒药之一)外,尚有甲苯胺蓝制剂、维生素 C 制剂。此外,还可进行对症疗法,如尼克刹米、樟脑油等药物,酌情分别用于兴奋呼吸中枢和强心等治疗目的。

【预防】预防关键是清除所有的含硝酸盐成分的饲草和饲料,以及有效地制止硝酸盐转化为亚硝酸盐过程等。①在种植饲草或饲料的土地上,限制施用家畜的粪尿和氮肥,以减少其中硝酸盐含量;②对含有硝酸盐饲草和饲料,在饲喂量上要严格控制,或只饲喂硝酸盐含量低的作物,或谷实部分,或与无硝酸盐饲草和饲料混饲;③饲喂富含碳水化合物成分的饲料,并添加碘盐和维生素 A、维生素 D 制剂;④应用四环素饲料添加剂(30～40 mg/kg 体重),或金霉素饲料添加剂(22 mg/kg 体重),可在 2 周内有效地控制硝酸盐转化成亚硝酸盐的速度。

三、酒糟中毒

酒糟是酿酒工业的副产品。由于酒糟具有质地柔软,气味酒香、可口,适口性极好,为养牛业最好的饲料来源。往往因饲喂不当,长期饲喂或突然大量饲喂,常会引起牛食后中毒现象。

【病因】中毒发生的主要原因是饲喂不当、日粮不平衡所致。常见于饲料单纯、品种少、质量低劣,日粮中只能用酒糟代替其他饲料,造成长期过量饲喂。

【症状】

(1)急性中毒。病牛食欲废绝,心搏增快,脉搏微细,腹泻或排出恶臭黏性粪便,脱水,眼窝凹陷,兴奋不安,共济失调,步态不稳,四肢无力,卧地不起。

(2)慢性中毒。病牛呈现出顽固性的前胃弛缓,食欲不振,瘤胃蠕动微弱,由于酸性产物在体内的蓄积,致使矿物质吸收紊乱而导致缺钙现象,母牛屡配不孕、流产和骨质疏松,腹泻,消瘦。后肢系部皮肤肿胀、潮红,形成疱疹。水泡破裂出现溃疡面,上覆痂皮。患部经细菌感染,引起化脓或坏死,疼痛,跛行,或卧地不起。

【诊断】根据有饲喂酒糟的病史、类似酸中毒脱水、腹泻、共济失调的症状表现,剖检有广泛性的胃肠道出血,可以初步诊断。还可以用相同酒糟饲喂,以观察试验动物发病情况而确诊。

【治疗】首先应停喂酒糟,给予优质干草。药物治疗的原则是补充体液,缓解脱水;补碱以缓解酸中毒。

(1)碳酸氢钠 100～150 g,加水适量 1 次灌服。也可用 1%碳酸氢钠溶液冲洗口腔或灌肠。

(2)5%葡萄糖生理盐水 1 500～3 000 mL、25%葡萄糖溶液 500 mL、5%碳酸氢钠液 500～1 000 mL,1 次静脉注射。当患畜脱水有所好转,可用 10%葡萄糖酸钙液 500～1 000 mL、20%葡萄糖溶液 500 mL,1 次静脉注射。

(3)甘露醇或山梨醇注射液 300～500 mL,1 次静脉注射。可起到镇静作用。

(4)对症治疗应视机体表现进行,可用抗生素、强心、维生素治疗。

【预防】酒糟应喂新鲜的,不能贮放过久;贮存时应摊开,要注意保管,防止霉败变质。日粮要平衡,严格控制酒糟喂量,每天喂量以 5～10 kg 为宜,并应保证有足够的优质干草的进食量。随时检查酒糟的质量,观察其有无发霉变质,轻微酸败,可加入石灰水、碳酸氢钠中和后再喂,已经发生严重霉败酒糟,应坚决废弃,严禁饲喂。为了防止酸性物质对钙的吸收影响,饲料中应补充磷酸三钙、碳酸氢钠等物质。

四、棉籽饼中毒

棉籽饼中毒是指长期饲喂大量的棉籽饼,有毒的棉酚在体内特别是在肝中蓄积,所引起的一种慢性中毒性疾病。其临床特征是消化紊乱、肝炎、胃肠炎和酸中毒。

【病因】引起棉籽饼中毒的原因是:①对犊牛,长期饲喂而未经加工调制的棉籽饼,棉酚在体内蓄积;②对成年牛,日粮不全、蛋白质水平低,维生素 A 缺乏或不足及长期大量饲喂而造成。

【症状】

(1)急性中毒。病牛食欲废绝,反刍停止,瘤胃弛缓或瘤胃积食,呻吟,心跳增速至 100 次/分,心音微弱,黏膜发绀,初便秘,后腹泻,有的呈兴奋不安,运动失去平衡,全身肌肉发抖,脱水,眼凹陷,经 2～3 天,死亡率达 30%左右。

(2)慢性中毒。消化紊乱,食欲减少,尿频,消瘦,夜盲症,尿石症,有的继发呼吸道炎及慢性增生性肝炎,呼吸急促,贫血,黄疸,妊娠母牛流产。公牛经常举尾,频频做排尿姿势,尿淋漓或尿闭,尿液混浊呈红色。

(3)犊牛中毒。食欲和消化紊乱,胃肠炎,腹泻,呈佝偻病症状,也有发生夜盲症、尿石症和黄疸。

【诊断】根据病史、饲料调查、临床症状等综合分析可以确诊。具体分析内容是病畜突然发病,其实质是长期蓄积中毒的突然发作;饲喂中有长期饲喂或 1 次大量饲喂的过程;棉籽饼未经任何加工处理;日粮配合不平衡,饲料单纯,品质低劣,蛋白质、矿物质和维生素的不足或缺乏;典型症状是消化紊乱、腹泻、脱水及酸中毒。

【治疗】棉籽饼中毒后尚无特效方法,主要是对症治疗。

(1)5%葡萄糖生理盐水或复方氯化钠溶液 5 000～10 000 mL,分 2～3 次静脉注射。每次可加入 5%碳酸氢钠溶液 500 mL 或 11.2%乳酸钠溶液 200～400 mL,

静脉注射。

(2)洗胃。用常水、生理盐水注入瘤胃后,再将其由胃内导出。

(3)投服泻剂,硫酸镁 500～1 000 g,加水配成 10%溶液,1 次灌服;0.1%高锰酸钾溶液 1 000～2 000 mL,1 次灌服。

【预防】

(1)棉籽饼应经去毒处理后再喂。经加热、浸泡处理。浸泡液可用 1.5%绿矾,浸泡 3～4 小时;在 2%石灰水、1%氢氧化钠、2.5%碳酸氢钠液中浸泡一夜;用 2%硫酸亚铁水溶液浸泡充分后再喂。

(2)在长期饲喂棉籽饼时,要注意日粮配合。饲料要多样化,可与青绿饲料、胡萝卜搭配,特别要注意维生素 A、钙及硫酸亚铁的供给。

(3)严格控制喂量。按日粮精料计算,棉籽饼喂量以 5%～15%为宜。为防止蓄积中毒,饲喂一段时间后,应停喂一段时间后再喂。

(4)掌握科学饲养技术,不同生理阶段的牛对棉酚敏感性不同,哺乳期犊牛、断奶前犊牛和怀孕牛对过食棉籽饼较为敏感,因此,最好不喂。

五、尿素中毒

尿素及非蛋白氮中毒是由于饲喂饲料中的尿素及非蛋白氮化合物添加剂后,在瘤胃内释放大量的氨所引起,在临床上是以强直性痉挛和呼吸困难等为特征的中毒性疾病。

【病因】在用做饲料添加剂时,若饲喂量过大,饲喂方法不当或放牧在喷洒尿素等化肥草场等,都有可能引起中毒。还有非蛋白氮化合物,特别是铵盐等含氮量较高的中性速效化肥,由于保管不善,被牛误食而发生中毒的也有发生。

【症状】本病几乎都是以急性经过,在临床上以痉挛性强直和呼吸困难等症状为主征。在采食或饲喂过后 20～60 分钟即可发病。其症状按其经过分为初期、中期和后期 3 个阶段。

(1)初期阶段。病牛不安,肌肉震颤,呻吟,步态踉跄,共济失调,多摔倒在地不能起立。

(2)中期阶段。发生于采食或饲喂过后 2～3 小时,病牛食欲废绝,反刍、嗳气停止,瘤胃蠕动大大减弱。同时出现全身强直性痉挛症状,如牙关紧闭,反射机能亢进和角弓反张等。呼吸促迫(张嘴伸舌呼吸),心搏动强盛,心跳加快(120～150 次/分),心音不清(混浊),节律不齐,体温升高,知觉丧失。泌乳性能明显降低。

(3)后期阶段。呈高度呼吸困难,从口角流出大量泡沫状涎水,肛门松弛,排粪失禁,尿淋漓,胸背部出汗,皮温不稳,瞳孔散大,结局多窒息(死亡)。

【诊断】可根据发病病史有尿素等添加剂或放牧在喷洒尿素及非蛋白氮化合物等化肥的草场，以及强直性痉挛和呼吸困难症状等，可建立病性诊断。为了进一步确诊，应对瘤胃液、尿液、血液中氨含量进行检验，当瘤胃液氨含量高达 80～200 mg/100 mL，血氨含量高达 2～4 mg/100 mL 时，可确诊为氨中毒。

【治疗】

(1)5%碳酸氢钠溶液 400～600 mL，静脉注射。

(2)10%葡萄糖酸钙 200～300 mL，进行静脉注射。

(3)5%葡萄糖生理盐水 500～800 mL 内服。

(4)用 35%～38%的甲醛溶液 2～3 mL，加至 150 mL 水，慢慢灌服，到中毒症状完全消失为止。

(5)用 1 000 mL 食用醋加进 20%～30%的糖溶液 1 500～2 000 mL，1 次灌服。

(6)用 300～500 g 鲜葛根，研成细粉，加适量水后 1 次灌服。

(7)当瘤胃鼓气时，可行瘤胃穿刺术放气急救。

【预防】在饲喂尿素等饲料添加剂的牛群，正确控制用量，以不超过日粮干物质总量的 1%或精料干物质的 2%～3%。同时，在饲喂方法上宜由小剂量逐渐增大剂量，并不要间断饲喂为原则，使瘤胃内原生动物有习惯或适应过程。也不要单独饲喂尿素等饲料添加剂，应与富有糖类饲料混饲，但要严禁饲喂富有蛋白质类的大豆或豆饼等精料。在饲喂时也不宜用水溶解，甚至在饲喂尿素等饲料添加剂后 0.5 小时内也不宜饮水，以避免尿素过快地分解，易发中毒。在与其他饲料混合时要求调拌均匀，尤其在制作青贮过程中添加尿素更要注意拌匀问题。对化肥尿素等保管、使用，要制定制度，专人负责，做到不使牛误食发生中毒。

六、有机磷农药中毒

【病因】采食了被有机磷农药污染的饲草、饲料或饮水，以及使用有机磷农药外用或内服驱杀体内外寄生虫时剂量过大，均可引起牛体中毒。有摄入(各种途径)有机磷农药的病史。

【症状】

(1)突然发病，流涎，流泪，口角有白色泡沫。心搏多减慢。肠音亢进，排粪次数增多或腹泻。

(2)呼吸困难、气喘，常有肺水肿和肺气肿。

(3)瞳孔缩小，视力减弱或消失。

(4)严重时运动神经也受累，表现全身震颤后转入麻痹状态。

(5)用阿托品、解磷定、氟磷定等治疗有效。

【诊断】依据本病的病毒摄入史、特征症状、胆碱酯酶活性降低等变化特点，可与其他疑似疾病(如癫痫、脑膜脑炎、低钙镁血症)等相区别。

【治疗】及时使用阿托品结合解磷定的综合疗法。对危重病牛，尚应采用以消除肺水肿、兴奋呼吸中枢，输入高糖等辅助疗法。

七、有机氯中毒

有机氯农药为应用较广的农药之一，常用来防治农作物害虫。由于其残毒性强，故可因蓄积作用而危害人、畜健康。目前国内外都控制或停止生产和使用有机氯制剂。有机氯农药品种较多，其中有滴滴涕、六六六、氯丹、艾氏剂和七氯等。

【病因】

(1)有机氯农药保管和使用不当，污染了草、料和饮水，牛误食、误饮而中毒。

(2)牲畜采食了喷洒有机氯农药不久的作物、蔬菜和麦草。

(3)防治体外寄生虫时、药物浓度配制过高，涂布面积过大，经皮肤吸收，或畜体相互舔食而中毒。

【症状】

(1)急性中毒病例，流涎，腹泻，体温升高，肘部、股部肌肉震颤，眼睑闪动，可视黏膜发红，呼吸困难，惊慌不安，常做后退动作或转圈运动，行动不自主，失去平衡而倒地，四肢乱蹬，角弓反张，空嚼，磨牙，口吐白沫，这些症状反复发作，间隙由长变短，病情逐渐加剧，后因呼吸中枢衰竭而死亡。

(2)轻度中毒者，食欲减少，逐渐消瘦；突然发病者，局部肌肉震颤，四肢行动不便，衰弱无力，甚至后躯麻痹。慢性胃肠炎，排出稀粪。

【诊断】根据病史、发病情况、症状和剖检变化，可做出诊断。确诊应对 DDT、六六六做分析。

【治疗】

(1)切断毒物继续进入体内的途径，防止毒物的继续吸收，了解毒物的性质，采取相应的措施。①经皮肤吸收中毒者，可用清水或 1%～5%碳酸氢钠溶液彻底清洗畜体，尽早清除皮肤上的毒物；②经消化道吸收中毒者，可采用洗胃和灌服盐类泻剂。

(2)促进毒物排出，保护肝脏，解除酸中毒，增强机体抵抗力。①5%葡萄糖生理盐水、复方氯化钠、5%～10%葡萄糖溶液 3 000～6 000 mL，1 次静脉注射。②5%碳酸氢钠溶液 1 000～1 500 mL，1 次静脉注射。③10%葡萄糖酸钙溶液 500～1 000 mL，1 次静脉注射，以缓解血钙降低。

(3)对症疗法。为缓解痉挛,可用水合氯醛,剂量为 15～25 g,加水 1 次灌服;巴比妥钠,剂量为 0.2～0.4 g/100 kg 体重或盐酸氯丙嗪注射液,剂量为 1～2 mg/kg 体重,内服或肌肉注射。

由于六六六、DDT 对心脏的直接毒害,对肾上腺素非常过敏,导致心室颤动,故严禁使用肾上腺素制剂。

【预防】加强有机氯农药的保管、使用,防止对环境的污染和被牛误食;严禁在喷洒过有机氯农药的地区放牧;喷洒药物的农作物、蔬菜、牧草应于 1～1.5 个月以后再放牧;驱除体外寄生虫可应用其他药物。已发生中毒的病牛的乳汁,其中含有毒物,故严禁饲喂犊牛和出售。

第七节 犊牛疾病

犊牛腹泻是指正在吃奶的小牛肠蠕动亢进,肠内吸收不全或吸收困难,致使肠内容物与大量水分被排出体外,粪便呈稀汤或水样,脱水、酸中毒等一种病症。它是造成犊牛生长发育不良和死亡的主要疾病之一。本病一年四季均可发生,以出生 1 个月内发病率和死亡率最高,给养牛业造成较大的经济损失。

【病因】犊牛腹泻病因比较复杂,下列一种或多种因素存在时,犊牛腹泻发生率增高。

(1)饲养管理不当。由于饲养管理失误,犊牛初乳饲喂时间过迟或喂量少或根本不喂,使犊牛不能获得免疫球蛋白,自身免疫力先天不足。

(2)环境条件差。犊牛栏舍阴暗潮湿,卫生不洁,光照不足,通风不良,消毒不严等,致使牛舍内传染性微生物过多,犊牛感染大肠杆菌、沙门氏菌,或感染轮状病毒、冠状病毒、星状病毒等。

(3)母牛不洁。母牛乳房不干净,使奶汁不卫生,或给犊牛饮喂患乳房炎母牛的乳汁等。

(4)各种应激反应。无防风、防寒、防暑、防雨设施,故常因天气骤然变化如大雨、大风和寒冷的刺激作用,使犊牛突然受冷或受热刺激,引起寒泻和热泻;或是因为噪声过大、饲喂过饱,易导致犊牛消化系统紊乱;另外难产、长途运输、改变环境等应激反应,均可引起犊牛腹泻。

(5)寄生虫感染。如犊牛在胚胎期间由母体感染蛔虫,或犊牛与成牛同舍,常易感染球虫病,均可导致腹泻。

【症状】根据病情的发展和腹泻的严重程度,犊牛依次会出现如下症状:厌食或食欲差、精神不振;体温正常或升高(39.5～40℃),粪便呈灰白色、淡黄色或褐色，稀薄呈水样，有的具有腐败恶臭味，尾根部常有粪便污染；病重者，体温升高到40～42℃，四肢软弱，行走无力，全身出现脱水现象（眼睛塌陷、皮毛粗糙、皮肤无弹性），血液黏稠，颈静脉血液量减少；卧地不起，或起立迟缓并有困难，继而出现脉搏虚弱，体温下降，一直到死亡。

无论何种原因所引起的腹泻，发病牛在临床上表现大多数是一致的，因轮状病毒、大肠杆菌等感染，多于生后1～10天内发病，以2～5天居多；因传染性鼻气管炎病毒感染，出生后即感染，1～4周龄发病较多；因饲养管理不当，发病多在1个月以内。

【诊断】根据临床症状和病理变化即可做出初步诊断。若是传染性疾病引起的腹泻，确诊需进行实验室检查。在诊断时，特别要注意以下几种疾病的区别。

（1）牛沙门氏菌病。该病主要是由沙门氏菌引起的一种传染病。主要侵害1～2月龄犊牛。临床上以发热、下痢为主要特征，粪便带血、恶臭；胃肠黏膜和浆膜上有出血斑。

（2）犊牛梭菌型肠炎。该病是由魏氏梭菌外毒素引起幼犊的一种急性致死性传染病。临床上以急性死亡和血便为特征，主要病变是小肠黏膜坏死。

（3）新生犊牛病毒性腹泻。该病是由多种病毒引起的急性腹泻综合症。由轮状病毒感染引起的腹泻，多发生于1周龄以内的牛犊；冠状病毒感染的病例，多见于2～3周龄犊牛。临床上均以精神萎靡、厌食、呕吐、腹泻（粪便呈黄白色、液状）和体重减轻为主要特征。

（4）牛球虫病。该病是由多种球虫引起的一种肠道原虫病。临床上以恶臭的血痢和直肠、大肠或盲肠黏膜有出血性炎症和溃疡、坏死为主要特征。取直肠黏膜刮取物和粪便涂片镜检，可发现大量球虫卵囊。

（5）牛冬痢。又称牛黑痢，是由空肠弯曲杆菌引起牛群在秋冬季节舍饲期间暴发的一种急性肠道传染病。有时冠状病毒参与致病。大小牛都可感染，但成年牛病情严重。临床上以排水样、棕色稀便和出血性下痢为特征，但全身症状轻微，很少死亡。

【治疗】发现病牛立即隔离，并以清理肠道，促进消化，消炎解毒，防止脱水为治疗原则。

（1）对下痢脱水犊牛。可用5%葡萄糖生理盐水500 mL、阿米卡星10 mg、30%安乃近10 mL、地塞米松磷酸钠10 mg，1次静脉注射。

（2）对中毒性消化不良犊牛。可用5%葡萄糖生理盐水500 mL、5%碳酸氢钠100 mL、维生素C 10 mL、10%安钠咖4 mL，1次静脉注射。

（3）对伴有呼吸道症状的犊牛。可用双黄连20 mL、5%葡萄糖生理盐水

500 mL、氨苄青霉素 0.5 g、地塞米松磷酸钠 10 mg，1 次静脉注射。

(4)对伴有下痢带血症状的犊牛。可用甲砜霉素 10 mL、维生素 K 4 mg，或用磺胺脒 4 g、碳酸氢钠 4 g、次硝酸铋 0.5 g，加水 500 mL 灌服。以上药物可连用 3～5 天。

(5)应用抗应激药物。除上述病因疗法及对症治疗外，应配合抗应激药物，如给予口服补。液盐(氯化钠 3.5 g，氯化钾 1.5 g，碳酸氢钠 2.5 g，葡萄糖 20 g，加水 1 000 mL)，供犊牛自由饮用。不能自吮时，可用 6%低分子右旋糖酐、生理盐水、5%葡萄糖、5%碳酸氢钠各 250 mL，氢化可的松 100 mg，维生素 C 10 mL，混溶后，给犊牛 1 次静脉注射，连用 3～5 天，同时给予口服补液盐及多维电解质等。

【预防】

(1)改善环境卫生。保持牛舍特别是产房清洁、干燥，及时清除粪便和污物，并经常进行消毒，铺垫干燥褥草；接产时严格处理脐带。

(2)加强饲养管理。

①加强妊娠母牛的饲养管理。饲料配比要适当，给予足够的蛋白质、矿物质和维生素饲料，勿使饥饿或过饱，确保母牛有良好的营养水平，使其产后能分泌充足的乳汁，以满足新生犊牛的生理需要。母牛乳房要保持清洁。有条件的奶牛场或养牛专业户，可于产前给母牛接种大肠杆菌疫苗、冠状病毒疫苗等，以使犊牛产生主动免疫。

②加强对新生犊牛的护理。犊牛出生后擦干全身，脐带距腹部约 5 cm 处剪断，断段应在 10%碘酊内浸泡 0.5～1 分钟；一定要让其及早(12 小时内)吃上初乳，人工喂养的犊牛出生后 15～30 分钟喂初乳 2 kg，在 8 小时以内再喂 1～2 次；新生犊牛要单圈饲养，即所谓的“犊牛岛”。其优点是：这样可以减少犊牛间接触的机会，避免相互吮吸，减少了病原微生物的传播，可降低犊牛发病率；圈舍通风、空气新鲜、阳光充足、运动自由，可提高犊牛的体质和抵抗力；能保证每头犊牛的进食量，避免集中混群饲养抢食而造成犊牛进食不足的现象；便于发现病牛，也便于及时治疗和观察，能起到隔离病牛的作用，圈舍小，易消毒，有利于对疾病的控制；一旦圈舍被病原菌污染，圈舍内结构简单，便于移动，有利于犊牛饲养场的更新。

附录　相关标准

附录一　奶牛饲养标准(NY/T 34—2004)

1　范围

本标准提出了奶牛各饲养阶段和产奶的营养需要。

本标准适用于奶牛饲料厂、国营、集体、个体奶牛场配合饲料和日粮。

2　术语和定义

下列术语和定义适用于本标准。

2.1　奶牛能量单位 dairy energy unit

本标准采用相当于 1 kg 含脂率为 4%的标准乳能量，即 3 138 kJ 产奶净能作为一个“奶牛能量单位”，汉语拼音字首的缩写为 NND。为了应用的方便，对饲料能量价值的评定和各种牛的能量需要均采用产奶净能和 NDD。

4%乳脂率的标准乳(FCM)(kg)＝0.4×奶量(kg)＋15×乳脂量(kg)　　(1)

2.2　小肠粗蛋白质 crude protein in the small intestine

小肠粗蛋白质＝饲料瘤胃非降解粗蛋白质＋瘤胃微生物粗蛋白质

饲料非降解粗蛋白质＝饲料粗蛋白质－饲料瘤胃降解粗蛋白质(RDP)

小肠可消化粗蛋白质＝饲料瘤胃非降解粗蛋白质(UDP)×小肠消化率＋瘤胃微生物粗蛋白质(MCP)×小肠消化率

3　饲养标准

3.1　能量需要

3.1.1　饲料产奶净能值的测算

产奶净能(MJ/kg 干物质)＝0.550 1×消化能(MJ/kg＋干物质)－0.395 8　　(2)

3.1.2 产奶牛的干物质需要

适用于偏精料型日粮的参考干物质进食量(kg)＝0.062 $W^{0.75}$ ＋0.40Y (3)

适用于偏粗料型日粮的参考干物质进食量(kg)＝0.062 $W^{0.75}$ ＋0.45Y (4)

式中:Y——标准乳重量,单位为千克(kg);W——体重,单位为千克(kg)。

牛是反刍动物,为保证正常的消费机能,配合日粮时应考虑粗纤维的供给量。粗纤维量过低会影响瘤胃的消化机能,粗纤维量过高则达不到所需的能量浓度。日粮中的中性洗涤纤维(NDF)应不低于25％。

3.1.3 成年母牛维持的能量需要

在适宜环境温度拴系饲养条件下,奶牛的绝食代谢产热量(kJ)＝293×$W^{0.75}$,对自由运动可增加20％的能量,即356$W^{0.75}$kJ。由于在第一和第二个泌乳期奶牛自身的生长发育尚未完成,故能量需要须在维持基础之上,第一个泌乳期增加20％,第二个泌乳期增加10％。放牧运动时,能量需要明显增加,运动的能量需要见表1。

表1 水平行走的维持能量需要 kJ/头·天

行走距离(km)	行走速度(m/s)	
	1 m/s	1.5 m/s
1	364$W^{0.75}$	368$W^{0.75}$
2	372$W^{0.75}$	377$W^{0.75}$
3	381$W^{0.75}$	385$W^{0.75}$
4	393$W^{0.75}$	398$W^{0.75}$
5	406$W^{0.75}$	418$W^{0.75}$

牛在低温环境下,体热损失增加。维持需要在18℃基础上,平均每下降1℃产热增加2.5 kJ/(kg$W^{0.75}$·24小时)维持需要在5℃时为389 $W^{0.75}$,0℃时为402$W^{0.75}$,－5℃时为414$W^{0.75}$,－10℃时为427$W^{0.75}$,15℃时为439$W^{0.75}$。

3.1.4 产奶的能量需要

产奶的能量需要量＝牛奶的能量含量×产奶量

牛奶的能量含量(kJ/kg)＝750.00＋387.98×乳脂率＋163.97×乳蛋白率＋55.02×乳糖率 (5)

牛奶的能量含量(kJ/kg)＝1 433.65＋415.30×乳脂率 (6)

牛奶的能量含量(kJ/kg)＝166.19＋249.16×乳总干物质率 (7)

3.1.5　产奶牛的体重变化与能量需要

成年母牛每增重 1 kg 需 25.10 MJ 产奶的净能，相当 8 kg 标准乳；每减重 1 kg 可产生 20.58 MJ 产奶净能，即 6.56 kg 标准乳。

3.1.6　产奶牛不同生理阶段的能量需要

分娩后泌乳初期阶段，母牛对能量进食不足，须动用体内贮存的能量去满足产奶需要。在此期间，应防止过度减重。

奶牛的最高日产奶量出现的时间不一致。当食欲恢复后，可采用引导饲养，给量稍高于需要。

奶牛妊娠的代谢能利用效率较低。妊娠第 6、第 7、第 8、第 9 月时，每天在维持基础上增加 4.18 MJ，7.11 MJ，12.55 MJ 和 20.92 MJ 产奶净能。

3.1.7　生长牛的能量需要

3.1.7.1　生长牛的维持能量需要

$$生长母牛的绝食代谢(kJ)=531\times W^{0.75} \quad (8)$$

在此基础上加 10%的自由运动量，即为维持的需要量。生长公牛的维持需要量与生长母牛相同。

3.1.7.2　生长牛增重的能量需要

由于对奶用生长牛的增重速度不要求像肉用牛那样快，为了应用的方便，对奶用生长牛的净能需要量亦统一用产奶净能表示。其产奶净能的需要是在增重的能量沉积上加以调整。

$$增重的能量沉积(MJ)=\frac{(增重,kg)\times[1.5+0.0045\times(体重,kg)]}{1-0.30\times(增重,kg)}\times 4.184 \quad (9)$$

$$增重的能量沉积换算成产乳净能的系数=-0.5322+0.3254\ln(体重,kg) \quad (10)$$

增重所需产奶净能＝增重的能量沉积×系数(表 2)

表 2　增重的能量沉积换算成产奶净能的系数

体重,kg	产奶净能＝增重的能量沉积×系数
150	×1.10
200	×1.20
250	×1.26
300	×1.32
350	×1.37
400	×1.42
450	×1.46
500	×1.49
550	×1.52

由于生长公牛增重的能量利用效率比母牛稍高，故生长公牛的能量需要按生长母牛的90%计算。

3.1.8 种公牛的能量需要

种公牛的能量需要量(MJ)＝$0.398\times W^{0.75}$ (11)

3.2 蛋白质需要

3.2.1 瘤胃微生物蛋白质合成量的评定

瘤胃饲料降解氮(RDN)转化为瘤胃微生物氮(MN)的效率(MN/RDN)与瘤胃可发酵有机物质(FOM)中的瘤胃饲料降解氮的含量(RDN/FOM)呈显著相关。用下式计算：

MN/RDN＝3.625 9－0.845 7×ln(RDNg/FOMkg) (12)

表3 用RDNg/FOMkg与MN/RDN的回归式计算的MN/RDN

RDNg/FOMkg	15	20	25	30	35
MN/RDN	1.34	1.09	0.90	0.75	0.62

瘤胃微生物蛋白质(MCP)合成量(g)＝饲料瘤胃降解蛋白质(RDP)(g)×MN/RDN

由于用曲线回归式所计算的单个饲料的MN/RDN对日粮是非加性的，所以对单个饲料的MN/RDN可先用其中间值0.9进行初评，并列入饲料营养价值表中，最后须按日粮的总RDN/FOM用曲线回归式对MN/RDN做出总评。MN/RDN在理论上不应超过1.0，当MN/RDN超过0.9时，则预示有过多的内源尿素氮进入瘤胃。

由于瘤胃微生物蛋白质的合成，除了需要RND外，还需要能量。为了应用的方便，所需能量可用瘤胃饲料可发酵有机物质(FOM)来表示。用FOM评定的瘤胃微生物蛋白质合成量的计算：MCPg/FOMkg＝136。

3.2.2 瘤胃能氮平衡

因为对同一种饲料，用RDP和FOM评定出的MCP往往不一致。为了使日粮的配合更为合理，以便同时满足瘤胃微生物对FOM和RDP的需要，特提出瘤胃能氮平衡的原理和计算方法：

瘤胃能氮平衡(RENB)＝用FOM评定的瘤胃微生物蛋白质量－用RDP评定的瘤胃微生物蛋白质量

如果日粮的能氮平衡结果为零，则表明平衡良好；如为正值，则说明瘤胃能量有富余，这时应增加RDP；如为负值，则表明应增加瘤胃中的能量(FOM)。最后检验日粮的能氮平衡时，应采用回归式做最后计算。

3.2.3　尿素的有效用量

尿素有效用量(ESU)用式(13)计算：

$$ESU(g)=\frac{瘤胃能氮平衡值(g)}{2.8\times0.65} \tag{13}$$

式中：0.65——常规尿素氮被瘤胃微生物利用的平均效率(如添加缓释尿素，则尿素氮转化为瘤胃微生物氮的效率可采用0.8)；2.8——尿素的粗蛋白质当量。

如果瘤胃能氮平衡为零或负值，则表明不应再在日粮中添加尿素。

3.2.4　小肠可消化粗蛋白质

$$小肠可消化粗蛋白质=饲料瘤胃非降解粗蛋白质\times0.65+瘤胃微生物粗蛋白质\times0.70 \tag{14}$$

3.2.5　小肠可消化粗蛋白质的转化效率

小肠可消化粗蛋白质用于体蛋白质沉积的转化效率，对生长牛为0.60，对产奶牛为0.70。

3.2.6　维持的蛋白质需要

维持的可消化粗蛋白质需要量为对产奶牛3.0 g$\times W^{0.75}$，对200 kg体重以下的生长牛为2.3 g$\times W^{0.75}$。

维持的小肠可消化粗蛋白质需要量为2.5 g$\times W^{0.75}$，对200 kg体重以下的生长牛为2.2 g$\times W^{0.75}$。

3.2.7　产奶的蛋白质需要

乳蛋白质率(%)根据实测确定。

$$产奶的可消化粗蛋白质需要量=牛奶的蛋白量/0.60 \tag{15}$$

$$产奶的小肠可消化粗蛋白质需要量=牛奶的蛋白量/0.70 \tag{16}$$

3.2.8　生长牛增重的蛋白质需要量

生长牛的蛋白质需要量取决于增重的体蛋白质沉积量。

$$增重的体蛋白质沉积(g/d)=\Delta W(170.22-0.1731W+0.000178W^2)\times(1.12-0.1258\Delta W) \tag{17}$$

式中：ΔW——日增重，单位为千克(kg)；W——体重，单位为千克(kg)。

$$增重的可消化粗蛋白质的需要量(g)=增重的体蛋白质沉积量(g)/0.55 \tag{18}$$

$$增重的小肠可消化粗蛋白质的需要量(g)=增重的体蛋白质沉积量(g)/0.60 \tag{19}$$

但幼龄时的蛋白质转化效率较高，体重 40～60 kg 时可用 0.70，体重 70～90 kg 时用 0.65 的转化效率。

3.2.9 妊娠的蛋白质需要

妊娠的可消化粗蛋白质的需要量：妊娠 6 个月时为 50 g，7 个月时为 84 g，8 个月时为 132 g，9 个月时为 194 g。

妊娠的小肠可消化粗蛋白质的需要量：妊娠 6 个月时为 43 g，7 个月时 73 g，8 个月时为 115 g，9 个月时为 169 g。

3.2.10 种公牛的蛋白质需要

种公牛的蛋白质需要是以保证采精和种用体况为基础。

种公牛的可消化粗蛋白质需要量(g)＝$4.0\times W^{0.75}$ (20)

种公牛的小肠可消化粗蛋白质需要量(g)＝$3.3\times W^{0.75}$ (21)

3.3 钙、磷的需要

3.3.1 产奶牛的钙、磷需要

维持需要按每 100 kg 体重供给 6 g 钙和 4.5 g 磷；每千克标准乳供给 4.5 g 钙和 3 g 磷。钙磷比例以(1.3～2)∶1 为宜。

3.3.2 生长牛的钙、磷需要

维持需要按每 100 kg 体重供给 6 g 钙和 4.5 g 磷，每千克增重供给 20 g 钙和 13 g 磷。

3.4 各种牛的综合营养需要(表 4 至表 9)

表 4 成年母牛维持的营养需要

体重 (kg)	日粮干物质 (kg)	奶牛能量单位 (NND)	产奶净能 (Mcal)	产奶净能 (MJ)	可消化粗蛋白质 (g)	小肠可消化粗蛋白质 (g)	钙 (g)	磷 (g)	胡萝卜素 (mg)	维生素 A (IU)
350	5.02	9.17	6.88	28.79	243	202	21	16	63	25 000
400	5.55	10.13	7.60	31.80	268	224	24	18	75	30 000
450	6.06	11.07	8.30	34.73	293	244	27	20	85	34 000
500	6.56	11.97	8.98	37.57	317	264	30	22	95	38 000
550	7.04	12.88	9.65	40.38	341	284	33	25	105	42 000
600	7.52	13.73	10.30	43.10	364	303	36	27	115	46 000
650	7.98	14.59	10.94	45.77	386	322	39	30	123	49 000
700	8.44	15.43	11.57	48.41	408	340	42	32	133	53 000
750	8.89	16.24	12.18	50.96	430	358	45	34	143	57 000

注 1：对第一个泌乳期的维持需要按上表基础增加 20%，第二个泌乳期增加 10%；

注 2：如第一个泌乳期的年龄和体重过小，应按生长牛的需要计算实际增重的营养需要；

注 3：放牧运动时，须在上表基础上增加能量需要量，按正文中的说明计算；

注 4：在环境温度低的情况下，维持能量消耗增加，须在上表基础上增加需要量，按正文说明计算；

注 5：泌乳期间，每增重 1 kg 体重需增加 8NND 和 325 g 可消化粗蛋白；每减重 1 kg 需扣除 6.56 NND 和 250 g 可消化粗蛋白。

3.5 饲料的能量

3.5.1 饲料的总能(GF)

总能(kJ/100 g 饲料)=23.93×粗蛋白质(%)+39.75 粗脂肪(%)+20.04×粗纤维(%)+16.88 无氮浸出物(%) (22)

3.5.2 饲料的消化能(DE)

DE=GE×能量消化率

在无条件进行能量消化率实测时,可用式(23)、(24)预测:

能量消化率(%)=94.280 8-61.537 0(NDF/OM) (23)

能量消化率(%)=91.669 4-91.335 9(ADF/OM) (24)

式中:NDF——中性洗涤纤维;ADF——酸性洗涤纤维。

3.5.3 瘤胃可发酵有机物质(FOM)

FOM=OM×FOM/OM

FOM/OM(%)=92.894 5-74.765 8(NDF/OM) (25)

FOM/ON(%)=91.220 2-118.686 4(ADF/OM) (26)

3.5.4 饲料的代谢能(ME)

代谢能=消化能-甲烷能-尿能

甲烷(L/FOM,kg)=60.456 2+0.296 7(FNDF/FOM,%) (27)

甲烷(L/FOM,kg)=48.129 0+0.535 2(NDF/OM,%) (28)

甲烷能/DE(%)=8.680 4+0.037 3(FNDF/FOM,%) (29)

甲烷能/DE(%)=7.182 3+0.066 6(NDF/OM,%) (30)

式中:FNDF——可发酵中性洗涤纤维。

尿能/DE(%)的平均值=4.27±0.94(根据国内对 19 种日粮的牛体内试验结果)

3.6 奶牛常用饲料的成分与营养价值(表 10)

表 5 每产 1 kg 奶的营养需要

乳脂率(%)	日粮干物质(kg)	奶牛能量单位(NND)	产奶净能(Mcal)	产奶净能(MJ)	可消化粗蛋白质(g)	小肠可消化粗蛋白质(g)	钙(g)	磷(g)	胡萝卜素(mg)	维生素A(IU)
2.5	0.31～0.35	0.80	0.60	2.51	49	42	3.6	2.4	1.05	420
3.0	0.34～0.38	0.87	0.65	2.72	51	44	3.9	2.6	1.13	452
3.5	0.37～0.41	0.93	0.70	2.93	53	46	4.2	2.8	1.22	486
4.0	0.40～0.45	1.00	0.75	3.14	55	47	4.5	3.0	1.26	502
4.5	0.43～0.49	1.06	0.80	3.35	57	49	4.8	3.2	1.39	556
5.0	0.46～0.52	1.13	0.84	3.52	59	51	5.1	3.4	1.46	584
5.5	0.49～0.55	1.19	0.89	3.72	61	53	5.4	3.6	1.55	619

表 6 母牛妊娠最后 4 个月的营养需要

体重(kg)	怀孕月份	日粮干物质(kg)	奶牛能量单位(NND)	产奶净能(Mcal)	产奶净能(MJ)	可消化粗蛋白质(g)	小肠可消化粗蛋白质(g)	钙(g)	磷(g)	胡萝卜素(mg)	维生素A(kIU)
350	6	5.78	10.51	7.88	32.97	293	245	27	18	67	27
	7	6.28	11.44	8.58	35.90	327	275	31	20		
	8	7.23	13.17	9.88	41.34	375	317	37	22		
	9	8.70	15.84	11.84	49.54	437	370	45	25		
400	6	6.30	11.47	8.60	35.99	318	267	30	20	76	30
	7	6.81	12.40	9.30	38.92	352	297	34	22		
	8	7.76	14.13	10.60	44.36	400	339	40	24		
	9	9.22	16.80	12.60	52.72	462	392	48	27		
450	6	6.81	12.40	9.30	38.92	343	287	33	22	86	34
	7	7.32	13.33	10.00	41.84	377	317	37	24		
	8	8.27	15.07	11.30	47.28	425	359	43	26		
	9	9.73	17.73	13.30	55.65	487	412	51	29		
500	6	7.31	13.32	9.99	41.80	367	307	36	25	95	38
	7	7.82	14.25	10.69	44.73	401	337	40	27		
	8	8.78	15.99	11.99	50.17	449	379	46	29		
	9	10.24	18.65	13.99	56.54	511	432	54	32		
550	6	7.80	14.20	10.65	44.56	391	327	39	27	105	42
	7	8.31	15.13	11.35	47.49	425	357	43	29		
	8	9.26	16.87	12.65	52.93	473	399	49	31		
	9	10.72	19.53	14.65	61.30	535	452	57	34		

续表 6

体重(kg)	怀孕月份	日粮干物质(kg)	奶牛能量单位(NND)	产奶净能(Mcal)	产奶净能(MJ)	可消化粗蛋白质(g)	小肠可消化粗蛋白质(g)	钙(g)	磷(g)	胡萝卜素(mg)	维生素A(kIU)
600	6	8.27	15.07	11.30	47.28	414	346	42	29	114	46
	7	8.78	16.00	12.00	50.21	448	376	46	31		
	8	9.73	17.73	13.30	55.65	496	418	52	33		
	9	11.20	20.40	15.30	64.02	558	471	60	36		
650	6	8.74	15.92	11.94	49.96	436	365	45	31	124	50
	7	9.25	16.85	12.64	52.89	470	395	49	33		
	8	10.21	18.59	13.94	58.33	518	437	55	35		
	9	11.67	21.25	15.94	66.70	580	490	63	38		
700	6	9.22	16.76	12.57	52.60	458	383	48	34	133	53
	7	9.71	17.69	13.27	55.53	492	413	52	36		
	8	10.67	19.43	14.57	60.97	540	455	58	38		
	9	12.13	22.09	16.57	69.33	602	508	66	41		
350	6	9.65	17.57	13.13	55.15	480	401	51	36	143	57
	7	10.16	18.51	13.88	58.08	514	431	55	38		
	8	11.11	20.24	15.18	63.52	562	473	61	40		
	9	12.58	22.91	17.18	71.89	624	526	69	43		

注 1:怀孕牛干奶期间按上表计算营养需要;

注 2:怀孕期间如未干奶,除按上表计算营养需要外,还应加产奶的营养需要。

表 7 生长母牛的营养需要

体重(kg)	日增重(g)	日粮干物质(kg)	奶牛能量单位(NND)	产奶净能(Mcal)	产奶净能(MJ)	可消化粗蛋白质(g)	小肠可消化粗蛋白质(g)	钙(g)	磷(g)	胡萝卜素(mg)	维生素A(kIU)
40	0		2.20	1.65	6.90	41	—	2	2	4.0	1.6
	200		2.67	2.00	8.37	92	—	6	4	4.1	1.6
	300		2.93	2.20	9.21	117	—	8	5	4.2	1.7
	400		2.23	2.42	10.13	141	—	11	6	4.3	1.7
	500		3.52	2.64	11.05	164	—	12	7	4.4	1.8
	600		3.84	2.86	12.05	188	—	14	8	4.5	1.8
	700		4.19	3.14	13.14	210	—	16	10	4.6	1.8
	800		4.56	3.42	14.31	231	—	18	11	4.7	1.9

续表 7

体重(kg)	日增重(g)	日粮干物质(kg)	奶牛能量单位(NND)	产奶净能(Mcal)	产奶净能(MJ)	可消化粗蛋白质(g)	小肠可消化粗蛋白质(g)	钙(g)	磷(g)	胡萝卜素(mg)	维生素A(kIU)
50	0		2.56	1.92	8.04	49	—	3	3	5.0	2.0
	300		3.32	2.49	10.42	124	—	9	5	5.3	2.1
	400		3.60	2.70	11.30	148	—	11	6	5.4	2.2
	500		3.92	2.94	12.31	172	—	13	8	5.5	2.2
	600		4.24	3.18	13.31	194	—	15	9	5.6	2.2
	700		4.60	3.45	14.44	216	—	17	10	5.7	2.3
	800		4.99	3.74	15.65	238	—	19	11	5.8	2.3
60	0		2.89	2.17	9.08	56	—	4	3	6.0	2.4
	300		3.67	2.75	11.51	131	—	10	5	6.3	2.5
	400		3.96	2.97	12.43	154	—	12	6	6.4	2.6
	500		4.28	3.21	13.44	178	—	14	8	6.5	2.6
	600		4.63	3.47	14.52	199	—	16	9	6.6	2.6
	700		4.99	3.74	15.65	221	—	18	10	6.7	2.7
	800		5.37	4.03	16.87	243	—	20	11	6.8	2.7
70	0	1.22	3.21	2.41	10.09	63	—	4	4	7.0	2.8
	300	1.67	4.01	3.01	12.60	142	—	10	6	7.9	3.2
	400	1.85	4.32	3.24	13.56	168	—	12	7	8.1	3.2
	500	2.03	4.64	3.48	14.56	193	—	14	8	8.3	3.3
	600	2.21	4.99	3.74	15.65	215	—	16	10	8.4	3.4
	700	2.39	5.36	4.02	16.82	239	—	18	11	8.5	3.4
	800	3.61	5.76	4.32	18.08	262	—	20	12	8.6	3.4
80	0	1.35	3.51	2.63	11.01	70	—	5	4	8.0	3.2
	300	1.80	1.80	3.24	13.56	149	—	11	6	9.0	3.6
	400	1.98	4.64	3.48	14.57	174	—	13	7	9.1	3.6
	500	2.16	4.96	3.72	15.57	198	—	15	8	9.2	3.7
	600	2.34	5.32	3.99	16.70	222	—	17	10	9.3	3.7
	700	2.57	5.71	4.28	17.91	245	—	19	11	9.4	3.8
	800	2.79	6.12	4.59	19.21	268	—	21	12	9.5	3.8

续表 7

体重(kg)	日增重(g)	日粮干物质(kg)	奶牛能量单位(NND)	产奶净能(Mcal)	产奶净能(MJ)	可消化粗蛋白质(g)	小肠可消化粗蛋白质(g)	钙(g)	磷(g)	胡萝卜素(mg)	维生素A(kIU)
	0	1.45	3.80	2.85	11.93	76	—	6	5	9.0	3.6
	300	1.84	4.64	3.48	14.57	154	—	12	7	9.5	3.8
	400	2.12	4.96	3.72	15.57	179	—	14	8	9.7	3.9
90	500	2.30	5.29	3.97	16.62	203	—	16	9	9.9	4.0
	600	2.48	5.65	4.24	17.75	226	—	18	11	10.1	4.0
	700	2.70	6.06	4.54	19.00	249	—	20	12	10.3	4.1
	800	2.93	6.48	4.86	20.34	272	—	22	13	10.5	4.2
	0	1.62	4.08	3.06	12.81	82	—	6	5	10.0	4.0
	300	2.07	4.93	3.70	15.49	173	—	13	7	10.5	4.2
	400	2.25	5.27	3.95	16.53	202		14	8	10.7	4.3
100	500	2.43	5.61	4.21	17.62	231	—	16	9	11.0	4.4
	600	2.66	5.99	4.49	18.79	258	—	18	11	11.2	4.4
	700	2.84	6.39	4.79	20.05	285	—	20	12	11.4	4.5
	800	3.11	6.81	5.11	21.39	311	—	22	13	11.6	4.6
	0	1.89	4.73	3.55	14.86	97	82	8	6	12.5	5.0
	300	2.39	5.64	4.23	17.70	186	164	14	7	13.0	5.2
	400	2.57	5.96	4.47	18.71	215	190	16	8	13.2	5.3
	500	2.79	6.35	4.76	19.92	243	215	18	10	13.4	5.4
125	600	3.02	6.75	5.06	21.18	268	239	20	11	13.6	5.4
	700	3.24	7.17	5.38	22.51	295	264	22	12	13.8	5.5
	800	3.51	7.63	5.72	23.94	322	288	24	13	14.0	5.6
	900	3.74	8.12	6.09	25.48	347	311	26	14	14.2	5.7
	1 000	4.05	8.67	6.50	27.20	370	332	28	16	14.4	5.8
	0	2.21	5.35	4.01	16.78	111	94	9	8	15.0	6.0
	300	2.70	6.31	4.73	19.80	202	175	15	9	15.7	6.3
	400	2.88	6.67	5.00	20.92	226	200	17	10	16.0	6.4
	500	3.11	7.05	5.29	22.14	254	225	19	11	16.3	6.5
150	600	3.33	7.47	5.60	23.44	279	248	21	12	16.6	6.6
	700	3.60	7.92	5.94	24.86	305	272	23	13	17.0	6.8
	800	3.83	8.40	6.30	26.36	331	296	25	14	17.3	6.9
	900	4.10	8.92	6.69	28.00	356	319	27	16	17.6	7.0
	1000	4.41	9.49	7.12	29.80	378	339	29	17	18.0	7.2

续表 7

体重(kg)	日增重(g)	日粮干物质(kg)	奶牛能量单位(NND)	产奶净能(Mcal)	产奶净能(MJ)	可消化粗蛋白质(g)	小肠可消化粗蛋白质(g)	钙(g)	磷(g)	胡萝卜素(mg)	维生素A(kIU)
175	0	2.48	5.93	4.45	18.62	125	106	11	9	17.5	7.0
	300	3.02	7.05	5.29	22.14	210	184	17	10	18.2	7.3
	400	3.20	7.48	5.61	23.48	238	210	19	11	18.5	7.4
	500	3.42	7.95	5.96	24.94	266	235	22	12	18.8	7.5
	600	3.65	8.43	6.32	26.45	290	257	23	13	19.1	7.6
	700	3.92	8.96	6.72	28.12	316	281	25	14	19.4	7.8
	800	4.19	9.53	7.15	29.92	341	304	27	15	19.7	7.9
	900	4.50	10.15	7.61	31.85	365	326	29	16	20.0	8.0
	1 000	4.82	10.81	8.11	33.94	387	346	31	17	20.3	8.1
200	0	2.70	6.48	4.86	20.34	160	133	12	10	20.0	8.0
	300	3.29	7.65	5.74	24.02	244	210	18	11	21.0	8.4
	400	3.51	8.11	6.08	25.44	271	235	20	12	21.5	8.6
	500	3.74	8.59	6.44	26.95	297	259	22	13	22.0	8.8
	600	3.96	9.11	6.83	28.58	322	282	24	14	22.5	9.0
	700	4.23	9.67	7.25	30.34	347	305	26	15	23.0	9.2
	800	4.55	10.25	7.69	32.18	372	327	28	16	23.5	9.4
	900	4.86	10.91	8.18	34.23	396	349	30	17	24.0	9.6
	1 000	5.81	11.60	8.70	36.41	417	368	32	18	24.5	9.8
250	0	3.20	7.53	5.65	23.64	189	157	15	13	25.0	10.0
	300	3.83	8.83	6.62	27.70	270	231	21	14	26.5	10.6
	400	4.05	9.31	6.98	29.21	296	255	23	15	27.0	10.8
	500	4.32	9.83	7.37	30.84	323	279	25	16	27.5	11.0
	600	4.59	10.40	7.80	32.64	345	300	27	17	28.0	11.2
	700	4.86	11.01	8.26	34.56	370	323	29	18	28.5	11.4
	800	5.18	11.65	8.74	36.57	394	345	31	19	29.0	11.6
	900	5.54	12.37	9.28	38.83	417	365	33	20	29.5	11.8
	1 000	5.90	13.13	9.83	41.13	437	385	35	21	30.0	12.0

续表 7

体重 (kg)	日增重 (g)	日粮干物质 (kg)	奶牛能量单位 (NND)	产奶净能 (Mcal)	产奶净能 (MJ)	可消化粗蛋白质 (g)	小肠可消化粗蛋白质 (g)	钙 (g)	磷 (g)	胡萝卜素 (mg)	维生素A (kIU)
	0	3.69	8.51	6.38	26.70	216	180	18	15	30.0	12.0
	300	4.37	10.08	7.56	31.64	295	253	24	16	31.5	12.6
	400	4.59	10.68	8.01	33.52	321	276	26	17	32.0	12.8
	500	4.91	11.31	8.48	35.49	346	299	28	18	32.5	13.0
300	600	5.18	11.99	8.99	37.62	368	320	30	19	33.0	13.2
	700	5.49	12.72	9.54	39.92	392	342	32	20	33.5	13.4
	800	5.85	13.51	10.13	42.39	415	362	34	21	34.0	13.6
	900	6.21	14.36	10.77	45.07	348	383	36	22	34.5	13.8
	1 000	6.62	15.29	11.47	48.00	458	402	38	23	35.0	14.0
	0	4.14	9.43	7.07	29.59	243	202	21	18	35.0	14.0
	300	4.86	11.11	8.33	34.86	321	273	27	19	36.8	14.7
	400	5.13	11.76	8.82	36.91	345	296	29	20	37.4	15.0
	500	5.45	12.44	9.33	39.04	369	318	31	21	38.0	15.2
350	600	5.76	13.17	9.88	41.34	392	338	33	22	38.6	15.4
	700	6.08	13.96	10.47	43.81	415	360	35	23	39.2	15.7
	800	6.39	14.83	11.12	46.53	442	381	37	24	39.8	15.9
	900	6.84	15.75	11.81	49.42	460	401	39	25	40.4	16.1
	1 000	7.29	16.75	12.56	52.56	480	419	41	26	41.0	16.4
	0	4.55	10.32	7.74	32.39	268	224	24	20	40.0	16.0
	300	5.36	12.28	9.21	38.54	344	294	30	21	42.0	16.8
	400	5.63	13.03	9.77	40.88	368	316	32	22	43.0	17.2
	500	5.94	13.81	10.36	43.35	393	338	34	23	44.0	17.6
400	600	6.30	14.65	10.99	45.99	415	359	36	24	45.0	18.0
	700	6.66	15.57	11.68	48.87	438	380	38	25	46.0	18.4
	800	7.07	16.56	12.42	51.97	460	400	40	26	47.0	18.8
	900	7.47	17.64	13.24	55.40	482	420	42	27	48.0	19.2
	1 000	7.97	18.80	14.10	59.00	501	437	44	28	49.0	19.6

续表 7

体重(kg)	日增重(g)	日粮干物质(kg)	奶牛能量单位(NND)	产奶净能(Mcal)	产奶净能(MJ)	可消化粗蛋白质(g)	小肠可消化粗蛋白质(g)	钙(g)	磷(g)	胡萝卜素(mg)	维生素A(kIU)
450	0	5.00	11.16	8.37	35.03	293	244	27	23	45.0	18.0
	300	5.80	13.25	9.94	41.59	368	313	33	24	48.0	19.2
	400	6.10	14.04	10.53	44.06	393	335	35	25	49.0	19.6
	500	6.50	14.88	11.16	46.70	417	355	37	26	50.0	20.0
	600	6.80	15.80	11.85	49.59	439	377	39	27	51.0	20.4
	700	7.20	16.79	12.58	52.64	461	398	41	28	52.0	20.8
	800	7.70	17.84	13.38	55.99	484	419	43	29	53.0	21.2
	900	8.10	18.99	14.24	59.59	505	439	45	30	54.0	21.6
	1 000	8.60	20.23	15.17	63.48	524	456	47	31	55.0	22.0
500	0	5.40	11.97	8.98	37.58	317	264	30	25	50.0	20.0
	300	6.30	14.37	10.78	45.11	392	333	36	26	53.0	21.2
	400	6.60	15.27	11.45	47.91	417	355	38	27	54.0	21.6
	500	7.00	16.24	12.18	50.97	441	377	40	28	55.0	22.0
	600	7.30	17.27	12.95	54.19	463	397	42	29	56.0	22.4
	700	7.80	18.39	13.79	57.70	485	418	44	30	57.0	22.8
	800	8.20	19.61	14.71	61.55	507	438	46	31	58.0	23.2
	900	8.70	20.91	15.68	65.61	529	458	48	32	59.0	23.6
	1 000	9.30	22.33	16.75	70.09	548	476	50	33	60.0	24.0
550	0	5.80	12.77	9.58	40.09	341	284	33	28	55.0	22.0
	300	6.80	15.31	11.48	48.04	417	354	39	29	58.0	23.0
	400	7.10	16.27	12.20	51.05	441	376	30	30	59.0	23.6
	500	7.50	17.29	12.97	54.27	465	397	31	31	60.0	24.0
	600	7.90	18.40	13.80	57.74	487	418	45	32	61.0	24.4
	700	8.30	19.57	14.68	61.43	510	439	47	33	62.0	24.8
	800	8.80	20.85	15.64	65.44	533	460	49	34	63.0	25.2
	900	9.30	22.25	16.69	69.84	554	480	51	35	64.0	25.6
	1 000	9.90	23.76	17.82	74.56	573	496	53	36	65.0	26.0

续表 7

体重(kg)	日增重(g)	日粮干物质(kg)	奶牛能量单位(NND)	产奶净能(Mcal)	产奶净能(MJ)	可消化粗蛋白质(g)	小肠可消化粗蛋白质(g)	钙(g)	磷(g)	胡萝卜素(mg)	维生素A(kIU)
600	0	6.20	13.53	10.15	42.47	364	303	36	30	60.0	24.0
	300	7.20	16.39	12.29	51.43	441	374	42	31	66.0	26.4
	400	7.60	17.48	13.11	54.86	465	396	44	32	67.0	26.8
	500	8.00	18.64	13.98	58.50	489	418	46	33	68.0	27.2
	600	8.40	19.88	14.91	62.39	512	439	48	34	69.0	27.6
	700	8.90	21.23	15.92	66.61	535	459	50	35	70.0	28.0
	800	9.40	22.67	17.00	71.13	557	480	52	36	71.0	28.4
	900	9.90	24.24	18.18	76.07	580	501	54	37	72.0	28.8
	1 000	10.50	25.93	19.45	81.38	599	518	56	38	73.0	29.2

表 8 生长公牛的营养需要

体重(kg)	日增重(g)	日粮干物质(kg)	奶牛能量单位(NND)	产奶净能(Mcal)	产奶净能(MJ)	可消化粗蛋白质(g)	小肠可消化粗蛋白质(g)	钙(g)	磷(g)	胡萝卜素(mg)	维生素A(kIU)
40	0	—	2.20	1.65	6.91	41	—	2	2	4.0	1.6
	200	—	2.63	1.97	8.25	92	—	6	4	4.1	1.6
	300	—	2.87	2.15	9.00	117	—	8	5	4.2	1.7
	400	—	3.12	2.34	9.80	141	—	11	6	4.3	1.7
	500	—	3.39	2.54	10.63	164	—	12	7	4.4	1.8
	600	—	3.68	2.76	11.55	188	—	14	8	4.5	1.8
	700	—	3.99	2.99	12.52	210	—	16	10	4.6	1.8
	800	—	4.32	3.24	13.56	231	—	18	11	4.7	1.9
50	0	—	2.56	1.92	8.04	49	—	3	3	5.0	2.0
	300	—	3.24	2.43	10.17	124	—	9	5	5.3	2.1
	400	—	3.51	2.63	11.01	148	—	11	6	5.4	2.2
	500	—	3.77	2.83	11.85	172	—	13	8	5.5	2.2
	600	—	4.08	3.06	12.81	194	—	15	9	5.6	2.2
	700	—	4.40	3.30	13.81	216	—	17	10	5.7	2.3
	800	—	4.73	3.55	14.86	238	—	19	11	5.8	2.3

续表 8

体重(kg)	日增重(g)	日粮干物质(kg)	奶牛能量单位(NND)	产奶净能(Mcal)	产奶净能(MJ)	可消化粗蛋白质(g)	小肠可消化粗蛋白质(g)	钙(g)	磷(g)	胡萝卜素(mg)	维生素A(kIU)
60	0	—	2.89	2.17	9.08	56	—	4	4	7.0	2.8
	300	—	3.60	2.70	11.30	131	—	10	6	7.9	3.2
	400	—	3.85	2.89	12.10	154	—	12	7	8.1	3.2
	500	—	4.15	3.11	13.02	178	—	14	8	8.3	3.3
	600	—	4.45	3.34	13.98	199	—	16	10	8.4	3.4
	700	—	4.77	3.58	14.98	221	—	18	11	8.5	3.4
	800	—	5.13	3.85	16.11	243	—	20	12	8.6	3.4
70	0	1.2	3.21	2.41	10.09	63	—	4	4	7.0	3.2
	300	1.6	3.93	2.95	12.35	142	—	10	6	7.9	3.9
	400	1.8	4.20	3.15	13.18	168	—	12	7	8.1	3.6
	500	1.9	4.49	3.37	14.11	193	—	14	8	8.3	3.7
	600	2.1	4.81	3.61	15.11	215	—	16	10	8.4	3.7
	700	2.3	5.15	3.86	16.16	239	—	18	11	8.5	3.8
	800	2.5	5.51	4.13	17.28	262	—	20	12	8.6	3.8
80	0	1.4	3.51	2.63	11.01	70	—	5	4	8.0	3.2
	300	1.8	4.24	3.18	13.31	149	—	11	6	9.0	3.6
	400	1.9	4.52	3.39	14.19	174	—	13	7	9.1	3.6
	500	2.1	4.81	3.61	15.11	198	—	15	8	9.2	3.7
	600	2.3	5.13	3.85	16.11	222	—	17	9	9.3	3.7
	700	2.4	5.48	4.11	17.20	245	—	19	11	9.4	3.8
	800	2.7	5.85	4.39	18.37	268	—	21	12	9.5	3.8
90	0	1.5	3.80	2.85	11.93	76	—	6	5	9.0	3.6
	300	1.9	4.56	3.42	14.31	154	—	12	7	9.5	3.8
	400	2.1	4.84	3.63	15.19	179	—	14	8	9.7	3.9
	500	2.2	5.15	3.86	16.16	203	—	16	9	9.9	4.0
	600	2.4	5.47	4.10	17.16	226	—	18	11	10.1	4.0
	700	2.6	5.83	4.37	18.29	249	—	20	12	10.3	4.1
	800	2.8	6.20	4.65	19.46	272	—	22	13	10.5	4.2

续表 8

体重(kg)	日增重(g)	日粮干物质(kg)	奶牛能量单位(NND)	产奶净能(Mcal)	产奶净能(MJ)	可消化粗蛋白质(g)	小肠可消化粗蛋白质(g)	钙(g)	磷(g)	胡萝卜素(mg)	维生素A(kIU)
100	0	1.6	4.08	3.06	12.81	82	—	6	5	10.0	4.0
	300	2.0	4.85	3.64	15.23	173	—	13	7	10.5	4.2
	400	2.2	5.15	3.86	16.16	202	—	14	8	10.7	4.3
	500	2.3	5.45	4.09	17.12	231	—	16	9	11.0	4.4
	600	2.5	5.79	4.34	18.16	258	—	18	11	11.2	4.4
	700	2.7	6.16	4.62	19.34	285	—	20	12	11.4	4.5
	800	2.9	6.55	4.91	20.55	311	—	22	13	11.6	4.6
125	0	1.9	4.73	3.55	14.86	97	82	8	6	12.5	5.0
	300	2.3	5.55	4.16	17.41	186	164	14	7	13.0	5.2
	400	2.5	5.87	4.40	18.41	215	190	16	8	13.2	5.3
	500	2.7	6.19	4.64	19.42	243	215	18	10	13.4	5.4
	600	2.9	6.55	4.91	20.55	268	239	20	11	13.6	5.4
	700	3.1	6.93	5.20	21.76	295	264	22	12	13.8	5.5
	800	3.3	7.33	5.50	23.02	322	288	24	13	14.0	5.6
	900	3.6	7.79	5.84	24.44	347	311	26	14	14.2	5.7
	1 000	3.8	8.28	6.21	25.99	370	332	28	16	14.4	5.8
150	0	2.2	5.35	4.01	16.78	111	94	9	8	15.0	6.0
	300	2.7	6.21	4.66	19.50	202	175	15	9	15.7	6.3
	400	2.8	6.53	4.90	20.51	226	200	17	10	16.0	6.4
	500	3.0	6.88	5.16	21.59	254	225	19	11	16.3	6.5
	600	3.2	7.25	5.44	22.77	279	248	21	12	16.6	6.6
	700	3.4	7.67	5.75	24.06	305	272	23	13	17.0	6.8
	800	3.7	8.09	6.07	25.40	331	296	25	14	17.3	6.9
	900	3.9	8.56	6.42	26.87	356	319	27	16	17.6	7.0
	1 000	4.2	9.08	6.81	28.50	378	339	29	17	18.0	7.2
175	0	2.5	5.93	4.45	18.62	125	106	11	9	17.5	7.0
	300	2.9	6.95	5.21	21.80	210	184	17	10	18.2	7.3
	400	3.2	7.32	5.49	22.98	238	210	19	11	18.5	7.4
	500	3.6	7.75	5.81	24.31	266	235	22	12	18.8	7.5
	600	3.8	8.17	6.13	25.65	290	257	23	13	19.1	7.6
	700	3.8	8.65	6.49	27.16	316	281	25	14	19.4	7.7
	800	4.0	9.17	6.88	28.79	341	304	27	15	19.7	7.8
	900	4.3	9.72	7.29	30.51	365	326	29	16	20.0	7.9
	1 000	4.6	10.32	7.74	32.39	387	346	31	17	20.3	8.0

续表 8

体重(kg)	日增重(g)	日粮干物质(kg)	奶牛能量单位(NND)	产奶净能(Mcal)	产奶净能(MJ)	可消化粗蛋白质(g)	小肠可消化粗蛋白质(g)	钙(g)	磷(g)	胡萝卜素(mg)	维生素A(kIU)
200	0	2.7	6.48	4.86	20.34	160	133	12	10	20.0	8.1
	300	3.2	7.53	5.65	23.64	244	210	18	11	21.0	8.4
	400	3.4	7.95	5.96	24.94	271	235	20	12	21.5	8.6
	500	3.6	8.37	6.28	26.28	297	259	22	13	22.0	8.8
	600	3.8	8.84	6.63	27.74	322	282	24	14	22.5	9.0
	700	4.1	9.35	7.01	29.33	347	305	26	15	23.0	9.2
	800	4.4	9.88	7.41	31.01	372	327	28	16	23.5	9.4
	900	4.6	10.47	7.85	32.85	396	349	30	17	24.0	9.6
	1 000	5.0	11.09	8.32	34.82	417	368	32	18	24.5	9.8
250	0	3.2	7.53	5.65	23.64	189	157	15	13	25.0	10.0
	300	3.8	8.69	6.52	27.28	270	231	21	14	26.5	10.6
	400	4.0	9.13	6.85	28.67	296	255	23	15	27.0	10.8
	500	4.2	9.60	7.20	30.13	323	279	25	16	27.5	11.0
	600	4.5	10.12	7.59	31.76	345	300	27	17	28.0	11.2
	700	4.7	10.67	8.00	33.48	370	323	29	18	28.5	11.4
	800	5.0	11.24	8.43	35.28	394	345	31	19	29.0	11.6
	900	5.3	11.89	8.92	37.33	417	366	33	20	29.5	11.8
	1 000	5.6	12.57	9.43	39.46	437	385	35	21	30.0	12.0
300	0	3.7	8.51	6.38	26.70	216	180	18	15	30.0	12.0
	300	4.3	9.92	7.44	31.13	295	253	24	16	31.5	12.6
	400	4.5	10.47	7.85	32.85	321	276	26	17	32.0	12.8
	500	4.8	11.03	8.27	34.61	346	299	28	18	32.5	13.0
	600	5.0	11.64	8.73	36.53	368	320	30	19	33.0	13.2
	700	5.3	12.29	9.22	38.85	392	342	32	20	33.5	13.4
	800	5.6	13.01	9.76	40.84	415	362	34	21	34.0	13.6
	900	5.9	13.77	10.33	43.23	438	383	36	22	34.5	13.8
	1 000	6.3	14.61	10.96	45.86	458	402	38	23	35.0	14.0
350	0	4.1	9.43	7.07	29.59	243	202	21	18	35.0	14.0
	300	4.8	10.93	8.20	34.31	321	273	27	19	36.8	14.7
	400	5.0	11.53	8.65	36.20	345	296	29	20	37.4	15.0
	500	5.3	12.13	9.10	38.08	369	318	31	21	38.0	15.2
	600	5.6	12.80	9.60	40.17	392	338	33	22	38.6	15.4
	700	5.9	13.51	10.13	42.39	415	360	35	23	39.2	15.7
	800	6.2	14.29	10.72	44.86	442	381	37	24	39.8	15.9
	900	6.6	15.12	11.34	47.45	460	401	39	25	40.4	16.1
	1 000	7.0	16.01	12.01	50.25	480	419	41	26	41.0	16.4

续表 8

体重(kg)	日增重(g)	日粮干物质(kg)	奶牛能量单位(NND)	产奶净能(Mcal)	产奶净能(MJ)	可消化粗蛋白质(g)	小肠可消化粗蛋白质(g)	钙(g)	磷(g)	胡萝卜素(mg)	维生素A(kIU)
400	0	4.5	10.32	7.74	32.39	268	224	24	20	40.0	16.0
	300	5.3	12.08	9.05	37.91	344	294	30	21	42.0	16.8
	400	5.5	12.76	9.57	40.05	368	316	32	22	43.0	17.2
	500	5.8	13.47	10.10	42.26	393	338	34	23	44.0	17.6
	600	6.1	14.23	10.67	44.65	415	359	36	24	45.0	18.0
	700	6.4	15.05	11.29	47.24	438	380	38	25	46.0	18.4
	800	6.8	15.93	11.95	50.00	460	400	40	26	47.0	18.8
	900	7.2	16.91	12.68	53.06	482	420	42	27	48.0	19.2
	1 000	7.6	17.95	13.46	56.32	501	437	44	28	49.0	19.6
450	0	5.0	11.16	8.37	35.03	293	244	27	23	45.0	18.0
	300	5.7	13.04	9.78	40.92	368	313	33	24	48.0	19.2
	400	6.0	13.75	10.31	43.14	393	335	35	25	49.0	19.6
	500	6.3	14.51	10.88	45.53	417	355	37	26	50.0	20.0
	600	6.7	15.33	11.50	48.10	439	377	39	27	51.0	20.4
	700	7.0	16.21	12.16	50.88	461	398	41	28	52.0	20.8
	800	7.4	17.17	12.88	53.89	484	419	43	29	53.0	21.2
	900	7.8	18.20	13.65	57.12	505	439	45	30	54.0	21.6
	1 000	8.2	19.32	14.49	60.63	524	456	47	31	55.0	22.0
500	0	5.4	11.97	8.93	37.58	317	264	30	25	50.0	20.0
	300	6.2	14.13	10.60	44.36	392	333	36	26	53.0	21.2
	400	6.5	14.93	11.20	46.87	417	355	38	27	54.0	21.6
	500	6.8	15.81	11.86	49.63	441	377	40	28	55.0	22.0
	600	7.1	16.73	12.55	52.51	463	397	42	29	56.0	22.4
	700	7.6	17.75	13.31	55.69	485	418	44	30	57.0	22.8
	800	8.0	18.85	14.14	59.17	507	438	46	31	58.0	23.2
	900	8.4	20.01	15.01	62.81	529	458	48	32	59.0	23.6
	1 000	8.9	21.29	15.97	66.82	548	476	50	33	60.0	24.0

续表 8

体重(kg)	日增重(g)	日粮干物质(kg)	奶牛能量单位(NND)	产奶净能(Mcal)	产奶净能(MJ)	可消化粗蛋白质(g)	小肠可消化粗蛋白质(g)	钙(g)	磷(g)	胡萝卜素(mg)	维生素A(kIU)
550	0	5.8	12.77	9.58	40.09	341	284	33	28	55.0	22.0
	300	6.7	15.04	11.28	47.20	417	354	39	29	58.0	23.0
	400	6.9	15.92	11.94	49.96	441	376	41	30	59.0	23.6
	500	7.3	16.84	12.63	52.85	465	397	43	31	60.0	24.0
	600	7.7	17.84	13.38	55.99	487	418	45	32	61.0	24.4
	700	8.1	18.89	14.17	59.29	510	439	47	33	62.0	24.8
	800	8.5	20.04	15.03	62.89	533	460	49	34	63.0	25.2
	900	8.9	21.31	15.98	66.87	554	480	51	35	64.0	25.6
	1 000	9.5	22.67	17.00	71.13	573	496	53	36	65.0	26.0
600	0	6.2	13.53	10.15	42.47	364	303	36	30	60.0	24.0
	300	7.1	16.11	12.08	50.55	441	374	42	31	66.0	26.4
	400	7.4	17.08	12.81	53.60	465	396	44	32	67.0	26.8
	500	7.8	18.13	13.60	56.91	489	418	46	33	68.0	27.2
	600	8.2	19.24	14.43	60.38	512	439	48	34	69.0	27.6
	700	8.6	20.45	15.34	64.19	535	459	50	35	70.0	28.0
	800	9.0	21.76	16.32	68.29	557	480	52	36	71.0	28.4
	900	9.5	23.17	17.38	72.72	580	501	54	37	72.0	28.8
	1 000	10.1	24.69	18.52	77.49	599	518	56	38	73.0	29.2

表 9　种公牛的营养需要

体重(kg)	日粮干物质(kg)	奶牛能量单位(NND)	产奶净能(Mcal)	产奶净能(MJ)	可消化粗蛋白质(g)	钙(g)	磷(g)	胡萝卜素(mg)	维生素A(kIU)
500	7.99	13.40	10.05	42.05	423	32	24	53	21
600	9.17	15.36	11.52	48.20	485	36	27	64	26
700	10.29	17.24	12.93	54.10	544	41	31	74	30
800	11.37	19.05	14.29	59.79	602	45	34	85	34
900	12.42	20.81	15.61	65.32	657	49	37	95	38
1 000	13.44	22.52	16.89	70.64	711	53	40	106	42
1 100	14.44	24.26	18.15	75.94	764	57	43	117	47
1 200	15.42	25.83	19.37	81.05	816	61	46	127	51
1 300	16.37	27.49	20.57	86.07	866	65	49	138	55
1 400	17.31	28.99	21.74	90.97	916	69	52	148	59

表 10 奶牛常用饲料的成分与营养价值表

表 10-1 青绿类饲料

编号	饲料名称	样品说明	原样中						
			干物质(%)	粗蛋白(%)	钙(%)	磷(%)	总能量(MJ/kg)	奶牛能量单位(NND/kg)	可消化粗蛋白质(g/kg)
2-01-601	岸杂一号	2 省 3 样平均值	23.9	3.7	—	—	4.43	0.42	22
2-01-602	绊根草	大地绊根草,营养期	23.8	2.7	0.13	0.03	4.09	0.39	16
2-01-604	白茅		35.8	1.5	0.11	0.04	6.42	0.49	9
2-01-605	冰草	中间冰草	23.0	3.1	0.13	0.06	4.15	0.40	19
2-01-606	冰草	西伯利亚冰草	24.6	4.1	0.18	0.07	4.42	0.42	25
2-01-607	冰草	蒙古冰草	28.8	3.8	0.12	0.09	5.17	0.50	23
2-01-608	冰草	沙生冰草	27.2	4.2	0.14	0.08	4.91	0.47	25
2-01-017	蚕豆苗	小胡豆,花前期	11.2	2.7	0.07	0.05	2.08	0.24	16
2-01-018	蚕豆苗	小胡豆,盛花期	12.3	2.2	0.08	0.04	2.23	0.24	13
2-01-026	大白菜	小白口	4.4	1.1	0.06	0.04	0.78	0.10	7
2-01-027	大白菜	大青口	4.6	1.1	0.04	0.04	0.83	0.10	7
2-01-609	大白菜		4.5	1.0	0.11	0.03	0.72	0.09	6
2-01-030	大白菜	大麻叶齐心白菜	7.0	1.8	0.10	0.05	1.19	0.15	11
2-01-610	大麦青割	5 月上旬	15.7	2.0	—	—	2.78	0.29	12
2-01-611	大麦青割	5 月下旬	27.9	1.8	—	—	4.84	0.52	11
2-01-614	大豆青割	全株	35.2	3.4	0.36	0.29	5.76	0.59	20
2-01-638	大豆青割	全株	25.7	4.3	—	0.30	4.85	0.51	26
2-01-615	大豆青割	茎叶	25.0	5.4	0.11	0.03	4.46	0.49	32
2-01-616	大旱熟禾		33.0	3.4	0.15	0.07	5.93	0.52	29
2-01-617	多叶老芒麦		30.0	5.2	0.17	0.08	5.51	0.53	31
2-01-618	甘薯蔓		11.2	1.0	0.23	0.06	1.89	0.19	6
2-01-619	甘薯蔓		12.4	2.1	—	0.26	2.29	0.23	13
2-01-062	甘薯蔓	加蓬红薯藤营养期	11.8	2.4	—	—	2.06	0.21	14
2-01-620	甘薯蔓	夏甘薯藤	12.7	2.2	—	—	2.44	0.25	13
2-01-621	甘薯蔓	秋甘薯藤	14.5	1.7	—	—	2.50	0.26	10
2-01-622	甘薯蔓	成熟期	30.0	1.9	0.60	0.01	5.03	0.44	11
2-01-068	甘薯蔓	南瑞苕成熟期	12.1	1.4	0.17	0.05	2.08	0.21	8
2-01-071	甘薯蔓	红薯藤成熟期	10.9	1.7	0.27	0.03	1.85	0.18	10
2-01-072	甘薯蔓	11 省市 15 样平均值	13.0	2.1	0.20	0.05	2.25	0.22	13
2-01-623	甘蔗尾		24.6	1.5	0.07	0.01	4.32	0.37	9

干物质中													
总能量 (MJ/kg)	消化能 (MJ/kg)	产奶净能		奶牛能量单位 (NND/kg)	粗蛋白 (%)	可消化粗蛋白质(g/kg)	粗脂肪 (%)	粗纤维 (%)	无氮浸出物 (%)	粗灰分 (%)	钙 (%)	磷 (%)	胡萝卜素 (mg/kg)
		(MJ/kg)	(Mcal/kg)										
18.51	11.22	5.44	1.32	1.76	15.5	93	5.0	33.1	36.8	9.6	—	—	—
17.19	10.50	5.13	1.23	1.64	11.3	68	2.1	34.5	39.9	12.2	0.55	0.13	—
17.93	8.87	4.33	1.03	1.37	4.2	25	2.0	44.4	43.0	6.4	0.31	0.11	—
18.05	11.11	5.48	1.30	1.74	13.5	81	3.0	31.7	43.0	8.7	0.57	0.26	—
17.97	10.92	5.45	1.28	1.71	16.7	100	2.0	30.9	41.5	8.9	0.73	0.28	—
17.96	11.09	5.38	1.30	1.74	13.2	79	2.1	32.6	44.1	8.0	0.42	0.31	—
18.09	11.04	5.40	1.30	1.73	15.4	93	2.2	31.3	43.0	8.1	0.51	0.29	—
18.64	13.54	6.79	1.61	2.14	24.1	145	5.4	20.5	39.3	10.7	0.63	0.45	—
18.13	12.39	6.18	1.46	1.95	17.9	107	3.3	28.5	40.7	9.8	0.65	0.33	—
17.66	14.33	6.82	1.70	2.27	25.0	150	4.5	9.1	47.7	13.6	1.36	0.91	—
17.99	13.73	7.39	1.63	2.17	23.9	143	4.3	8.7	52.2	10.9	0.87	0.87	—
16.05	12.68	6.67	1.50	2.00	22.2	133	4.4	11.1	40.0	22.2	2.44	0.67	0.57
17.13	13.54	6.71	1.61	2.14	25.7	154	4.3	11.4	41.4	17.1	1.43	0.71	—
17.72	11.76	5.92	1.39	1.85	12.7	76	3.2	29.9	43.9	10.2	—	—	—
17.36	11.86	5.88	1.40	1.86	6.5	39	1.4	27.2	58.1	6.8	—	—	—
16.37	10.73	5.26	1.26	1.68	9.7	58	6.0	28.7	35.2	20.5	1.02	0.82	290.43
18.89	12.59	6.19	1.49	1.98	16.7	100	8.2	27.6	36.2	11.3	—	1.17	—
17.82	12.44	6.20	1.47	1.96	21.6	130	2.9	22.0	42.0	11.6	0.44	0.12	289.86
17.98	10.12	4.97	1.18	1.58	10.3	62	2.1	35.5	44.8	7.3	0.45	0.21	—
18.37	11.27	5.60	1.33	1.77	17.3	104	4.3	25.7	43.7	9.0	0.57	0.27	—
16.88	10.85	5.27	1.27	1.70	8.9	54	4.5	19.6	53.6	13.4	2.05	0.54	38.06
18.52	11.81	5.81	1.39	1.85	16.9	102	6.5	19.4	47.6	9.7	—	2.10	—
17.43	11.35	5.68	1.33	1.78	20.3	122	5.1	16.9	42.4	15.3	—	—	—
19.27	12.49	6.30	1.48	1.97	17.3	104	7.9	18.1	49.6	7.1	—	—	—
17.28	11.43	5.52	1.34	1.79	11.7	70	3.4	17.2	57.2	10.3	—	—	81.6
16.77	9.46	4.63	1.10	1.47	6.3	38	3.3	24.3	53.7	12.3	2.00	0.03	—
17.14	11.09	5.21	1.30	1.74	11.6	69	4.1	19.0	52.9	12.4	1.40	0.41	—
16.97	10.58	5.41	1.24	1.65	15.6	94	4.6	18.3	45.9	15.6	2.48	0.28	—
17.29	10.82	5.54	1.27	1.69	16.2	97	3.8	19.2	47.7	13.1	1.54	0.38	—
17.59	9.69	4.80	1.13	1.50	6.1	37	2.0	31.3	53.7	6.9	0.28	0.04	—

续表 10-1

编号	饲料名称	样品说明	原样中						
			干物质(%)	粗蛋白(%)	钙(%)	磷(%)	总能量(MJ/kg)	奶牛能量单位(NND/kg)	可消化粗蛋白质(g/kg)
2-01-625	甘蓝包		7.8	1.3	0.06	0.04	1.24	0.15	8
2-01-626	甘蓝包	甘蓝包外叶	7.6	1.2	0.12	0.02	1.27	0.13	7
2-01-627	甘蓝包	甘蓝包外叶	10.9	1.3	—	—	1.82	0.23	8
2-01-628	葛藤	爪哇葛藤	20.5	4.5	—	—	4.04	0.30	27
2-01-629	葛藤	沙葛藤	20.9	3.5	0.13	0.01	3.98	0.30	21
2-01-630	狗尾草	卡松古鲁种	10.1	1.1	—	—	1.74	0.15	7
2-01-631	黑麦草	阿文士意大利黑麦草	16.3	3.5	0.10	0.04	2.86	0.34	21
2-01-632	黑麦草	伯克意大利黑麦草	18.0	3.3	0.13	0.05	3.15	0.37	20
2-01-633	黑麦草	菲期塔多年生黑麦草	19.2	3.3	0.15	0.05	3.36	0.40	20
2-01-634	黑麦草		16.3	2.1	—	—	2.92	0.34	13
2-01-635	黑麦草	抽穗期	22.8	1.7	—	—	3.97	0.36	10
2-01-636	黑麦草	第一次收割	13.2	2.2	0.18	—	2.35	0.23	13
2-01-099	胡萝卜秧	4 省市 4 样平均值	12.0	2.0	0.38	0.05	2.07	0.23	13
2-01-638	花生藤		29.3	4.5	—	—	5.30	0.47	27
2-01-639	花生藤		24.6	2.5	0.53	0.02	4.48	0.33	15
2-01-640	坚尼草	抽穗期	25.3	2.0	—	—	4.39	0.43	12
2-01-641	坚尼草	拔节期	23.4	1.6	—	—	4.07	0.35	12
2-01-642	坚尼草	初穗期	32.7	1.2	—	—	5.67	0.47	7
2-01-631	聚合草	始花期	11.8	2.1	0.28	0.01	1.87	0.20	13
2-01-643	萝卜叶		10.6	1.9	0.04	0.01	1.52	0.19	11
2-01-177	马铃薯秧		11.6	2.3	—	—	2.15	0.15	14
2-01-644	芒 草	拔节期	34.5	1.6	0.16	0.02	6.26	0.52	10
2-01-645	苜蓿	盛花期	26.2	3.8	0.34	0.01	4.73	0.40	23
2-01-646	苜蓿	5 月中旬	17.5	1.5	—	—	3.08	0.25	9
2-01-197	苜蓿	亚洲苜蓿,营养期	25.0	5.2	0.52	0.06	4.55	0.47	31
2-01-647	苜蓿		21.9	4.6	0.31	0.09	4.05	0.41	28
2-01-201	苜蓿	杂花,初花期	28.8	5.1	0.35	0.09	5.36	0.56	31
2-01-648	苜蓿	紫花苜蓿	20.2	3.6	0.47	0.06	3.55	0.36	22
2-01-209	苜蓿	黄花苜蓿,现蕾期	13.9	3.1	0.13	0.05	2.68	0.31	19
2-01-649	牛尾草	梅尔多牛尾草	21.3	4.5	0.19	0.05	3.81	0.45	27
2-01-227	荞麦苗	初花期	19.8	2.8	0.69	0.14	3.57	0.36	17
2-01-226	荞麦苗	盛花期	17.4	2.0	—	0.05	3.05	0.31	12
2-01-650	青菜		19.1	2.9	0.36	0.05	2.67	0.32	17

干物质中													
总能量(MJ/kg)	消化能(MJ/kg)	产奶净能		奶牛能量单位(NND/kg)	粗蛋白(%)	可消化粗蛋白质(g/kg)	粗脂肪(%)	粗纤维(%)	无氮浸出物(%)	粗灰分(%)	钙(%)	磷(%)	胡萝卜素(mg/kg)
		(MJ/kg)	(Mcal/kg)										
15.93	12.22	6.03	1.44	1.92	16.7	100	1.3	12.8	52.6	16.7	0.77	0.51	—
16.72	10.93	5.53	1.28	1.71	15.8	95	3.9	15.8	48.7	15.8	1.58	0.26	4.56
16.66	13.34	6.61	1.58	2.11	11.9	72	4.6	11.9	56.9	14.7	—	—	—
19.71	9.74	4.73	1.10	1.46	22.0	132	5.4	35.6	30.7	6.3	—	—	—
19.04	9.56	4.64	1.08	1.44	16.7	100	4.3	30.6	42.6	5.7	0.62	0.05	—
17.27	10.17	5.05	1.11	1.49	10.9	65	5.0	31.7	37.6	14.9	—	—	—
17.54	12.83	6.44	1.56	2.09	21.5	129	4.3	20.9	38.7	14.7	0.61	0.25	—
17.51	13.02	6.56	1.54	2.06	18.3	110	3.3	23.3	42.2	12.8	0.72	0.28	—
17.48	13.18	6.56	1.56	2.08	17.2	103	3.1	25.0	42.2	12.5	0.78	0.26	—
17.92	13.57	6.69	1.56	2.09	12.9	77	4.9	24.5	47.2	10.4	—	—	342.72
17.41	10.14	4.96	1.18	1.58	7.5	45	3.1	29.8	50.0	9.6	—	—	—
17.79	11.13	5.45	1.31	1.74	16.7	100	2.3	28.0	43.2	9.8	1.36	—	—
17.21	12.18	6.00	1.44	1.92	18.3	110	5.0	18.3	42.5	15.8	3.17	0.42	171.52
18.09	10.29	5.02	1.20	1.60	15.4	92	2.7	21.2	53.9	6.8	—	—	—
18.24	8.71	4.27	1.01	1.34	10.2	61	3.7	35.4	43.1	7.7	2.15	0.08	—
17.36	10.87	5.30	1.27	1.70	7.9	47	2.4	33.6	46.2	9.9	—	—	—
17.38	9.64	4.66	1.12	1.50	6.8	41	1.7	38.9	43.2	9.4	—	—	—
17.33	9.29	4.50	1.08	1.44	3.7	22	1.8	40.4	45.3	8.9	—	—	—
15.88	10.84	5.34	1.27	1.69	17.8	107	1.7	11.9	50.8	17.8	2.37	0.08	—
14.07	11.43	5.57	1.34	1.79	17.9	108	3.8	8.5	40.6	29.2	0.38	0.09	300.00
18.50	8.42	4.05	0.97	1.29	19.8	119	6.0	23.3	39.7	11.2	—	—	—
18.15	9.71	4.75	1.13	1.51	4.6	28	2.9	33.9	53.9	4.6	0.46	0.06	—
18.06	9.83	4.81	1.15	1.53	14.5	87	1.1	35.9	41.2	7.3	1.30	0.04	—
17.58	9.23	4.57	1.07	1.43	8.6	51	2.3	32.6	48.0	8.6	—	—	—
18.22	11.96	5.88	1.41	1.88	20.8	125	1.6	31.6	37.2	8.8	2.08	0.24	—
19.22	11.91	5.94	1.40	1.87	21.0	126	2.7	32.0	35.6	8.7	1.42	0.41	216.60
18.61	12.35	6.11	1.46	1.94	17.7	106	3.1	26.4	46.5	6.3	1.22	0.31	—
17.56	11.37	5.59	1.34	1.78	17.8	107	1.5	32.2	37.1	11.4	2.33	0.30	—
19.25	14.07	6.98	1.67	2.23	22.3	134	7.2	19.4	42.4	8.6	0.94	0.36	—
17.89	13.36	6.53	1.58	2.11	21.1	127	3.8	23.0	39.9	12.2	0.89	0.23	—
18.01	11.58	5.71	1.36	1.82	14.1	85	3.5	24.2	42.4	10.6	3.48	0.71	—
17.52	11.36	5.57	1.34	1.78	11.5	69	2.3	30.5	46.0	9.8	—	0.29	—
14.00	10.72	5.29	1.26	1.68	15.2	91	1.0	40.8	10.5	32.5	1.88	0.26	—

续表 10-1

编号	饲料名称	样品说明	原样中						
			干物质(%)	粗蛋白(%)	钙(%)	磷(%)	总能量(MJ/kg)	奶牛能量单位(NND/kg)	可消化粗蛋白质(g/kg)
2-01-652	雀麦草	坦波无芒雀麦草	25.3	4.1	0.64	0.07	4.45	0.48	25
2-01-246	三叶草	苏联三叶草	19.7	3.3	0.26	0.06	3.65	0.39	20
2-01-247	三叶草	新西兰红三叶,现蕾期	11.4	1.9	—	—	2.04	0.24	11
2-01-248	三叶草	新西兰红三叶,初花期	13.9	2.2	—	—	2.51	0.27	13
2-01-250	三叶草	地中海红三叶,盛花期	12.7	1.8	—	—	2.36	0.25	11
2-01-653	三叶草	分枝期	13.0	2.1	—	—	2.22	0.26	13
2-01-654	三叶草	初花期	19.6	2.4	—	—	3.45	0.38	14
2-01-254	三叶草	红三叶,6样平均值	18.5	3.7	—	—	3.46	0.38	22
2-01-655	沙打旺		14.9	3.5	0.20	0.50	2.61	0.30	21
2-01-343	苕子	初花期	15.0	3.2	—	—	2.86	0.29	19
2-01-658	苏丹草	拔节期	18.5	1.9	—	—	3.34	0.33	11
2-01-659	苏丹草	抽穗期	19.7	1.7	—	—	3.60	0.35	10
2-01-333	甜菜叶		8.7	2.0	0.11	0.04	1.39	0.17	12
2-01-661	通心菜		9.9	2.3	0.10	—	1.63	0.20	14
2-01-663	象草		16.4	2.4	0.04	—	3.11	0.31	14
2-01-664	象草		20.0	2.0	0.05	0.02	3.70	0.36	12
2-01-665	向日葵托		10.3	0.5	0.10	0.01	1.69	0.17	3
2-01-666	向日葵叶	2省市2样品平均值	17.0	2.7	0.74	0.04	2.63	0.29	16
2-01-667	小冠花		20.0	4.0	0.31	0.06	3.59	0.40	24
2-01-668	小麦青割		29.8	4.8	0.27	0.03	5.43	0.57	29
2-01-669	鸭茅	杰斯柏鸭茅	20.6	3.2	0.49	0.06	3.70	0.34	19
2-01-670	鸭茅	伦内鸭茅	21.2	2.8	0.11	0.06	3.64	0.32	17
2-01-671	燕麦青割	刚抽穗	19.7	2.9	0.11	0.07	3.65	0.40	17
2-01-672	燕麦青割		25.5	4.1	9.00	0.06	4.68	0.45	25
2-01-673	燕麦青割	扬花期	22.1	2.4	—	—	3.93	0.38	14
2-01-674	燕麦青割	灌浆期	19.6	2.2	—	—	3.50	0.32	13
2-01-677	野青草	狗尾草为主	25.3	1.7	—	0.12	4.36	0.40	10
2-01-678	野青草	稗草为主	34.5	3.8	0.14	0.11	5.81	0.54	23
2-01-680	野青草	混杂草	29.6	2.3	—	—	5.26	0.49	14
2-01-681	野青草	沟边草	32.8	2.3	—	—	5.73	0.53	14
2-01-682	拟高粱		18.4	2.2	0.13	0.03	3.22	0.34	13
2-01-683	拟高粱	拔节期	18.5	1.2	0.21	0.08	3.29	0.31	7
2-01-243	玉米青割	乳熟期,玉米叶	17.9	1.1	0.06	0.04	3.37	0.32	7

干物质中													
总能量(MJ/kg)	消化能(MJ/kg)	产奶净能		奶牛能量单位(NND/kg)	粗蛋白(%)	可消化粗蛋白质(g/kg)	粗脂肪(%)	粗纤维(%)	无氮浸出物(%)	粗灰分(%)	钙(%)	磷(%)	胡萝卜素(mg/kg)
		(MJ/kg)	(Mcal/kg)										
17.60	12.06	5.97	1.42	1.90	16.2	97	2.8	30.0	39.1	11.9	2.53	0.28	—
18.52	12.56	6.19	1.48	1.98	16.8	101	2.5	28.9	45.7	6.1	1.32	0.30	—
17.96	13.32	6.67	1.58	2.11	16.7	100	6.1	18.4	46.5	12.3	—	—	—
18.07	12.33	6.04	1.46	1.94	15.8	95	5.0	23.7	44.6	10.8	—	—	—
18.59	12.49	6.30	1.48	1.97	14.2	85	7.1	26.0	42.5	10.2	—	—	—
17.14	12.68	6.15	1.50	2.00	16.2	97	3.1	20.0	47.7	13.1	—	—	—
17.60	12.31	6.02	1.45	1.94	12.2	73	3.1	25.5	49.5	9.7	—	—	148.59
18.73	13.01	6.38	1.54	2.05	20.0	120	4.9	22.2	44.9	8.1	—	—	184.14
17.52	12.76	6.24	1.51	2.01	23.5	141	3.4	15.4	44.3	13.4	1.34	0.34	—
19.09	12.28	6.20	1.45	1.93	21.3	128	4.0	32.7	34.7	7.3	—	—	—
18.05	11.38	5.68	1.34	1.78	10.3	62	4.3	29.2	47.6	8.6	—	—	—
18.26	11.33	5.53	1.33	1.78	8.6	52	3.6	31.5	50.3	6.1	—	—	—
15.96	12.40	6.32	1.47	1.95	23.0	138	3.4	11.5	40.2	21.8	1.26	0.46	—
16.45	12.80	6.36	1.52	2.02	23.2	139	3.0	10.1	45.5	18.2	1.01	—	—
18.97	12.02	6.16	1.42	1.89	14.6	88	9.1	29.3	35.4	12.8	0.24	—	—
18.53	11.47	5.65	1.35	1.80	10.0	60	3.0	35.0	47.0	5.0	0.25	0.10	—
16.36	10.57	5.34	1.24	1.65	4.9	29	2.9	19.4	60.2	12.6	0.97	0.10	—
15.46	10.91	5.18	1.28	1.71	15.9	95	3.5	10.6	48.2	21.8	4.35	0.24	—
17.94	12.68	6.30	1.50	2.00	20.0	120	3.0	21.0	46.0	10.0	1.55	0.30	—
18.21	12.15	6.04	1.43	1.91	16.1	97	2.3	28.9	45.3	7.4	0.91	0.10	—
17.96	10.57	5.29	1.24	1.65	15.5	93	3.9	28.6	41.3	10.7	2.38	0.29	—
17.17	9.72	4.76	1.13	1.51	13.2	79	3.8	28.3	40.6	14.2	0.52	0.28	—
18.54	12.86	6.40	1.52	2.03	14.7	88	4.6	27.4	45.7	7.6	0.56	0.36	—
18.36	11.26	5.61	1.32	1.76	16.1	96	3.1	28.2	45.1	7.5	35.3	0.24	0.25
17.78	10.99	5.52	1.29	1.72	10.9	65	2.7	30.8	47.1	8.6	—	—	—
17.65	10.46	5.15	1.22	1.63	11.2	67	2.6	33.2	44.4	8.7	—	—	—
17.20	10.15	4.98	1.19	1.58	6.7	40	2.8	28.1	52.6	9.9	—	0.47	—
16.85	10.06	4.99	1.17	1.57	11.0	66	2.0	29.9	44.1	13.0	0.41	0.32	—
17.78	10.60	5.24	1.24	1.66	7.8	47	2.7	35.1	46.3	8.1	—	—	—
17.47	10.36	5.12	1.21	1.62	7.0	42	2.1	35.1	47.0	8.8	—	—	—
17.49	11.76	5.71	1.39	1.85	12.0	72	2.7	28.3	46.7	10.3	0.71	0.16	—
17.77	10.72	5.24	1.26	1.68	6.5	39	2.2	33.0	51.9	6.5	1.14	0.43	—
18.84	11.40	5.64	1.34	1.79	6.1	37	2.8	29.1	55.3	6.7	0.34	0.22	—

续表 10-1

编号	饲料名称	样品说明	原样中						
			干物质(%)	粗蛋白(%)	钙(%)	磷(%)	总能量(MJ/kg)	奶牛能量单位(NND/kg)	可消化粗蛋白质(g/kg)
2-01-685	玉米青割		22.9	1.5	—	0.02	4.11	0.41	9
2-01-686	玉米青割	未抽穗	12.8	1.2	0.08	0.06	2.30	0.23	7
2-01-687	玉米青割	抽穗期	17.6	1.5	0.09	0.05	3.16	0.31	9
2-01-688	玉米青割	有玉丝穗	12.9	1.1	0.04	0.03	2.26	0.22	7
2-01-689	玉米青割	乳熟期占1/2	18.5	1.5	0.06	—	3.20	0.32	9
2-01-241	玉米青割	西德2号,抽穗期	24.1	3.1	0.08	0.08	4.19	0.48	19
2-01-690	玉米全株	晚	27.1	0.8	0.09	0.10	4.72	0.49	5
2-01-693	紫云英		16.2	3.2	0.21	0.05	2.94	0.33	19
2-01-695	紫云英	盛花期	9.0	1.3	—	—	1.68	0.19	8
2-01-429	紫云英	8省市8样平均值	13.0	2.9	0.18	0.07	2.42	0.28	17

表 10-2　青贮类饲料

编号	饲料名称	样品说明	原样中						
			干物质(%)	粗蛋白(%)	钙(%)	磷(%)	总能量(MJ/kg)	奶牛能量单位(NND/kg)	可消化粗蛋白质(g/kg)
3-03-002	草木樨青贮	已结籽,pH4.0	31.6	5.1	0.53	0.08	5.55	0.53	31
3-03-601	冬大麦青贮	7样平均值	22.2	2.6	0.05	0.03	3.82	0.40	16
3-03-602	甘薯藤青贮	秋甘薯藤	33.1	2.0	0.46	0.15	5.14	0.47	12
3-03-004	甘薯藤青贮	窖贮6个月	21.7	2.8	—	—	3.77	0.34	17
3-03-005	甘薯藤青贮		18.3	1.7	—	—	2.98	0.24	10
3-03-021	甜菜叶青贮		37.5	4.6	0.39	0.10	6.05	0.69	28
3-03-025	玉米青贮	收获后黄干贮	25.0	1.4	0.10	0.02	4.35	0.25	8
3-03-031	玉米青贮	乳熟期	25.0	1.5	—	—	4.35	0.39	9
3-03-603	玉米青贮	红色草原牧场	29.2	1.6	0.09	0.08	5.28	0.47	10
3-03-605	玉米青贮	4省市5样平均值	22.7	1.6	0.10	0.06	3.96	0.36	10
3-03-606	玉米大豆青贮		21.8	2.1	0.15	0.06	3.46	0.35	13
3-03-010	胡萝卜青贮		23.6	2.1	0.25	0.03	3.29	0.44	13
3-03-011	胡萝卜青贮		19.7	3.1	0.35	0.03	3.21	0.33	19
3-03-019	苜蓿青贮	盛花期	33.7	5.3	0.50	0.10	6.25	0.52	32

干物质中													
总能量(MJ/kg)	消化能(MJ/kg)	产奶净能		奶牛能量单位(NND/kg)	粗蛋白(%)	可消化粗蛋白质(g/kg)	粗脂肪(%)	粗纤维(%)	无氮浸出物(%)	粗灰分(%)	钙(%)	磷(%)	胡萝卜素(mg/kg)
		(MJ/kg)	(Mcal/kg)										
17.94	11.42	5.68	1.34	1.79	6.6	39	1.7	30.1	57.2	4.4	—	0.09	63.40
17.97	11.46	5.63	1.35	1.80	9.4	56	3.1	32.8	46.9	7.8	0.63	0.47	—
17.98	11.24	5.51	1.32	1.76	8.5	51	2.3	33.0	50.0	6.3	0.51	0.28	—
17.51	10.90	5.58	1.28	1.71	8.5	51	2.3	34.1	45.7	9.3	0.31	0.23	—
17.31	11.05	5.46	1.30	1.73	8.1	49	2.2	29.2	51.4	9.2	0.32	—	—
17.41	12.63	6.27	1.49	1.99	12.9	77	1.7	27.4	48.5	9.5	0.33	0.33	—
17.40	11.52	5.72	1.36	1.81	3.0	18	1.5	29.2	60.9	5.5	0.33	0.37	—
18.14	12.90	6.48	1.53	2.04	19.8	119	3.7	25.3	40.7	10.5	1.30	0.31	—
18.63	13.35	7.00	1.58	2.11	14.4	87	6.7	16.7	54.4	7.8	—	—	—
18.60	13.61	6.77	1.62	2.15	22.3	134	5.4	19.2	43.1	10.0	1.38	0.54	—

干物质中													
总能量(MJ/kg)	消化能(MJ/kg)	产奶净能		奶牛能量单位(NND/kg)	粗蛋白(%)	可消化粗蛋白质(g/kg)	粗脂肪(%)	粗纤维(%)	无氮浸出物(%)	粗灰分(%)	钙(%)	磷(%)	胡萝卜素(mg/kg)
		(MJ/kg)	(Mcal/kg)										
17.57	10.84	5.32	1.26	1.68	16.1	97	3.2	32.3	35.4	13.0	1.68	0.25	—
17.23	11.59	5.68	1.35	1.80	11.7	70	3.2	29.7	42.8	12.6	0.23	0.14	—
15.54	9.28	4.56	1.06	1.42	6.0	36	2.7	18.4	55.3	17.5	1.39	0.45	—
17.37	10.17	4.84	1.18	1.57	12.9	77	5.1	21.7	47.0	13.4	—	—	—
16.27	8.63	4.15	0.98	1.31	9.3	56	6.0	24.6	39.9	20.2	—	—	—
16.13	11.82	5.81	1.38	1.84	12.3	74	6.4	19.7	38.9	22.7	1.04	0.27	—
17.38	6.75	3.20	0.75	1.00	5.6	34	1.2	35.6	50.0	7.6	0.40	0.08	—
17.38	10.13	4.88	1.17	1.56	6.0	36	4.4	30.8	47.6	11.2	—	—	—
18.09	10.43	5.03	1.21	1.61	5.5	33	2.4	31.5	55.5	5.1	0.31	0.27	—
17.45	10.29	4.98	1.19	1.59	7.0	42	2.6	30.4	51.1	8.8	0.44	0.26	—
15.90	10.40	5.00	1.20	1.61	9.6	58	2.3	31.7	37.6	18.8	0.69	0.28	—
13.92	11.96	5.89	1.40	1.86	8.9	53	2.1	18.6	42.8	27.5	1.06	0.13	—
16.30	10.82	5.33	1.26	1.68	15.7	94	6.6	28.9	24.4	24.4	1.78	0.15	—
18.54	10.03	4.87	1.16	1.54	15.7	94	4.2	38.0	30.6	11.6	1.48	0.30	—

表 10-3　块根、块茎、瓜果类饲料

编号	饲料名称	样品说明	原样中						
			干物质(%)	粗蛋白(%)	钙(%)	磷(%)	总能量(MJ/kg)	奶牛能量单位(NND/kg)	可消化粗蛋白质(g/kg)
4-04-601	甘薯		24.6	1.1	—	0.07	4.08	0.58	7
4-04-602	甘薯		24.4	1.1	—	—	4.12	0.57	7
4-04-018	甘薯		23.0	1.1	0.14	0.06	3.86	0.54	7
4-04-200	甘薯	7 省市 8 样平均值	25.0	1.0	0.13	0.05	4.25	0.59	7
4-04-207	甘薯	8 省市甘薯干 40 样平均值	90.0	3.9	0.15	0.12	1.52	2.14	25
4-04-603	胡萝卜		9.3	0.8	0.05	0.03	1.58	0.23	5
4-04-604	胡萝卜	红色胡萝卜	13.7	1.4	0.06	0.05	2.33	0.33	9
4-04-605	胡萝卜	黄色胡萝卜	13.4	1.3	0.07	—	2.32	0.33	8
4-04-606	胡萝卜	2 样平均值	11.6	0.9	0.16	0.04	2.05	0.29	6
4-04-077	胡萝卜		10.8	1.0	—	—	1.85	0.27	7
4-04-208	胡萝卜	12 省市 13 样平均值	12.0	1.1	0.15	0.09	2.04	0.29	7
4-04-092	萝卜	白萝卜	8.2	0.6	0.05	0.03	1.32	0.20	4
4-04-094	萝卜	长大萝卜	7.0	0.9	—	—	1.17	0.17	6
4-04-210	萝卡	11 省市 11 样平均值	7.0	0.9	0.05	0.03	1.15	0.17	6
4-04-607	马铃薯		21.2	1.1	0.01	0.05	3.53	0.51	7
4-04-110	马铃薯		18.8	1.3	—	—	3.15	0.44	8
4-04-114	马铃薯	米粒种	15.2	1.1	0.02	0.06	2.59	0.36	7
4-04-211	马铃薯	10 省市 10 样平均值	22.0	1.6	0.02	0.03	3.72	0.52	10
4-04-608	木薯粉		94.0	3.1	—	—	1.61	2.26	20
4-04-136	南瓜	柿饼瓜青皮	6.4	0.7	—	—	1.12	0.15	5
4-04-212	南瓜	9 省市 9 样平均值	10.0	1.0	0.04	0.02	1.71	0.24	7
4-04-610	甜菜	2 样平均值	9.9	1.4	0.03	—	1.75	0.22	9
4-04-157	甜菜	贵州威宁，糖用	13.5	0.9	0.03	0.04	2.33	0.32	6
4-04-213	甜菜	8 省市 9 样平均值	15.0	2.0	0.06	0.04	2.59	0.31	13
4-04-611	甜菜丝干		88.6	7.3	0.66	0.07	1.54	1.97	47
4-04-162	芜菁甘蓝	洋萝卜新西兰 2 号	10.0	1.1	0.05	0.01	1.77	0.25	7
4-04-164	芜菁甘蓝	洋萝卜新西兰 3 号	10.0	1.0	0.06		1.71	0.25	7
4-04-161	芜菁甘蓝	洋萝卜新西兰 4 号	10.0	1.0	0.05		1.69	0.25	7
4-04-215	芜菁甘蓝	3 省 5 样平均值	10.0	1.0	0.06	0.02	1.71	0.25	7
4-04-168	西瓜皮		6.6	0.6	0.02	0.02	1.71	0.14	4

干物质中													
总能量(MJ/kg)	消化能(MJ/kg)	产奶净能		奶牛能量单位(NND/kg)	粗蛋白(%)	可消化粗蛋白质(g/kg)	粗脂肪(%)	粗纤维(%)	无氮浸出物(%)	粗灰分(%)	钙(%)	磷(%)	胡萝卜素(mg/kg)
		(MJ/kg)	(Mcal/kg)										
16.58	14.94	7.32	1.77	2.36	4.5	29	0.8	3.3	86.2	5.3	—	0.28	—
16.90	14.81	7.38	1.75	2.34	4.5	29	1.2	4.1	86.1	4.1	—	—	—
16.76	14.88	7.48	1.76	2.35	4.8	31	0.9	3.0	87.0	4.3	0.61	0.26	—
16.99	14.95	7.56	1.77	2.36	4.0	26	1.2	3.6	88.0	3.2	0.52	0.20	39.82
16.92	15.06	7.44	1.78	2.38	4.3	28	1.4	2.6	88.8	2.9	0.17	0.13	—
17.01	15.64	7.74	1.85	2.47	8.6	56	2.2	8.6	73.1	7.5	0.54	0.32	—
17.01	15.25	7.66	1.81	2.41	10.2	66	1.5	10.2	70.8	7.3	0.44	0.36	—
17.33	15.57	7.84	1.85	2.46	9.7	63	2.2	12.7	68.7	6.7	0.52	—	348.08
17.67	15.80	8.02	1.87	2.50	7.8	50	5.2	12.1	67.2	7.8	1.38	0.34	—
17.08	15.80	7.78	1.88	2.50	9.3	60	1.9	7.4	75.0	6.5	—	—	—
16.99	15.30	7.75	1.81	2.42	9.2	60	2.5	10.0	70.0	8.3	1.25	0.75	—
16.04	15.43	7.68	1.83	2.44	7.3	48		9.8	73.2	9.8	0.61	0.37	2.00
16.73	15.37	7.86	1.82	2.43	12.9	84	1.4	10.0	65.7	10.0	—	—	—
16.49	15.37	7.29	1.82	2.43	12.9	84	1.4	10.0	64.3	11.4	0.71	0.43	—
16.68	15.23	7.50	1.80	2.41	5.2	34	0.5	1.9	88.2	4.2	0.05	0.24	0.41
16.75	14.84	7.39	1.76	2.34	6.9	45	0.5	2.7	85.1	4.8	—	—	—
17.03	15.00	7.43	1.78	2.37	7.2	47	0.7	2.0	86.8	3.3	0.13	0.39	—
16.89	14.98	7.45	1.77	2.36	7.3	47	0.5	3.2	39.5	4.1	0.09	0.14	—
17.11	15.22	7.57	1.80	2.40	3.3	21	0.7	2.4	92.1	1.4	—	—	—
17.43	14.86	7.34	1.76	2.34	10.9	71	3.1	4.7	65.6	7.8	—	—	—
17.06	15.20	7.60	1.80	2.40	10.0	65	3.0	12.0	68.0	7.0	0.40	0.20	64.29
17.67	14.12	7.27	1.67	2.22	14.1	92	3.0	15.2	59.6	8.1	0.30	—	—
17.26	15.02	7.48	1.78	2.37	6.7	43	4.4	5.2	81.5	2.2	0.22	0.30	—
17.28	13.18	6.47	1.55	2.07	13.3	87	2.7	11.3	60.7	12.0	0.40	0.27	—
17.36	14.13	7.00	10.67	2.22	8.2	54	0.7	22.1	63.9	5.1	0.74	0.08	—
17.73	15.80	8.00	1.88	2.50	11.0	71	1.0	13.0	67.0	8.0	0.50	0.10	—
17.13	15.80	8.00	1.88	2.50	10.0	65		16.0	66.0	8.0	0.60		—
16.93	15.80	8.00	1.88	2.50	10.0	65	1.0	15.0	66.0	3.0	0.50		—
17.09	15.80	8.00	1.88	2.50	10.0	65	2.0	13.0	67.0	8.0	0.60	0.20	—
17.79	13.51	7.12	1.59	2.12	9.1	59	3.0	19.7	53.0	15.2	0.30	0.30	—

表 10-4　青干草类饲料

编号	饲料名称	样品说明	原样中						
			干物质(%)	粗蛋白(%)	钙(%)	磷(%)	总能量(MJ/kg)	奶牛能量单位(NND/kg)	可消化粗蛋白质(g/kg)
1-05-601	白茅	地上茎叶	90.9	7.4	0.28	0.09	1.68	1.23	44
1-05-602	稗草		93.4	5.0	—	—	1.62	1.07	30
1-05-603	绊根草	营养期茎叶	92.6	9.6	0.52	0.13	1.68	1.33	58
1-05-604	草木樨	整株	88.3	16.8	2.42	0.02	1.50	1.36	101
1-05-605	大豆干草		94.6	11.8	1.50	0.70	1.70	1.44	71
1-05-606	大米草	整株	83.2	12.8	0.42	0.02	1.50	1.26	77
1-05-608	黑麦草		90.8	11.6	—	—	1.63	1.50	70
1-05-609	胡枝子		94.7	16.6	0.93	0.11	1.90	1.42	100
1-05-610	混合牧草	夏季,以禾本科为主	90.1	13.9	—	—	1.76	1.36	83
1-05-611	混合牧草	秋季,以禾本科为主	92.2	9.6	—	—	1.68	1.41	58
1-05-612	混合牧草	冬季状态	88.7	2.3	—	—	1.54	0.97	14
1-05-614	芨芨草	结实期	89.3	10.7	—	—	1.65	1.19	64
1-05-615	碱草	营养期	90.3	19.0	—	—	1.72	1.54	114
1-05-616	碱草	抽穗期	90.1	13.4	—	—	1.69	1.40	80
1-05-617	碱草	结实期	91.7	7.4	—	—	1.68	1.03	44
1-05-619	芦苇	抽穗前地面 10 cm 以上	91.3	8.8	0.11	0.11	1.61	1.27	53
1-05-620	芦苇	2 省市 2 样平均值	95.7	5.5	0.08	0.10	1.66	1.15	33
1-05-621	米儿蒿	结籽期	89.2	11.9	1.09	0.81	1.59	1.48	71
1-05-622	苜蓿干草	苏联苜蓿 2 号	92.4	16.8	1.95	0.28	1.63	1.64	101
1-05-623	苜蓿干草	上等	86.1	15.8	2.08	0.25	1.55	1.54	95
1-05-624	苜蓿干草	中等	90.1	15.2	1.43	0.24	1.63	1.37	91
1-05-625	苜蓿干草	下等	88.7	11.6	1.24	0.39	1.61	1.27	70
1-05-626	苜蓿干草	花苜蓿	93.9	17.9	—	—	1.68	1.86	107
1-05-627	苜蓿干草	野生	93.1	13.0	—	—	1.71	1.60	78
1-05-029	苜蓿干草	公农 1 号苜蓿,现蕾期一茬	87.4	19.8	—	—	1.60	1.74	119
1-05-031	苜蓿干草	公农 1 号苜蓿,营养期一茬	87.7	18.3	1.47	0.19	1.63	1.64	110
1-05-040	苜蓿干草	盛花期	88.4	15.5	1.10	0.22	1.60	1.58	93
1-05-044	苜蓿干草	紫花苜蓿,盛花期	91.3	18.7	1.31	0.18	1.73	1.74	112
1-05-628	苜蓿干草	和田苜蓿 2 号	92.8	15.1	2.19	0.20	1.63	1.63	91
1-05-629	披碱草	5～9 月份	94.9	7.7	0.30	0.01	1.75	1.24	46
1-05-630	披碱草	抽穗期	88.8	6.3	0.39	0.29	1.55	1.23	38
1-05-631	披碱草		89.8	4.8	0.11	0.10	1.57	1.19	29

干物质中													
总能量(MJ/kg)	消化能(MJ/kg)	产奶净能		奶牛能量单位(NND/kg)	粗蛋白(%)	可消化粗蛋白质(g/kg)	粗脂肪(%)	粗纤维(%)	无氮浸出物(%)	粗灰分(%)	钙(%)	磷(%)	胡萝卜素(mg/kg)
		(MJ/kg)	(Mcal/kg)										
4.48	8.88	4.24	1.01	1.35	8.1	49	3.3	32.3	51.8	4.4	0.31	0.10	—
18.16	9.38	4.52	1.08	1.44	10.4	62	2.8	30.5	50.2	6.0	0.56	0.14	—
16.99	10.01	4.84	1.16	1.54	19.0	114	1.8	31.6	31.9	15.6	2.74	0.02	—
17.99	9.89	4.78	1.14	1.52	12.5	75	1.2	30.3	50.2	5.8	1.59	0.74	35.77
17.41	9.85	4.74	1.14	1.51	15.4	92	3.2	36.4	30.5	14.4	0.50	0.02	—
17.93	10.77	5.17	1.24	1.65	12.8	77	3.2	30.1	44.9	9.0	—	—	—
20.09	9.76	5.07	1.12	1.50	17.5	105	7.1	38.6	31.7	5.1	0.98	0.12	—
19.49	9.82	4.74	1.13	1.51	15.4	93	6.3	38.2	33.4	6.7	—	—	—
18.25	9.94	4.82	1.15	1.53	10.4	62	5.1	29.5	46.4	8.6	—	—	—
17.33	7.32	3.45	0.82	1.09	2.6	16	4.5	40.5	40.4	7.1	—	—	—
18.42	8.76	4.18	1.00	1.33	12.0	72	2.5	43.9	34.3	7.4	—	—	—
19.00	11.01	5.38	1.28	1.71	21.0	126	4.1	28.7	39.1	7.1	—	—	—
18.71	10.09	4.88	1.17	1.55	14.9	89	2.9	35.0	41.5	5.8	—	—	—
18.27	7.49	3.52	0.84	1.12	8.1	48	3.4	45.0	35.4	8.1	—	—	—
17.62	9.11	4.36	1.04	1.39	9.6	58	2.3	35.4	43.4	9.3	0.12	0.12	—
17.38	7.97	3.76	0.90	1.20	5.7	34	2.0	36.3	47.1	8.9	0.08	0.10	—
17.83	10.73	5.21	1.24	1.66	13.3	80	2.4	27.7	48.3	8.3	1.22	0.91	—
17.60	11.42	5.57	1.33	1.77	18.2	109	1.4	31.9	37.3	11.1	2.11	0.30	—
18.06	11.51	5.64	1.34	1.79	18.4	110	1.7	29.0	42.4	8.5	2.42	0.29	500.00
18.11	9.89	4.78	1.14	1.52	16.9	101	1.1	42.1	30.9	9.1	1.59	0.27	—
18.20	9.36	4.53	1.07	1.43	13.1	78	1.4	48.8	28.2	8.6	1.40	0.44	—
17.88	12.67	6.28	1.49	1.98	19.1	114	2.7	26.4	41.3	10.5	—	—	190.23
18.32	11.09	5.40	1.29	1.72	14.0	84	1.9	37.1	40.3	6.8	—	—	—
17.84	12.73	6.27	1.49	1.99	22.7	136	1.8	29.1	34.8	11.7	—	—	179.46
18.59	12.00	5.87	1.40	1.87	20.9	125	1.5	35.9	34.4	7.3	1.68	0.22	500.77
18.09	11.50	5.59	1.34	1.79	17.5	105	2.6	28.7	42.1	9.0	1.24	0.25	14.27
18.92	12.21	6.01	1.43	1.91	20.5	123	3.9	31.5	37.7	7.4	1.43	0.20	—
17.52	11.31	5.51	1.32	1.76	16.3	98	1.3	34.4	37.0	11.1	2.36	0.22	—
18.48	8.60	4.11	0.98	1.31	8.1	49	1.9	46.8	38.0	5.2	0.32	0.01	—
17.48	9.07	4.34	1.04	1.39	7.1	43	2.0	36.3	45.7	8.9	0.44	0.33	—
17.43	8.71	4.15	0.99	1.33	5.3	32	1.6	37.3	47.8	8.0	0.12	0.11	—

续表 10-4

编号	饲料名称	样品说明	原样中						
			干物质(%)	粗蛋白(%)	钙(%)	磷(%)	总能量(MJ/kg)	奶牛能量单位(NND/kg)	可消化粗蛋白质(g/kg)
1-05-632	雀麦草	无芒雀麦,抽穗期野生	9.16	2.7	—	—	1.67	1.39	16
1-05-633	雀麦草	无芒雀麦,结果期野生	93.2	10.3	—	—	1.66	1.37	62
1-05-634	雀麦草		94.3	5.7	—	—	1.68	1.26	34
1-05-635	雀麦草	雀麦草叶	90.9	14.9	0.64	0.13	1.60	1.69	89
1-05-637	箭子	初花期	90.5	19.1	—	—	1.73	1.73	115
1-05-638	箭子	盛花期	95.6	17.8	—	—	1.77	1.79	107
1-05-640	苏丹草	抽穗期	90.0	6.3	—	—	1.67	1.32	38
1-05-641	苏丹草		91.5	6.9	—	—	1.61	1.39	41
1-05-642	燕麦干草		86.5	7.7	0.37	0.31	1.50	1.31	46
1-05-644	羊草	三级草	88.3	3.2	0.25	0.18	1.56	1.15	19
1-05-645	羊草	4 样平均值	9.16	7.4	0.37	0.18	1.70	1.38	44
1-05-646	野干草	秋白草	85.2	6.8	0.41	0.31	1.43	1.25	41
1-05-647	野干草	水涝池	90.8	2.9	0.50	0.10	1.54	1.22	17
1-05-648	野干草	禾本科野草	93.1	7.4	0.61	0.39	1.65	1.38	44
1-05-054	野干草	海金山	91.4	6.2	—	—	1.64	1.32	37
1-05-055	野干草	山草	90.6	8.9	0.54	0.09	1.63	1.27	53
1-05-056	野干草	沼化,野生杂草	92.1	7.6	0.45	0.07	1.61	1.30	46
1-05-649	野干草	次杂草	90.9	6.3	0.31	0.29	1.38	1.14	38
1-05-650	野干草	杂草	90.8	5.8	0.41	0.19	1.49	1.25	35
1-05-060	野干草	杂草	90.8	6.9	0.51	0.22	1.53	1.29	41
1-05-651	野干草	杂草	84.0	3.3	0.03	0.02	1.47	1.11	20
1-05-003	野干草	草原野干草	91.7	6.8	0.61	0.08	1.67	1.27	41
1-05-062	野干草	羽茅草为主	90.2	7.7	—	0.08	1.66	1.21	46
1-05-063	野干草	芦苇为主	89.0	6.2	0.04	0.12	1.53	1.13	37
1-05-652	针茅	沙生针茅,抽穗期	86.4	7.9	—	—	1.64	1.10	47
1-05-653	针茅	贝尔加针茅,结实期	88.8	8.4	—	—	1.70	1.15	50
1-05-081	紫云英	盛花,全株	88.0	22.3	3.63	0.53	1.68	1.91	134
1-05-082	紫云英	结荚,全株	90.8	19.4	—	—	1.71	1.67	116

干物质中													
总能量(MJ/kg)	消化能(MJ/kg)	产奶净能		奶牛能量单位(NND/kg)	粗蛋白(%)	可消化粗蛋白质(g/kg)	粗脂肪(%)	粗纤维(%)	无氮浸出物(%)	粗灰分(%)	钙(%)	磷(%)	胡萝卜素(mg/kg)
		(MJ/kg)	(Mcal/kg)										
18.21	9.87	4.76	1.14	1.52	2.9	18	3.4	30.0	44.7	8.1	—	—	—
17.80	9.59	4.62	1.10	1.47	11.1	66	3.0	33.0	43.6	9.3	—	—	—
17.86	8.78	4.22	1.00	1.34	6.0	36	2.3	36.2	48.9	6.6	—	—	—
17.63	11.93	5.85	1.39	1.86	16.4	98	2.3	25.0	46.2	10.1	0.70	0.14	—
19.12	12.25	6.01	1.43	1.91	21.1	127	4.3	32.9	34.1	7.5	—	—	—
18.52	12.01	5.87	1.40	1.87	18.6	112	2.3	33.1	38.7	7.3	—	—	—
18.51	9.57	4.61	1.10	1.47	7.0	42	1.6	37.9	51.1	2.4	—	—	—
17.57	9.88	4.81	1.14	1.52	7.5	45	3.4	30.4	49.4	9.3	—	—	—
17.32	9.85	4.75	1.14	1.51	8.9	53	1.6	32.8	47.3	9.4	0.43	0.36	—
17.65	8.57	4.08	0.98	1.30	3.6	22	1.5	36.8	52.3	5.8	0.28	0.20	—
18.51	9.81	4.71	1.13	1.51	8.1	48	3.9	32.1	50.9	5.0	0.40	0.20	
16.83	9.57	4.58	1.10	1.47	8.0	48	1.3	32.3	47.1	11.4	0.48	0.36	—
16.97	8.52	4.20	1.01	1.34	3.2	19	1.2	37.8	48.3	9.5	0.55	0.11	—
17.70	9.66	4.63	1.11	1.48	7.9	48	2.8	28.0	53.8	7.4	0.66	0.42	—
17.94	9.43	4.54	1.08	1.44	6.8	41	2.7	33.4	50.7	6.5	—	—	—
18.02	9.17	4.39	1.05	1.40	9.8	59	2.2	37.2	43.5	7.3	0.60	0.10	—
17.44	9.23	4.41	1.06	1.41	8.3	50	2.1	33.7	46.9	9.1	0.49	0.08	—
15.13	8.28	3.96	0.94	1.25	6.9	42	1.8	23.1	48.3	19.9	0.34	0.32	—
16.38	9.02	4.34	1.03	1.38	6.4	38	1.7	27.8	51.2	12.9	0.45	0.21	—
16.82	9.29	4.47	1.07	1.42	7.6	46	2.2	31.4	46.5	12.3	0.56	0.24	—
17.46	8.69	4.14	0.99	1.32	3.9	24	1.4	34.5	53.6	6.5	0.04	0.02	—
18.26	9.07	4.34	1.04	1.38	7.4	44	2.7	40.1	43.6	6.1	0.67	0.09	—
18.43	8.81	4.22	1.01	1.34	8.5	51	1.9	37.5	48.2	3.9	—	0.09	—
17.24	8.38	4.00	0.95	1.27	7.0	42	2.8	32.8	46.7	10.7	0.04	0.13	—
18.96	8.40	4.03	0.95	1.27	9.1	55	2.4	51.6	32.4	4.3	—	—	—
19.16	8.53	4.05	0.97	1.30	9.5	57	4.1	51.4	29.6	5.6	—	—	—
19.11	13.81	6.81	1.63	2.17	25.3	152	5.5	22.2	38.2	8.9	4.13	0.60	—
18.85	11.81	5.76	1.38	1.84	21.4	128	5.5	22.2	42.1	8.7	—	—	—

表 10-5　农副产品类饲料

编号	饲料名称	样品说明	原样中						
			干物质（%）	粗蛋白（%）	钙（%）	磷（%）	总能量（MJ/kg）	奶牛能量单位（NND/kg）	可消化粗蛋白质（g/kg）
1-06-602	大麦秸		95.2	5.8	0.13	0.02	16.19	1.31	15
1-06-603	大麦秸		88.4	4.9	0.05	0.06	15.62	1.04	12
1-06-632	大麦秸		90.0	4.9	0.12	0.11	15.81	1.17	14
1-06-604	大豆秸		89.7	3.2	0.61	0.03	16.32	1.10	8
1-06-605	大豆秸		93.7	4.8	—	—	17.17	1.12	12
1-06-606	大豆秸		92.7	9.1	1.23	0.20	17.11	1.09	23
1-06-630	稻草		90.0	2.7	0.11	0.05	13.41	1.04	7
1-06-612	风柜谷尾	瘪稻谷	88.5	5.6	0.16	0.21	14.29	0.79	14
1-06-613	甘薯蔓	土多	90.5	13.2	1.72	0.26	14.66	1.25	42
1-06-038	甘薯蔓	25 样平均值	90.0	7.6	1.63	0.08	15.78	1.39	24
1-06-100	甘薯蔓	7 省市 13 样平均值	88.0	8.1	1.55	0.11	15.29	1.34	26
1-06-615	谷草	小米秆	90.7	4.5	0.34	0.03	15.54	1.33	10
1-06-617	花生藤	伏花生	91.3	11.0	2.46	0.04	16.11	1.54	28
1-06-618	糜草	糯小米秆	91.7	5.2	0.25	—	15.78	1.34	11
1-06-619	荞麦秸	固原	95.4	4.2	0.11	0.02	15.74	1.07	9
1-06-620	小麦秸	冬小麦	90.0	3.9	0.25	0.03	7.49	0.99	10
1-06-623	燕麦秸	甜燕麦秸，青海种	93.0	7.0	0.17	0.01	16.92	1.33	15
1-06-624	莜麦秸	油麦秸	95.2	8.8	0.29	0.10	17.39	1.27	19
1-06-631	黑麦秸		90.0	3.5	—	—	16.25	1.11	9
1-06-629	玉米秸		90.0	5.8	—	—	15.22	1.21	18

干物质中													
总能量(MJ/kg)	消化能(MJ/kg)	产奶净能		奶牛能量单位(NND/kg)	粗蛋白(%)	可消化粗蛋白质(g/kg)	粗脂肪(%)	粗纤维(%)	无氮浸出物(%)	粗灰分(%)	钙(%)	磷(%)	胡萝卜素(mg/kg)
		(MJ/kg)	(Mcal/kg)										
17.01	9.02	4.36	1.03	1.38	6.1	15	1.9	35.5	45.6	10.9	0.14	0.02	—
17.67	7.82	3.70	0.88	1.18	5.5	14	3.3	38.2	43.8	9.2	0.06	0.07	—
17.44	8.51	4.08	0.98	1.30	5.5	16	1.8	71.8	10.4	10.6	0.13	0.12	—
18.20	8.12	3.84	0.92	1.23	3.6	9	0.6	52.1	39.7	4.1	0.68	0.03	—
18.32	7.93	3.76	0.90	1.20	5.1	13	0.9	54.1	35.1	4.8	—	—	—
18.50	7.81	3.66	0.88	1.18	9.8	25	2.0	48.1	33.5	6.6	1.33	0.22	—
16.10	8.61	3.65	0.87	1.16	3.1	8	1.2	66.3	13.9	15.6	0.12	0.05	—
16.15	6.10	2.79	0.67	0.89	6.3	16	2.3	27.0	49.4	15.0	0.18	0.24	—
16.20	9.05	4.35	1.04	1.38	14.6	47	3.4	25.3	37.2	19.4	1.90	0.29	—
17.54	10.04	4.84	1.16	1.54	8.4	27	3.2	34.1	43.9	10.3	1.81	0.09	—
17.39	9.90	4.81	1.14	1.52	9.2	30	3.1	32.4	44.3	11.0	1.76	0.13	—
17.13	9.56	4.62	1.10	1.47	5.0	11	1.3	35.9	48.7	9.0	0.37	0.03	—
17.64	10.89	5.28	1.27	1.69	12.0	31	1.6	32.4	45.2	8.7	2.69	0.04	—
17.21	9.53	4.61	1.10	1.46	5.7	12	1.3	32.9	51.8	8.3	0.27		—
16.50	7.48	3.55	0.84	1.12	4.4	10	0.8	41.6	41.2	13.0	0.12	0.02	—
17.22	8.35	3.45	0.83	1.10	4.4	11	0.6	78.2	6.1	10.8	0.28	0.03	—
18.20	9.35	4.51	1.07	1.43	7.5	16	2.4	28.4	58.0	3.9	0.18	0.01	—
18.27	8.77	4.22	1.00	1.33	9.2	20	1.4	46.2	37.1	6.0	0.30	0.11	—
17.07	9.72	3.86	0.92	1.23	3.9	10	1.2	75.3	9.1	10.5	—	—	—
16.92	10.71	4.22	1.01	1.34	6.5	20	0.9	68.9	17.0	6.8	—	—	—

表 10-6　谷实类饲料

编号	饲料名称	样品说明	原样中						
			干物质(%)	粗蛋白(%)	钙(%)	磷(%)	总能量(MJ/kg)	奶牛能量单位(NND/kg)	可消化粗蛋白质(g/kg)
4-07-029	大米	糙米,4 样平均值	87.0	8.8	0.04	0.25	15.55	2.28	57
4-07-601	大米	广场 131	87.1	6.8	—	—	15.30	2.24	44
4-07-602	大米		86.1	9.1	—	—	15.34	2.24	59
4-07-038	大米	9 省市 16 个稻米样品平均值	87.5	8.5	0.06	0.21	15.54	2.29	55
4-07-034	大米	碎米,较多谷头	88.2	8.8	0.05	0.28	15.77	2.26	57
4-07-603	大米	3 省市 3 样平均值	86.6	7.1	0.02	0.10	15.39	2.26	46
4-07-604	大麦	春大麦	88.8	11.5	0.23	0.46	16.41	2.08	75
4-07-022	大麦	20 省市,49 样平均值	88.8	10.8	0.12	0.29	15.80	2.13	70
4-07-041	稻谷	粳稻	88.8	7.7	0.06	0.16	15.72	2.05	50
4-07-043	稻谷	早稻	87.0	9.1	—	0.31	15.23	1.94	59
4-07-048	稻谷	中稻	90.3	6.8	—	—	15.63	1.98	44
4-07-068	稻谷	杂交晚稻	91.6	8.6	0.05	0.16	15.92	2.05	56
4-07-074	稻谷	9 省市 34 样籼稻平均值	90.6	8.3	0.13	0.28	15.68	2.04	54
4-07-605	高粱	红高粱	87.0	8.5	0.09	0.36	15.79	2.05	55
4-07-075	高粱	杂交多穗	88.4	8.0	0.05	0.34	15.62	2.04	52
4-07-081	高粱		87.3	8.0	0.02	0.38	15.79	2.06	52
4-07-083	高粱	小粒高粱	86.0	6.9	0.12	0.20	14.85	1.93	45
4-07-091	高粱	10 样平均值	93.0	9.8	—	—	16.94	2.20	64
4-07-606	高粱	多穗高粱	85.2	8.2	0.01	0.16	15.18	1.97	53
4-07-103	高粱	蔗高粱	85.2	6.3	0.03	0.31	15.10	1.98	41
4-07-104	高粱	17 省市高粱 38 样平均值	89.3	8.7	0.09	0.28	16.12	2.09	57
4-07-607	荞麦		89.6	10.0	—	0.14	16.49	2.08	65
4-07-120	荞麦	苦荞,带壳	86.2	7.3	0.02	0.30	15.72	1.62	47
4-07-123	荞麦	11 省市 14 样平均值	87.1	9.9	0.09	0.30	15.82	1.94	64
4-07-608	小麦	次等	87.5	8.8	0.07	0.48	15.50	2.30	57
4-07-157	小麦	加拿大进口	90.0	11.6	0.03	0.18	16.07	2.37	75
4-07-609	小麦	小麦穗	96.6	15.4	0.31	0.00	17.56	2.51	100
4-07-164	小麦	15 省市 28 样平均值	91.8	12.1	0.11	0.36	16.43	2.39	79
4-07-610	小米	小米粉	86.2	9.2	0.04	0.28	15.50	2.23	60
4-07-173	小米	8 省 9 样平均值	86.8	8.9	0.05	0.32	15.69	2.24	58

干物质中													
总能量(MJ/kg)	消化能(MJ/kg)	产奶净能		奶牛能量单位(NND/kg)	粗蛋白(%)	可消化粗蛋白质(g/kg)	粗脂肪(%)	粗纤维(%)	无氮浸出物(%)	粗灰分(%)	钙(%)	磷(%)	胡萝卜素(mg/kg)
		(MJ/kg)	(Mcal/kg)										
17.88	16.53	8.23	1.97	2.62	10.1	66	2.3	0.8	85.3	1.5	0.05	0.29	—
17.57	16.23	8.07	1.93	2.57	7.8	51	1.4	2.2	87.3	1.4	—	—	—
17.82	16.41	8.16	1.95	2.60	10.6	69	1.7	1.5	84.8	1.4	—	—	—
20.73	16.51	8.18	1.96	2.62	9.7	63	1.8	0.9	86.2	1.4	0.07	0.24	—
17.87	16.17	8.07	1.92	2.56	10.0	65	2.7	2.7	82.2	2.4	0.06	0.32	—
17.77	16.46	8.22	1.96	2.61	8.2	53	2.4	0.8	87.1	1.5	0.02	0.12	—
18.47	14.85	7.35	1.76	2.34	13.0	84	4.8	8.7	69.5	4.1	0.26	0.52	—
17.80	15.19	7.55	1.80	2.40	12.2	79	2.3	5.3	76.7	9.1	0.14	0.33	—
17.71	14.64	7.22	1.73	2.31	8.7	56	2.1	9.7	75.9	3.6	0.07	0.18	—
17.51	14.17	6.98	1.67	2.23	10.5	68	2.8	10.2	70.3	6.2	—	0.36	—
17.31	13.95	6.87	1.64	2.19	7.5	49	2.1	12.3	72.4	5.6	—	—	—
17.38	14.22	7.04	1.68	2.24	9.4	61	2.2	9.9	72.8	5.7	0.05	0.17	—
17.31	14.30	7.08	1.69	2.25	9.2	60	1.7	9.4	74.5	5.3	0.14	0.31	—
18.14	14.93	7.41	1.77	2.36	9.8	64	4.1	1.7	82.0	2.4	0.10	0.41	—
17.66	14.64	7.25	1.73	2.31	9.0	59	1.6	2.7	85.0	1.7	0.06	0.38	—
18.08	14.95	7.39	1.77	2.36	9.2	60	3.8	1.7	83.3	2.1	0.02	0.44	—
17.27	14.26	7.06	1.68	2.24	8.0	52	3.3	2.3	80.6	5.8	0.14	0.23	—
18.21	14.99	7.43	1.77	2.37	10.5	68	3.9	1.5	82.2	1.9	—	—	—
17.81	14.67	7.28	1.73	2.31	9.6	63	2.7	2.1	83.1	2.5	0.01	0.19	—
17.72	14.74	7.28	1.74	2.32	7.4	48	2.2	2.7	86.2	1.5	0.04	0.36	—
18.06	14.84	7.31	1.76	2.34	9.7	63	3.7	2.5	81.6	2.5	0.10	0.31	—
18.41	14.72	7.29	1.74	2.32	11.2	73	2.9	11.2	73.2	1.6	—	0.16	—
18.24	12.06	5.93	1.41	1.88	8.5	55	2.3	17.6	69.7	1.9	0.02	0.35	—
18.17	14.15	7.01	1.67	2.23	11.4	74	2.6	13.2	69.7	3.1	0.10	0.34	—
17.72	16.57	8.23	1.97	2.63	10.1	65	1.6	0.9	85.9	1.5	0.08	0.55	—
17.86	16.60	8.28	1.97	2.63	12.9	84	1.6	0.9	82.9	1.8	0.03	0.20	—
18.18	16.39	8.15	1.95	2.60	15.9	104	2.8	3.5	74.4	3.3	0.32	—	—
17.90	16.42	8.21	1.95	2.60	13.2	86	2.0	2.6	79.7	2.5	0.12	0.39	—
17.99	16.32	8.11	1.94	2.59	10.7	69	3.4	0.9	83.2	1.9	0.05	0.32	—
18.07	16.29	8.10	1.94	2.58	10.3	67	3.1	1.5	83.5	1.6	0.06	0.37	—

续表 10-6

编号	饲料名称	样品说明	原样中						
			干物质(%)	粗蛋白(%)	钙(%)	磷(%)	总能量(MJ/kg)	奶牛能量单位(NND/kg)	可消化粗蛋白质(g/kg)
4-07-176	燕麦	玉麦当地种	93.5	11.7	0.15	0.43	17.85	2.16	76
4-07-188	燕麦	11省市17样平均值	90.3	11.6	0.15	0.33	16.86	2.13	75
4-07-193	玉米	白玉米1号	88.2	7.8	0.02	0.21	16.03	2.27	51
4-07-194	玉米	黄玉米	88.0	8.5	0.02	0.21	16.18	2.35	55
4-07-611	玉米	龙牧一号	89.2	9.8	—	—	16.72	2.40	64
4-07-247	玉米	碎玉米	89.8	9.1	—	0.21	15.80	2.30	59
4-07-253	玉米	黄玉米,6样品平均值	88.7	7.6	0.02	0.22	16.34	2.31	49
4-07-254	玉米	白玉米,6样品平均值	89.9	8.8	0.05	0.19	16.65	2.33	57
4-07-222	玉米	32样玉米平均值	87.6	8.6	0.09	0.18	15.92	2.26	56
4-07-263	玉米	23省市120样玉米平均值	88.4	8.6	0.08	0.21	16.14	2.28	56

表 10-7　豆类饲料

编号	饲料名称	样品说明	原样中						
			干物质(%)	粗蛋白(%)	钙(%)	磷(%)	总能量(MJ/kg)	奶牛能量单位(NND/kg)	可消化粗蛋白质(g/kg)
5-09-601	蚕豆	等外	89.0	27.5	0.11	0.39	17.03	2.29	179
5-09-012	蚕豆	次蚕豆	88.0	28.5	—	0.18	16.70	2.29	185
5-09-200	蚕豆	7样平均值	88.0	23.8	0.10	0.47	16.55	2.24	155
5-09-201	蚕豆	全国14样平均值	88.0	24.9	0.15	0.40	16.45	2.25	162
5-09-026	大豆		90.2	40.0	0.28	0.61	21.21	2.94	260
5-09-202	大豆	2样平均值	90.0	36.5	0.05	0.42	21.43	2.97	237
5-09-082	大豆	次品	90.8	31.7	0.31	0.48	21.75	2.61	206
5-09-206	大豆		88.0	40.5	—	0.47	20.54	2.85	263
5-09-207	大豆	9样平均值	90.0	37.8	0.33	0.41	21.08	2.92	246
5-09-047	大豆		88.0	39.6	—	0.26	20.44	2.84	257
5-09-602	大豆	本地黄豆	88.0	37.5	0.17	0.55	20.11	2.74	244
5-09-217	大豆	全国16省市40样平均值	88.0	37.0	0.27	0.48	20.55	2.76	241
5-09-028	黑豆		94.7	40.7	0.27	0.60	21.63	2.97	265
5-09-031	黑豆		92.3	34.7	—	0.69	21.04	2.83	226
5-09-082	榄豆		85.6	21.5	0.39	0.47	15.58	2.16	140

干物质中													
总能量 (MJ/kg)	消化能 (MJ/kg)	产奶净能		奶牛能量单位 (NND/kg)	粗蛋白 (%)	可消化粗蛋白质(g/kg)	粗脂肪 (%)	粗纤维 (%)	无氮浸出物 (%)	粗灰分 (%)	钙 (%)	磷 (%)	胡萝卜素 (mg/kg)
		(MJ/kg)	(Mcal/kg)										
19.09	14.65	7.25	1.73	2.31	12.5	81	7.4	10.8	65.2	4.1	0.16	0.46	—
18.67	14.95	7.38	1.77	2.36	12.8	83	5.8	9.9	67.2	4.3	0.17	0.37	—
18.18	16.24	8.07	1.93	2.57	8.8	57	3.9	2.4	83.3	1.6	0.02	0.24	—
18.38	16.83	8.38	2.00	2.67	9.7	63	4.9	1.5	82.0	1.9	0.02	0.24	2.50
18.75	16.95	8.45	2.02	2.69	11.0	71	5.8	1.9	79.6	1.7	—	—	—
17.60	16.17	8.02	1.92	2.56	10.1	66	1.7	2.1	83.5	2.6	—	0.23	—
18.43	16.43	8.16	1.95	2.60	8.6	56	4.8	2.5	82.8	1.4	0.02	0.25	2.50
18.55	16.35	8.15	1.94	2.59	9.8	64	5.0	2.8	80.9	1.6	0.06	0.21	—
18.17	16.28	8.08	1.93	2.58	9.8	64	3.4	2.1	83.3	1.4	0.10	0.21	—
18.26	16.28	8.10	1.93	2.58	9.7	63	4.0	2.3	82.5	1.6	0.09	0.24	—

干物质中													
总能量 (MJ/kg)	消化能 (MJ/kg)	产奶净能		奶牛能量单位 (NND/kg)	粗蛋白 (%)	可消化粗蛋白质(g/kg)	粗脂肪 (%)	粗纤维 (%)	无氮浸出物 (%)	粗灰分 (%)	钙 (%)	磷 (%)	胡萝卜素 (mg/kg)
		(MJ/kg)	(Mcal/kg)										
19.13	16.24	8.09	1.93	2.57	30.9	201	1.7	9.1	54.8	3.5	0.12	0.44	—
18.97	16.42	8.18	1.95	2.60	32.4	211	0.5	9.2	54.5	3.4	—	0.20	—
18.80	16.07	7.99	1.91	2.55	27.0	176	1.7	8.5	59.0	3.8	0.11	0.53	—
18.69	16.14	8.05	1.92	2.56	28.3	184	1.6	8.5	57.8	3.8	0.17	0.45	—
23.51	20.83	10.21	2.44	3.26	44.3	288	18.1	7.0	25.6	5.0	0.31	0.68	—
23.81	20.62	10.38	2.47	3.30	40.6	264	20.6	5.1	29.1	4.7	0.06	0.47	1.16
23.96	18.06	9.04	2.16	2.87	34.9	227	21.4	14.0	25.6	4.2	0.34	0.53	—
23.34	20.35	10.18	2.43	3.24	46.0	299	17.6	7.8	22.3	6.3	—	0.53	—
23.42	20.29	10.19	2.43	3.24	42.0	273	18.8	6.2	27.7	5.3	0.37	0.46	—
23.23	20.19	10.14	2.42	3.23	45.0	292	17.2	5.7	26.7	5.5	—	0.30	—
22.86	19.50	9.75	2.34	3.11	42.6	277	15.6	10.1	26.4	5.3	0.19	0.63	—
23.35	19.64	9.85	2.35	3.14	42.0	273	18.4	5.8	28.5	5.2	0.31	0.55	—
22.84	19.64	9.86	2.35	3.14	43.0	279	15.7	7.3	28.7	5.3	0.29	0.63	0.49
22.80	19.21	9.62	2.30	3.07	37.6	244	16.4	10.0	31.4	4.7	—	0.75	—
18.20	15.94	7.92	1.89	2.52	25.1	163	1.1	6.7	61.9	5.3	0.46	0.55	—

表 10-8 糠麸类饲料

编号	饲料名称	样品说明	原样中						
			干物质(%)	粗蛋白(%)	钙(%)	磷(%)	总能量(MJ/kg)	奶牛能量单位(NND/kg)	可消化粗蛋白质(g/kg)
1-08-001	大豆皮		91.0	18.8	—	0.35	17.16	1.85	113
4-08-002	大麦麸		87.0	15.4	0.33	0.48	16.00	2.07	92
4-08-016	高粱糠	2省8样品平均值	91.1	9.6	0.07	0.81	17.42	2.17	58
4-08-007	黑麦麸	细麸	91.9	13.7	0.04	0.48	16.80	1.98	82
4-08-006	黑麦麸	粗麸	91.7	8.0	0.05	0.13	16.43	1.45	48
4-08-601	黄面粉	三等面粉	87.8	11.1	0.12	0.13	15.70	2.33	67
4-08-602	黄面粉	进口小麦次粉	87.5	16.8	—	0.12	16.55	2.24	101
4-08-603	黄面粉	土面粉	87.2	9.5	0.08	0.44	17.84	2.28	57
4-08-018	米糠	玉糠	89.1	10.6	0.10	1.50	17.38	2.09	64
4-08-003	米糠		88.4	14.2	0.22	—	18.67	2.27	85
4-08-012	米糠	杂交中稻	92.1	14.0	0.12	1.60	17.84	2.11	84
4-08-029	米糠		91.0	12.0	0.18	0.83	18.53	2.18	72
4-08-030	米糠	4省市13样平均值	90.2	12.1	0.14	1.04	18.20	2.16	73
4-08-058	小麦麸	2样平均值	87.2	13.9	—	—	16.00	1.88	83
4-08-049	小麦麸	39样平均值	89.3	15.0	0.14	0.54	16.27	1.89	90
4-08-604	小麦麸	进口小麦	88.2	11.7	0.11	0.87	16.22	1.86	70
4-08-060	小麦麸	3样平均值	86.0	15.0	0.35	0.80	16.27	1.87	90
4-08-057	小麦麸	9样平均值	88.3	15.6	0.21	0.81	16.44	1.95	94
4-08-067	小麦麸	14样平均值	87.8	12.7	0.11	0.92	16.06	1.89	76
4-08-070	小麦麸		90.8	11.8	—	—	16.59	1.69	71
4-08-045	小麦麸		89.3	13.1	0.25	0.90	16.23	1.93	79
4-08-077	小麦麸	19样平均值	89.8	13.9	0.15	0.92	16.55	1.96	83
4-08-075	小麦麸	七二粉麸皮	89.8	14.2	0.14	1.86	16.24	1.94	85
4-08-076	小麦麸	八四粉麸皮	88.0	15.4	0.12	0.85	15.90	1.90	92
4-08-078	小麦麸	全国115样平均值	88.6	14.4	0.18	0.78	16.24	1.91	86
4-08-088	玉米皮		87.9	10.1	—	—	16.74	1.58	61
4-08-089	玉米皮	玉米糠	87.5	9.9	0.08	0.48	16.07	1.79	59
4-08-092	玉米皮		89.5	7.8	—	—	16.31	1.87	47
4-08-094	玉米皮	6省市6样品平均值	88.2	9.7	0.28	0.35	16.17	1.84	58

干物质中													
总能量(MJ/kg)	消化能(MJ/kg)	产奶净能		奶牛能量单位(NND/kg)	粗蛋白(%)	可消化粗蛋白质(g/kg)	粗脂肪(%)	粗纤维(%)	无氮浸出物(%)	粗灰分(%)	钙(%)	磷(%)	胡萝卜素(mg/kg)
		(MJ/kg)	(Mcal/kg)										
18.85	12.98	6.40	1.52	2.03	20.7	124	2.9	27.6	43.0	5.6	—	0.38	—
18.39	15.07	7.46	1.78	2.38	17.7	106	3.7	6.6	67.5	4.6	0.38	0.55	—
19.12	15.09	7.49	1.79	2.38	10.5	63	10.0	4.4	69.7	5.4	0.08	0.89	—
18.29	13.71	6.75	1.62	2.15	14.9	89	3.4	8.7	69.0	5.3	0.04	0.52	—
17.82	10.26	4.98	1.19	1.58	8.7	52	2.3	20.8	63.1	5.0	0.05	0.14	—
17.89	16.73	8.35	1.99	2.65	12.6	76	1.5	0.9	83.6	1.4	0.14	0.15	—
18.92	16.16	8.03	1.92	2.56	19.2	115	5.6	7.1	63.3	4.8	—	0.14	—
20.46	16.49	8.21	1.96	2.61	10.9	65	0.8	1.5	85.2	1.6	0.09	0.50	—
19.50	14.87	7.37	1.76	2.35	11.9	71	11.9	7.3	62.1	6.8	0.11	1.68	—
21.11	16.21	8.05	1.93	2.57	16.1	96	19.6	7.1	47.9	9.4	0.25	—	—
19.37	14.54	7.19	1.72	2.29	15.2	91	11.8	10.4	53.5	9.0	0.13	1.74	—
20.37	15.17	7.49	1.80	2.40	13.2	79	18.4	11.9	44.7	11.9	0.20	0.91	—
20.18	15.16	7.52	1.80	2.39	13.4	80	17.2	10.2	48.0	11.2	0.16	1.15	—
18.36	13.72	6.77	1.62	2.16	15.9	96	5.0	10.6	61.8	6.7	—	—	—
18.22	13.49	6.66	1.59	2.12	16.8	101	3.6	11.5	62.0	6.0	0.16	0.60	—
18.39	13.44	6.64	1.58	2.11	13.3	80	4.8	11.5	65.4	5.1	0.12	0.99	—
18.92	13.83	6.81	1.63	2.17	17.4	105	5.9	11.5	59.8	5.3	0.41	0.93	—
18.62	14.04	6.92	1.66	2.21	17.7	106	4.6	9.6	63.0	5.1	0.24	0.92	—
18.30	13.70	6.78	1.61	2.15	14.5	87	4.6	9.8	65.6	5.9	0.13	1.05	—
18.27	11.95	5.86	1.40	1.86	13.0	78	5.0	12.9	62.9	6.3	—	—	—
18.17	13.76	6.80	1.62	2.16	14.7	88	3.8	9.2	67.1	5.3	0.28	1.01	2.93
18.43	13.88	6.86	1.64	2.18	15.5	93	4.2	9.7	65.8	4.8	0.17	1.02	—
18.09	13.75	6.80	1.62	2.16	15.8	95	3.5	8.1	67.0	5.6	0.16	2.07	—
18.07	13.74	6.76	1.62	2.16	17.5	105	2.3	9.3	65.9	5.0	0.14	0.97	—
18.33	13.72	6.81	1.62	2.16	16.3	98	4.2	10.4	63.4	5.8	0.20	0.88	—
19.05	11.56	5.62	1.35	1.80	11.5	69	5.6	15.7	64.8	2.4	—	—	—
18.37	13.06	6.41	1.53	2.05	11.3	68	4.1	10.9	70.3	3.4	0.09	0.55	—
18.22	13.32	6.55	1.57	2.09	8.7	52	3.1	10.9	75.3	2.1	—	—	—
18.34	13.30	6.55	1.56	2.09	11.0	66	4.5	10.3	70.2	4.0	0.32	0.40	—

表 10-9　油饼类饲料

编号	饲料名称	样品说明	原样中						
			干物质(%)	粗蛋白(%)	钙(%)	磷(%)	总能量(MJ/kg)	奶牛能量单位(NND/kg)	可消化粗蛋白质(g/kg)
5-10-601	菜籽饼	浸提	89.7	40.0	—	—	17.23	2.22	260
5-10-016	菜籽饼	浸提,2样平均值	92.5	40.9	0.74	1.07	18.09	2.32	266
5-10-022	菜籽饼	13省市,机榨,21样平均值	92.2	36.4	0.73	0.95	18.90	2.43	237
5-10-023	菜籽饼	2省,土榨,2样平均值	90.1	34.1	0.84	1.64	18.71	2.33	222
5-10-045	豆饼	2样平均值	91.1	44.7	0.28	0.61	18.80	2.66	291
5-10-031	豆饼		87.6	43.4	0.30	0.50	18.28	2.57	282
5-10-602	豆饼	溶剂法	89.0	45.8	0.32	0.67	17.66	2.60	298
5-10-036	豆饼	开封,冷榨	95.1	45.6	—	—	19.90	2.80	296
5-10-037	豆饼	开封,热榨	87.3	40.7	0.43	—	18.21	2.57	265
5-10-028	豆饼	热榨	90.0	41.8	0.34	0.77	18.65	2.64	272
5-10-027	豆饼	机榨	91.0	41.8	—	—	19.01	2.41	272
5-10-039	豆饼	机榨	89.0	42.6	0.31	0.49	18.34	2.60	277
5-10-043	豆饼	13省,机榨,42样平均值	90.6	43.0	0.32	0.50	18.74	2.64	280
5-10-053	胡麻饼	亚麻仁饼,机榨	91.1	35.9	0.39	0.87	18.41	2.46	233
5-10-057	胡麻饼	亚麻仁饼,机榨	93.8	32.3	0.62	1.00	19.34	2.41	210
5-10-603	胡麻饼	亚麻仁饼	88.8	27.2	—	—	17.89	2.31	177
5-10-061	胡麻饼	新疆,机榨,11样平均值	92.4	31.9	0.74	0.74	18.64	2.46	207
5-10-062	胡麻饼	8省市,机榨,11样平均值	92.0	33.1	0.58	0.77	18.60	2.44	215
5-10-064	花生饼	机榨	89.0	41.7	0.23	0.64	18.59	2.62	271
5-10-065	花生饼	冷榨	91.4	42.5	0.32	0.50	19.48	2.77	276
5-10-066	花生饼	10样平均值	89.0	49.1	0.30	0.29	19.33	2.75	319
5-10-604	花生饼	浸提	90.1	48.8	—	—	17.99	2.57	317
5-10-605	花生饼		88.5	39.5	0.33	0.55	17.20	2.45	257
5-10-067	花生饼	机榨,6样平均值	92.0	49.6	0.17	0.59	19.75	2.82	322
5-10-072	花生饼	9样平均值	89.0	46.7	0.19	0.61	18.79	2.69	304
5-10-606	花生饼	机榨	92.0	45.8	—	0.57	19.49	2.58	298
5-10-607	花生饼	溶剂法	92.0	47.4	0.20	0.65	18.79	2.47	308
5-10-075	花生饼	9省市,机榨,34样平均值	89.9	46.4	0.24	0.52	19.22	2.71	302
5-10-077	米糠饼	脱脂米糠	90.8	15.9	—	—	16.49	1.83	103
5-10-608	米糠饼		82.5	15.3	—	—	15.67	1.71	99
5-10-083	米糠饼	浸提	89.9	14.9	0.14	1.02	15.37	1.67	97
5-10-084	米糠饼	7省市,机榨,13样平均值	90.7	15.2	0.12	0.18	16.64	1.86	99

干物质中													
总能量(MJ/kg)	消化能(MJ/kg)	产奶净能		奶牛能量单位(NND/kg)	粗蛋白(%)	可消化粗蛋白质(g/kg)	粗脂肪(%)	粗纤维(%)	无氮浸出物(%)	粗灰分(%)	钙(%)	磷(%)	胡萝卜素(mg/kg)
		(MJ/kg)	(Mcal/kg)										
19.21	15.65	7.79	1.86	2.47	44.6	290	2.6	13.0	29.1	10.7	—	—	—
19.55	15.85	7.88	1.88	2.51	44.2	287	2.1	14.5	31.1	8.2	0.80	1.16	—
20.50	16.62	8.26	1.98	2.64	39.5	257	8.5	11.6	31.8	8.7	0.79	1.03	—
20.76	16.32	8.14	1.94	2.59	37.8	246	9.5	15.8	28.2	8.7	0.93	1.82	—
20.63	18.33	9.19	2.19	2.92	49.1	319	5.0	6.5	33.2	6.1	0.31	0.67	—
20.87	18.42	9.22	2.20	2.93	49.5	322	5.5	8.0	31.1	5.9	0.34	0.57	—
19.85	18.34	9.17	2.19	2.92	51.5	334	1.0	6.7	34.3	6.5	0.36	0.75	0.44
20.92	18.48	9.24	2.21	2.94	47.9	312	6.9	6.2	32.3	6.6	—	—	—
20.86	18.48	9.26	2.21	2.94	46.6	303	6.6	6.0	34.8	6.0	0.49	—	—
20.72	18.41	9.21	2.20	2.93	46.4	302	6.0	5.7	36.1	5.8	0.38	0.86	—
20.88	16.69	8.33	1.99	2.65	45.9	299	6.6	5.5	36.6	5.4	—	—	0.22
20.61	18.34	9.17	2.19	2.92	47.9	311	5.5	5.7	34.5	6.4	0.35	0.55	—
20.68	18.30	9.15	2.19	2.91	47.5	308	6.0	6.3	33.8	6.5	0.35	0.55	—
20.20	17.02	8.45	2.03	2.70	39.4	256	5.6	9.8	39.1	6.1	0.43	0.95	—
20.62	16.22	8.08	1.93	2.57	34.4	224	9.0	12.9	37.0	6.7	0.66	1.07	—
20.15	16.41	8.15	1.95	2.60	30.6	199	12.7	11.0	32.9	12.7	—	—	0.33
20.17	16.78	8.33	2.00	2.66	34.5	224	8.2	9.0	40.0	8.2	0.80	0.80	—
20.22	16.72	8.33	1.99	2.65	36.0	234	8.2	10.7	37.0	8.3	0.63	0.84	—
20.89	18.48	9.27	2.21	2.94	46.9	305	8.3	5.5	31.2	8.1	0.26	0.72	—
21.31	19.00	9.53	2.27	3.03	46.5	302	7.5	4.3	36.8	4.6	0.35	0.55	—
21.73	19.36	9.69	2.32	3.09	55.2	359	8.1	6.0	24.4	6.4	0.34	0.33	—
19.96	17.92	8.97	2.14	2.85	54.2	352	0.6	6.1	33.0	6.2	—	—	—
19.44	17.42	8.70	2.08	2.77	44.6	290	4.1	4.1	37.5	9.7	0.37	0.62	—
21.46	19.21	9.05	2.30	3.07	53.9	350	6.3	5.4	29.5	4.9	0.18	0.64	0.22
21.11	18.95	9.51	2.27	3.02	52.5	341	6.3	4.6	30.4	6.2	0.21	0.69	—
21.18	17.63	8.78	2.10	2.80	49.8	324	6.4	12.0	25.7	6.2	—	0.62	—
20.43	16.91	8.42	2.01	2.68	51.5	335	1.3	14.1	28.2	4.9	0.22	0.71	—
21.38	18.90	9.50	2.26	3.01	51.6	335	7.3	6.5	28.6	6.0	0.27	0.58	—
18.16	12.88	6.37	1.51	2.02	17.5	114	7.6	10.2	52.8	11.9	—	—	—
19.00	13.22	6.55	1.55	2.07	18.5	121	11.3	12.2	45.2	12.7	—	—	—
17.10	11.92	5.82	1.39	1.86	16.6	108	1.8	13.3	57.8	10.5	0.16	1.13	—
18.34	13.09	6.46	1.54	2.05	16.8	109	8.0	9.8	54.4	11.0	0.13	0.20	—

续表 10-9

编号	饲料名称	样品说明	原样中						
			干物质(%)	粗蛋白(%)	钙(%)	磷(%)	总能量(MJ/kg)	奶牛能量单位(NND/kg)	可消化粗蛋白质(g/kg)
5-10-609	棉籽饼		84.4	20.7	0.78	0.63	15.73	1.49	135
5-10-610	棉籽饼	去壳浸提,2 样平均值	88.3	39.4	0.23	2.01	17.25	2.24	256
5-10-101	棉籽饼	土榨,棉绒较多	93.8	21.7	0.26	0.55	18.91	1.82	141
5-10-611	棉籽饼	去壳,浸提	92.5	41.0	0.16	1.20	18.15	2.35	267
5-10-612	棉籽饼	4 省市,去壳,机榨,6 样平均值	89.6	32.5	0.27	0.81	18.00	2.34	211
5-10-110	向日葵饼	去壳浸提	92.6	46.1	0.53	0.35	18.65	2.17	300
5-10-613	向日葵饼		93.3	17.4	0.40	0.94	18.34	1.50	113
5-10-113	向日葵饼	带壳,复浸	92.5	32.1	0.29	0.84	17.87	1.57	209
5-10-124	椰子饼		90.3	16.6	0.04	0.19	19.07	2.20	108
5-10-126	玉米胚芽饼		93.0	17.5	0.05	0.49	18.39	2.33	114
5-10-614	芝麻饼	片状	89.1	38.0	—	—	18.04	2.35	247
5-10-147	芝麻饼		92.0	39.2	2.28	1.19	19.12	2.50	255
5-10-138	芝麻饼	10 省市,机榨,13 样平均值	90.7	41.1	2.29	0.79	18.29	2.40	267

表 10-10 动物类饲料

编号	饲料名称	样品说明	原样中						
			干物质(%)	粗蛋白(%)	钙(%)	磷(%)	总能量(MJ/kg)	奶牛能量单位(NND/kg)	可消化粗蛋白质(g/kg)
5-13-022	牛乳	全脂鲜奶	13.0	3.3	0.12	0.09	3.22	0.50	21
5-13-601	牛乳	全脂鲜奶	12.3	3.1	0.12	0.09	2.98	0.47	20
5-13-602	牛乳	脱脂奶	9.6	3.7	—	—	1.81	0.29	24
5-13-021	牛乳	全脂鲜奶	13.3	3.3	0.12	0.09	3.32	0.52	21
5-13-132	牛乳	全脂鲜奶	12.0	3.2	0.10	0.10	2.93	0.46	21
5-13-024	牛乳粉	全脂乳粉	98.0	26.2	1.03	0.88	24.76	3.78	170

干物质中													
总能量	消化能	产奶净能		奶牛能量单位	粗蛋白	可消化粗蛋白质	粗脂肪	粗纤维	无氮浸出物	粗灰分	钙	磷	胡萝卜素
(MJ/kg)	(MJ/kg)	(MJ/kg)	(Mcal/kg)	(NND/kg)	(%)	(g/kg)	(%)	(%)	(%)	(%)	(%)	(%)	(mg/kg)
18.63	11.37	5.56	1.32	1.77	24.5	159	1.4	24.4	43.4	6.3	0.92	0.75	—
19.54	16.02	7.96	1.90	2.54	44.6	290	2.4	11.8	33.0	8.3	0.26	2.28	—
21.17	12.42	6.08	1.46	1.94	23.1	150	7.2	25.2	39.8	4.7	0.28	0.59	—
19.62	16.04	7.97	1.91	2.54	44.3	288	1.5	13.0	34.5	6.7	0.17	1.30	—
20.09	16.47	8.18	1.96	2.61	36.6	236	6.4	11.9	38.5	6.9	0.30	0.90	—
20.14	14.85	7.37	1.76	2.34	49.8	324	2.6	12.7	27.5	7.3	0.57	0.38	—
19.65	10.42	5.03	1.21	1.61	18.6	121	4.4	42.0	29.8	5.1	0.43	1.01	—
19.32	10.96	5.30	1.27	1.70	34.7	226	1.3	24.6	33.0	6.4	0.31	0.91	—
21.11	15.41	7.65	1.83	2.44	18.4	119	16.7	15.9	40.8	8.2	0.04	0.21	—
19.77	15.83	7.88	1.88	2.51	18.8	122	6.0	16.0	57.3	1.8	0.05	0.53	—
20.25	16.63	8.27	1.98	2.64	42.6	277	9.0	7.2	29.9	11.3	—	—	—
20.78	17.11	8.51	2.04	2.72	42.6	277	11.2	7.8	27.1	11.3	2.48	1.29	0.22
20.16	16.68	8.31	1.98	2.65	45.3	295	9.9	6.5	24.1	14.1	2.52	0.87	—

干物质中													
总能量	消化能	产奶净能		奶牛能量单位	粗蛋白	可消化粗蛋白质	粗脂肪	粗纤维	无氮浸出物	粗灰分	钙	磷	胡萝卜素
(MJ/kg)	(MJ/kg)	(MJ/kg)	(Mcal/kg)	(NND/kg)	(%)	(g/kg)	(%)	(%)	(%)	(%)	(%)	(%)	(mg/kg)
24.79		12.23	2.88	3.85	25.4	165	30.8	—	38.5	5.4	0.92	0.69	—
24.20		11.95	2.87	3.82	25.2	164	28.5	—	40.7	5.7	0.98	0.73	1 166.6
18.83		9.69	2.27	3.02	38.5	251	2.1	—	52.1	7.3	—	—	—
24.96		12.33	2.93	3.91	24.8	161	31.6	—	38.3	5.3	0.90	0.68	—
24.43		12.25	2.88	3.83	26.7	173	29.2	—	38.3	5.8	0.83	0.83	—
25.26		12.13	2.89	3.86	26.7	174	31.2	—	38.3	5.8	1.05	0.90	—

表 10-11　糟渣类饲料

编号	饲料名称	样品说明	原样中						
			干物质(%)	粗蛋白(%)	钙(%)	磷(%)	总能量(MJ/kg)	奶牛能量单位(NND/kg)	可消化粗蛋白质(g/kg)
1-11-601	豆腐渣	黄豆	10.1	3.1	0.05	0.03	2.10	0.29	20
1-11-602	豆腐渣	2 省市 4 样平均值	11.0	3.3	0.05	0.03	2.27	0.31	21
1-11-032	粉渣	绿豆粉渣	14.0	2.1	0.06	0.03	2.57	0.30	14
4-11-046	粉渣	玉米粉渣	15.0	1.6	0.01	0.05	2.85	0.40	10
4-11-603	粉渣	玉米淀粉渣	8.9	1.0	0.03	0.05	1.66	0.20	7
4-11-058	粉渣	6 省 7 样平均值	15.0	1.8	0.02	0.02	2.79	0.39	12
1-11-044	粉渣	玉米蚕豆粉渣	15.0	1.4	0.13	0.02	2.73	0.28	9
1-11-063	粉渣	蚕豆粉渣	15.0	2.2	0.07	0.01	2.78	0.26	14
1-11-048	粉渣	豌豆粉渣	15.0	3.5	0.13	—	2.67	0.28	23
1-11-059	粉渣	豌豆粉渣	9.9	1.4	0.05	0.02	1.84	0.20	9
4-11-032	粉渣	甘薯粉渣	15.0	0.3	—	—	2.59	0.36	2
1-11-040	粉渣	巴山豆粉渣	10.9	1.7	—	—	2.00	0.26	11
4-11-069	粉渣	3 省 3 样平均值	15.0	1.0	0.06	0.04	2.63	0.29	7
4-11-073	粉渣	玉米粉浆	2.0	0.3	—	0.01	0.41	0.06	2
5-11-083	酱油渣	黄豆 2 份麸 1 份	22.4	7.1	0.11	0.03	4.74	0.48	46
5-11-080	酱油渣	豆饼 3 份麸 2 份	24.3	7.1	0.11	0.03	5.48	0.66	46
5-11-103	酒糟	高粱酒糟	37.7	9.3	—	—	7.54	0.96	60
5-11-098	酒糟	米酒糟	20.3	6.0	—	—	4.43	0.57	39
4-11-096	酒糟	甘薯干	35.0	5.7	1.14	0.10	5.41	0.53	37
1-11-093	酒糟	甘薯稻谷	35.0	2.8	0.22	0.12	4.97	0.17	18
4-11-113	酒糟	玉米加 15%谷壳	35.0	6.4	0.09	0.07	6.92	0.70	42
4-11-092	酒糟	玉米酒糟	21.0	4.0	—	—	4.26	0.43	26
4-11-604	木薯渣	风干样	91.0	3.0	0.32	0.02	15.95	2.15	20
1-11-605	啤酒糟		11.5	3.3	0.06	0.04	8.98	0.26	21
5-11-606	啤酒糟		13.6	3.6	0.06	0.08	2.71	0.27	23
5-11-607	啤酒糟	2 省市 3 样平均值	23.4	6.8	0.09	0.18	4.77	0.51	44
1-11-608	甜菜渣		15.2	1.3	0.11	0.02	2.28	0.30	8
1-11-609	甜菜渣		8.4	0.9	0.08	0.05	1.35	0.16	6
1-11-610	甜菜渣		12.2	1.4	0.12	0.01	2.00	0.24	9
5-11-146	饴糖渣		22.9	7.6	0.10	0.16	4.99	0.56	49
5-11-147	饴糖渣	大米 95%、大麦 5%	22.6	7.0	0.01	0.04	4.45	0.51	45
4-11-148	饴糖渣	玉米	16.4	1.4	0.02	—	3.22	0.34	9
5-11-611	饴糖渣	麦芽糖渣	28.5	9.0	—	0.13	5.35	0.60	59

干物质中													
总能量 (MJ/kg)	消化能 (MJ/kg)	产奶净能 (MJ/kg)	产奶净能 (Mcal/kg)	奶牛能量单位 (NND/kg)	粗蛋白 (%)	可消化粗蛋白质 (g/kg)	粗脂肪 (%)	粗纤维 (%)	无氮浸出物 (%)	粗灰分 (%)	钙 (%)	磷 (%)	胡萝卜素 (mg/kg)
20.75	18.04	8.71	2.15	2.87	30.7	200	5.0	23.8	39.6	1.0	0.50	0.30	—
20.64	17.72	8.82	2.11	2.82	30.0	195	7.3	19.1	40.0	0.9	0.45	0.27	—
18.36	13.64	6.64	1.61	2.14	15.0	97	0.7	20.2	62.1	2.1	0.43	0.21	—
19.06	16.80	8.40	2.00	2.67	10.7	69	6.0	9.3	72.7	1.3	0.07	0.33	27.28
18.73	14.27	7.08	1.69	2.25	11.2	73	3.4	15.7	68.5	1.1	0.34	0.56	—
18.62	16.40	8.13	1.95	2.60	12.0	78	4.7	9.3	71.3	2.7	0.13	0.13	—
18.18	11.98	5.87	1.40	1.87	9.3	61	1.3	30.0	55.3	4.0	0.87	0.13	—
18.50	11.17	5.33	1.30	1.73	14.7	95	0.7	35.3	45.3	4.0	0.47	0.07	—
17.78	11.98	5.87	1.40	1.87	23.3	152	10.0	18.0	27.3	21.3	0.87	—	—
18.55	12.90	6.36	1.52	2.02	14.1	92	1.0	25.3	57.6	2.0	0.51	0.20	—
17.29	15.20	7.53	1.80	2.40	2.0	13	2.0	5.3	88.7	2.0	—	—	—
18.35	15.11	7.34	1.79	2.39	15.6	101	0.9	20.2	60.6	2.8	—	—	—
17.54	12.38	6.20	1.45	1.93	6.7	43	2.7	8.7	78.0	4.0	0.40	0.27	—
20.67	18.81	8.50	2.25	3.00	15.0	98	15.0	5.0	60.0	5.0	—	0.50	—
21.17	13.64	6.74	1.61	2.14	31.7	206	8.9	15.2	41.5	2.7	0.49	0.13	—
22.56	17.10	8.64	2.04	2.72	29.2	190	18.5	13.6	32.5	6.2	0.45	0.12	—
20.01	16.08	8.01	1.91	2.55	24.7	160	11.1	9.0	46.7	8.5	—	—	—
21.81	17.66	8.87	2.11	2.81	29.6	192	15.8	5.4	43.8	5.4	—	—	—
15.47	9.85	4.80	1.14	1.51	16.3	106	4.9	16.9	37.1	24.9	3.26	0.29	—
14.21	3.65	1.57	0.36	0.49	8.0	52	1.7	21.4	43.4	25.4	0.63	0.34	—
19.77	12.78	6.23	1.50	2.00	18.3	119	9.7	14.3	51.4	6.3	0.26	0.02	—
20.31	13.07	6.62	1.54	2.05	19.0	124	10.5	11.0	55.7	3.8	—	—	66.67
17.52	14.97	7.45	1.77	2.36	3.3	21	2.3	6.2	86.5	1.8	0.35	0.02	—
18.06	14.36	7.30	1.70	2.26	28.7	187	11.3	18.3	37.4	4.3	0.52	0.35	—
19.91	12.69	6.47	1.49	1.99	26.5	172	4.4	16.9	46.3	5.9	0.44	0.59	—
20.37	13.87	6.79	1.63	2.18	29.1	189	8.1	16.7	40.6	5.6	0.38	0.77	—
15.00	12.62	6.38	1.48	1.97	8.6	56	0.7	18.7	53.3	19.1	0.72	0.13	—
16.07	12.21	6.07	1.43	1.90	10.7	70	1.2	31.0	40.5	16.7	0.95	0.60	0.22
16.36	12.59	6.23	1.48	1.97	11.5	75	0.8	31.1	41.8	14.8	0.98	0.08	—
21.78	15.47	7.69	1.83	2.45	33.2	216	13.5	9.2	39.3	4.8	0.44	0.70	—
20.11	14.33	7.26	1.69	2.26	31.0	201	5.3	2.2	60.2	1.3	0.04	0.18	—
19.65	13.22	6.40	1.55	2.07	8.5	55	8.5	10.4	72.0	0.6	0.12	—	—
18.77	13.42	6.63	1.58	2.11	31.6	205	5.6	14.4	36.1	12.6	—	0.46	—

表 10-12 矿物质饲料

编号	饲料名称	样品说明	干物质(%)	钙(%)	磷(%)
6-14-001	白云石			21.16	0
6-14-002	蚌壳粉		99.3	40.82	0
6-14-003	蚌壳粉		99.8	46.46	—
6-14-004	蚌壳粉		85.7	23.51	—
6-14-006	贝壳粉		98.9	32.93	0.03
6-14-007	贝壳粉		98.6	34.76	0.02
6-14-015	蛋壳粉		91.2	29.33	0.14
6-14-016	蛋壳粉		—	37.00	0.15
6-14-017	蛋壳粉	粗蛋白 6.3%	96.0	25.99	0.10
6-14-018	骨粉		94.5	31.26	14.17
6-14-021	骨粉	脱胶	95.2	36.39	16.37
6-14-022	骨粉		91.0	31.82	13.39
6-14-027	骨粉		93.4	29.23	13.13
6-14-030	蛎粉		99.6	39.23	0.23
6-14-032	磷酸钙	脱氟	—	27.91	14.38
6-14-035	磷酸氢钙	脱氟	99.8	21.85	8.64
6-14-037	马芽石		风干	38.38	0
6-14-038	石粉	白色	97.1	39.49	—
6-14-039	石粉	灰色	99.1	32.54	—
6-14-040	石粉		风干	42.21	微
6-14-041	石粉		风干	55.67	0.11
6-14-042	石粉		92.1	33.98	0
6-14-044	白灰石		99.7	32.0	
6-14-045	石灰石		99.9	24.48	—
6-14-046	碳酸钙	轻质碳酸钙	99.1	35.19	0.14
6-14-048	蟹壳粉		89.9	23.33	1.59

表 10-13 奶牛常用矿物质饲料中的元素含量表

饲料名称	化学式	元素含量,%	
碳酸钙	$CaCO_3$	Ca=40	
石灰石粉	$CaCO_3$	Ca=35.89	P=0.02
煮骨粉		Ca=24～25	P=11～18
蒸骨粉		Ca=31～32	P=13～15
磷酸氢二钠	$Na_2HPO_4 \cdot 12H_2O$	P=8.7	Na=12.8
亚磷酸氢二钠	$Na_2PO_3 \cdot 5H_2O$	P=14.3	Na=21.3

续表 10-13

饲料名称	化学式	元素含量,%	
磷酸钠	$Na_3PO_4 \cdot 12H_2O$	P=8.2	Na=12.1
焦磷酸钠	$Na_4P_2O_7 \cdot 10H_2O$	P=14.1	Na=10.3
磷酸氢钙	$CaHP_4 \cdot 2H_2O$	P=18.0	Ca=23.2
磷酸钙	$Ca_3(PO_4)_2$	P=20.0	Ca=38.7
过磷酸钙	$Ca(H_2PO_4)_2 \cdot H_2O$	P=24.6	Ca=15.9
氯化钠	NaCl	Na=39.7	Cl=60.3
硫酸亚铁	$FeSO_4 \cdot 7H_2O$	Fe=20.1	
碳酸亚铁	$FeCO_3 \cdot H_2O$	Fe=41.7	
碳酸亚铁	$FeCO_3$	Fe=48.2	
氯化亚铁	$FeCl_2 \cdot 4H_2O$	Fe=28.1	
氯化铁	$FeCl_3 \cdot 6H_2O$	Fe=20.7	
氯化铁	$FeCl_3$	Fe=34.4	
硫酸铜	$CuSO_4 \cdot 5H_2O$	Cu=39.8	S=20.06
氯化铜	$CuCl_2 \cdot 2H_2O$(绿色)	Cu=47.2	Cl=52.71
氧化镁	MgO	Mg=60.31	
硫酸镁	$MgSO_4 \cdot 7H_2O$	Mg=20.18	S=26.58
碳酸铜	$CuCO_3 \cdot Cu(OH)_2 \cdot H_2O$	Cu=53.2	
碳酸铜(碱式)孔雀石	$CuCO_3 \cdot Cu(OH)_2$	Cu=57.5	
氢氧化铜	$Cu(OH)_2$	Cu=65.2	
氯化铜(白色)	$CuCl_2$	Cu=64.2	
硫酸锰	$MnSO_4 \cdot 5H_2O$	Mn=22.8	
碳酸锰	$MnCO_3$	Mn=47.8	
氧化锰	MnO	Mn=47.8	
氯化锰	$MnCl_2 \cdot 4H_2O$	Mn=27.8	
硫酸锌	$ZnSO_4 \cdot 7H_2O$	Zn=22.7	
碳酸锌	$ZnCO_3$	Zn=52.1	
氧化锌	ZnO	Zn=80.3	
氯化锌	$ZnCl_2$	Zn=48.0	
碘化钾	KI	I=76.4	K=23.56
二氧化锰	MnO_2	Mn=63.2	
亚硒酸钠	$Na_2SeO_3 \cdot 5H_2O$	Se=30.0	
硒酸钠	$Na_2SeO_4 \cdot 10H_2O$	Se=21.4	
硫酸钴	$CoSO_4$	Co=38.02	S=20.68
碳酸钴	$CoCO_3$	Co=49.55	
氯化钴	$CoCl_2 \cdot 6H_2O$	Co=24.78	

附录二　无公害食品 奶牛饲养饲料使用准则

发布日期：2001-09-03　实施日期：2001-10-01

发布部门：中华人民共和国农业部　代号：NY 5048—2001

1　范围

本标准规定了生产无公害生鲜牛奶所需的奶牛饲料质量要求、试验方法、检测规则、标签、包装、贮存、运输及使用原则和奶牛饮用水质量标准。本标准适用于饲养奶牛以及生产经营奶牛饲料的单位。

2　规范性引用文件　下列文件中的条款通过本标准的引用而成为本标准的条款。凡是注日期的引用文件，其随后所的修改单（不包括勘误的内容）或修订版均不适用于本标准，然而，鼓励根据本标准达成协议的各方研究是否可使用这些文件的最新版本。凡是不注日期的引用文件，其最新版本适用于本标准。

GB 4285 农药安全使用标准

GB/T 8381 饲料中黄曲霉素白 B1 的测定方法

GB 10648 饲料标签

GB 13078 饲料卫生标准

GB/T 13079　饲料中总砷的测定方法

GB/T 13080　饲料中铅的测定方法

GB/T 13081　饲料中汞的测定方法

GB/T 13082　饲料中镉的测定方法

GB/T 13083　饲料中氟的测定方法

GB/T 13085　饲料中亚硝酸盐的测定方法

GB/T 13090　饲料中六六六、滴滴涕的测定方法

GB/T 13091　饲料中沙门氏菌的测定方法

GB/T 13092　饲料中霉菌的检验方法

GB/T 13882　饲料中碘的测定方法 硫氰酸铁-亚硝酸催化动力学法

GB/T 13883　饲料中硒的测定方法 2,3-二氨基萘荧光法

GB/T 14699　饲料采样方法

GB/T 16764 配合饲料企业卫生规范

GB/T 17480 饲料中黄曲霉素 B1 的测定方法 酶联免疫法

饲料和饲料添加剂管理条例

允许使用的饲料添加剂品种目录

农业转基因生物安全管理条例

青贮饲料质量评定标准

3 术语和定义

下列术语和定义适用于本标准。

3.1 饲料 feed

经工业化加工、制作的供动物食用的饲料，包括单一饲料、添加剂预混合饲料浓缩饲料、配合饲料和精料补充料。

3.2 饲料原料 feedstuff，single feed

除饲料添加剂以外的用于生产配合饲料和浓缩饲料的单一饲料成分，包括饲用谷物、粮食加工副产品、油脂工业副产品、发酵工业副产品、动物性蛋白质饲料、饲用油脂等。

3.3 饲料添加剂 feed additive

在饲料加工、制作、使用过程中添加的少量或者微量物质，包括营养性饲料添加剂和一般饲料添加剂。

3.4 营养性饲料添加剂 nutritive feed additive

用于补充饲料营养成分的少量或微量物质，包括饲料级氨基酸、维生素、矿物质微量元素、酶制剂、非蛋白氮等。

3.5 一般性饲料添加剂 general feed additive

为保证或者改善饲料品质、提高饲料利用率而掺入饲料中的少量或者微量物质。

3.6 精饲料 concentrate

容量大、纤维成分含量低(干物质中粗纤维含量小于 18%)、可消化养分含量高的饲料。主要有禾本科籽实、豆科籽实、饼粕类、糠麸类、草籽树实类、淀粉质的块根、块茎瓜果类(薯类、甜菜)、工业副产品类(玉米淀粉渣、DDGS、啤酒糟粕等)、酵母类、油脂类、棉籽等饲料原料和由多种饲料原料按一定比例配制的奶牛精料补充料。

3.7 粗饲料 roughage 容量积小、纤维成分含量高、可消化养分含量低的饲料。主要有牧草、青贮料类、农副产品类(包括藤、蔓、秸、秧、荚、壳)及干物质中粗纤维含量大于等于18%的糟渣类、树叶类和非淀粉质的块根、块茎类。

3.8　矿物质饲料 mineral feeds

主要有钙、磷(碳酸钙、磷酸氢钙等)和盐等。

4　要求

4.1　饲料原料

4.1.1　感官要求　应具有一定的新鲜度,具有该品种应有的色、嗅、味和组织形态特征,无发霉、变质、结块、异味及异嗅。

4.1.2　饲料原料中有害物质及微生物允许量应符合 GB 13078 的要求。

4.1.3　饲料原料中含有饲料添加剂的应做相应说明。

4.2　饲料添加剂

4.2.1　感官要求　应具有该品种应有的色、嗅、味和形态特征,无发霉、变质、异味及异嗅。

4.2.2　有害物质及微生物允许量应符合 GB 13078 及相关标准的要求。

4.2.3　饲料中使用的营养性饲料添加剂和一般性饲料添加剂产品应是《允许使用的饲料添加剂品种目录》所规定的品种,或取得试生产产品批准文号的新饲料添加剂品种。

4.2.4　饲料添加剂产品的使用应遵照产品说明书所规定的用法、用量使用。

4.3　配合饲料、浓缩饲料和添加剂预混合饲料

4.3.1　感官要求　应色泽一致,无发酵霉变、结块、异味及异嗅。

4.3.2　有害物质及微生物允许量应符合 GB 13078 及相关标准的要求。

4.3.3　奶牛配合饲料、浓缩饲料和添加剂预混合饲料中不应使用任何药物。

4.4　饲料加工过程

4.4.1　饲料企业的工厂设计与设施卫生、工厂卫生管理和生产过程的卫生应符合 GB/T 16764 的要求。

4.4.2　配料

4.4.3　定期对计量设备进行检验和正常维护,以确保其精确性和稳定性,其误差不应大于规定范围。

4.4.4　微量和极微量组分应进行预稀释,并且应在专门的配料室内进行。

4.4.5　配料室应有专人管理,保持卫生整洁。

4.5　混合

4.5.1　混合时间,按设备性能不应少于规定时间。

4.5.2　混合工序投料应按先大量、后小量的原则进行。投入的微量组分应将

其稀释到配料称量最大称量的5%以上。

4.6 留样

4.6.1 新接受的饲料原料和各个批次生产的饲料产品均应保留样品。样品密封后留置专用样品室或样品柜内保存。样品室和样品柜应保持阴凉、干燥。采样方法按 GB/T 14699 执行。

4.6.2 留样应设标签,载明饲料品种、生产日期、批次、生产负责人和采样人等事项,并建立档案由专人负责保管。

4.6.3 样品应保留至该批产品保质期限满后3个月。

5 饲料检测方法

5.1 饲料采样方法按 GB/T 14699 执行。

5.2 砷按 GB/T 13079 执行

5.3 铅按 GB/T 13080 执行

5.4 汞按 GB/T 13081 执行

5.5 镉按 GB/T 13082 执行

5.6 氟按 GB/T 13083 执行

5.7 六六六、滴滴滴按 GB/T 13090 执行

5.8 沙门氏菌按 GB/T 13091 执行

5.9 霉菌按 GB/T 13092 执行

5.10 黄曲霉素 B1 按 GB/T 8381 执行

6 检验规则

6.1 感官要求,粗蛋白质、钙和总磷含量为出厂检验项目,其余为型式检验项目。

6.2 在保护产品质量的前提下,生产厂可根据工艺、设备、配方、原料等的变化情况,自行确定出厂检验的批量。

6.3 试验测定值的双试验相对偏差按相应标准规定执行。

6.4 检测与仲裁判定各项指标合格与否时,应考虑允许误差。

7 标签、包装、贮存和运输

7.1 标签 商品饲料应在包装物上附有饲料标签,标签应符合 GB 10648 的要求。

7.2 包装

7.2.1 饲料包装应完整，无漏洞，无污染和异味。

7.2.2 包装材料应符合 GB/T 16764 的要求。

7.2.3 包装印刷油墨无毒，不应向内容物渗漏。

7.2.4 包装物的重复使用应遵守《饲料和饲料添加剂管理条例》的有关规定。

7.3 贮存

7.3.1 饲料的贮存应符合 GB/T 16764 的要求。

7.3.2 不合格和变质饲料应做无害化处理，不应存放在饲料贮存场所内。

7.3.3 饲料贮存场地不应使用化学灭鼠药和杀鸟剂。

7.3.4 干草类及秸秆类贮存时，水分含量应低于 15%，防止日晒、雨淋、霉变。

7.3.5 青绿饲料与野草类、块根、块茎、瓜果类应堆放在棚内，堆宽不宜超过 2 m，堆高不宜超过 1 m，堆放时间不宜过长，防止日晒、雨淋、发芽霉变。

7.4 运输

7.4.1 运输工具应符合 GB/T 16764 的要求。

7.4.2 运输作业应防止污染，保持包装的完整。

7.4.3 不应使用运输畜禽等动物的车辆运输饲料产品。

7.4.4 饲料运输工具和装卸场地应定期清洗和消毒。

8 其他有关使用饲料和饲料添加剂的原则与规定

8.1 不应使用未取得产品进口登记证的境外饲料和饲料添加剂。

8.2 不应在饲料中使用违禁的药物或饲料添加剂。

8.3 禁止在奶牛饲料中添加和使用肉骨粉、骨粉、血粉、血浆粉、动物下脚料、动物脂肪、干血浆及其他血液制品、脱水蛋白、蹄粉、角粉、鸡杂粉、羽毛粉、油渣、鱼粉、骨胶等动物源性饲料。

8.4 根据奶牛营养需要合理投料，合理使用微量元素添加剂，尽量降低粪尿、甲烷的排出量，减少氮、磷、锌、铜的排出量，降低对环境的污染。

8.5 所使用的工业副产品饲料应来自生产绿色食品和无公害食品的副产品。

8.6 严格执行《饲料和饲料添加剂管理条例》有关规定。

8.7 严格执行《农业转基因生物安全管理条例》有关规定。

8.8 栽培饲料作物的农药使用按 GB 4285 规定执行。

8.9 青贮饲料的制作、贮存按《青贮饲料质量评定标准》规定执行。

附录三 无公害食品 奶牛饲养兽药使用准则

发布日期：2001-09-03 实施日期：2001-10-01

发布部门：中华人民共和国农业部 代号：NY 5046—2001

1 范围

本标准规定了生产无公害食品的奶牛饲养过程中允许使用的兽药种类及其使用准则。

本标准适用于无公害食品的奶牛饲养过程的生产、管理和认证。

2 规范性引用文件

下列文件中的条款通过本标准的引用而成为本标准的条款。凡是注日期的引用文件，其随后所有的修改单(不包括勘误的内容)或修订版均不适用于本标准，然而，鼓励根据本标准达成协议的各方研究是否可使用这些文件的最新版本。凡是不注日期的引用文件，其最新版本适用于木标准。

NY/T 388 畜禽场环境质量标准

NY 5027 无公害食品 畜禽饮用水水质

NY 5047 无公害食品 奶牛饲养兽医防疫准则

NY 5048 无公害食品 奶牛饲养饲料使用准则

NY/T 5049 无公害食品 奶牛饲养管理准则

中华人民共和国兽药典

中华人民共和国兽药规范

中华人民共和国兽用生物制品质量标准

兽药管理条例

中华人民共和国动物防疫法

进口兽药质量标准

兽药质量标准

饲料药物添加剂使用规范

3 术语和定义

下列术语和定义适用于本标准。

3.1 奶牛 dairy cattle

以产乳性能为主要选择目的，经过系统选育，达到一定水平的专门化牛种的统称。

3.2 兽药 veterinary drug

用于预防、治疗和诊断畜禽等动物疾病，有目的地调节其生理机能并规定作用、用途、用法、用量的物质（含饲料药物添加剂）。包括：血清、疫苗、诊断液等生物制品；兽用的中药材、中成药、化学原料及其制剂；抗生素、生化药品、放射性药品。

3.2.1 抗菌药 antibacterial drug

能够抑制或杀灭病原菌的药物，其中包括中药材、中成药、化学药品、抗生素及其制剂。

3.2.2 抗寄生虫药 antiparasiticdrug

能够杀灭或驱除动物体内、体外寄生虫的药物，其中包括中药材、中成药、化学药品、抗生素及其制剂。

3.2.3 生殖激素类药 reproductive hormonic drug

直接影响或间接影响动物生殖机能的激素类药物。

3.2.4 疫苗 vaccine

由特定细菌、病毒、立克次氏体、螺旋体、支原体等微生物以及寄生虫制成的主动免疫制品。

3.2.5 消毒防腐剂 disinfectant and preservative

用于杀灭环境中的有害微生物、防止疾病发生和传染的药物。

3.2.6 饲料药物添加剂 medicated feed additive

为预防、治疗动物疾病而掺入载体或者稀释剂的兽药的预混物，包括抗球虫药类、驱虫剂类、抑菌促生长类等。

3.3 休药期 withdrawal period

食品动物从停止给药到许可屠宰或他们的产品（乳、蛋）许可上市的间隔时间。

3.4 奶废弃期 withdrawal period for milk

奶牛从停止给药到他们所产的奶许可上市的间隔时间。

4 使用准则

奶牛养殖场的饲养环境应符合 NY/T 388 的规定。奶牛饲养者应供给奶牛充足的营养，所用饲料、饲料添加剂和饮水应符合《饲料和饲料添加剂管理条例》、NY 5048 和 NY 5027 的规定，按照 NY/T 5049 加强饲养管理，采取各种措施以减少应激，增强动物自身的免疫力。应严格按照《中华人民共和国动物防疫法》和 NY 5047 的规定进行预防，建立严格的生物安全体系，防止奶牛发病和死亡，最大限度地减少化学药品和抗生素的使用。确需使用治疗用药的，经实验室诊断确诊后再对症下药，兽药的使用应有兽医处方并在兽医的指导下进行。用于预防、治疗和诊断疾病的兽药应符合《中华人民共和国兽药典》，《中华人民共和国兽药规范》、《中华人民共和国兽用生物制品质量标准》、《兽药质量标准》、《进口兽药质量标准》和《饲料药物添加剂使用规范》的相关规定。所用兽药应来自具有《兽药生产许可证》和产品批准文号的生产企业或者具有《进口兽药许可证》的供应商。所用兽药的标签应符合《兽药管理条例》的规定。使用兽药时，还应遵循以下原则。

4.1　应使用符合《中华人民共和国兽用生物制品质量标准》规定的疫苗预防奶牛疾病。

4.2　允许使用消毒防腐剂对饲养环境，厩舍和器具进行消毒。但不能使用酚类消毒剂。

4.3　允许使用符合《中华人民共和国兽药典》二部和《中华人民共和国兽药规范》二部规定的用于奶牛疾病预防和治疗的中药材和中成药。

4.4　允许使用符合《中华人民共和国兽药典》、《中华人民共和国兽药规范》、《兽药质量标准》和《进口兽药质量标准》规定的钙、磷、硒、钾等补充药，酸碱平衡药，体液补充药，电解质补充药，血容量补充药，抗贫血药，维生素类药，吸附药，泻药，润滑剂，酸化剂，局部止血药，收敛药和助消化药。

4.5　允许使用国家兽药管理部门批准的微生态制剂。

4.6　允许使用附录 A 中的抗菌药、抗寄生虫药和生殖激素类药，使用中应注意以下几点：

a)严格遵守规定的给药途径、使用剂量、疗程和注意事项；

b)休药期应严格遵守附录 A 中规定的时间；

c)附录 A 中未规定休药期的品种，应遵守肉不少于 28 天、奶废弃期不少于 7 天的规定；

d)抗寄生虫药外用时注意避免污染鲜奶。

4.7　慎用作用于神经系统、循环系统、呼吸系统、泌尿系统的兽药及其他兽药。

4.8 建立并保存奶牛的免疫程序记录；建立并保存患病奶牛的治疗记录，包括患病奶牛的畜号或其他标志、发病时间及症状、治疗用药的经过、治疗时间、疗程、所用药物商品名称及有效成分。

4.9 禁止使用有致畸、致癌和致突变作用的兽药。

4.10 禁止在饲料及饲料产品中添加未经国家畜牧兽医行政管理部门批准的《饲料药物添加剂使用规范》以外的兽药品种，特别是影响奶牛生殖的激素类药、具有雌激素样作用的物质、催眠镇静药和肾上腺素能药等兽药。

4.11 禁止使用未经国家畜牧兽医行政管理部门批准作为兽药使用的药物。

4.12 禁止使用未经国家畜牧兽医行政管理部门批准的用基因工程方法生产的兽药。

附录 A

（规范性附录）

奶牛饲养允许使用的抗菌药、抗寄生虫药和生殖激素类药及使用规定

表 A.1

类别	药名	制剂	用法与用量 （用量以有效成分计）	休药期
抗菌药	氨苄西林钠 ampicillin sodium	注射用粉针	肌内、静脉注射，一次量 10～20 mg/kg 体重，2～3 次/天，连用 2～3 天	6 天，奶废弃期 2 天
		注射液	皮下或肌内注射，一次量 5～7 mg/kg 体重	
	氨苄西林钠＋氯唑西林钠（干乳期） ampicillin sodium＋cloxacillin sodium (dry cow)	乳膏剂	乳管注入，干乳期奶牛，每乳室氨苄西林钠 0.25 g ＋氯唑西林钠 0.5 g，隔 3 周再输注 1 次	28 天，奶废弃期 30 天
	氨苄西林钠＋氯唑西林钠（泌乳期） ampicillin sodium＋cloxacillin sodium (milking cow)	乳膏期	乳管注入，泌乳期奶牛，每乳室氨苄西林钠 0.075 g＋氯唑西林钠 0.2 g，2 次/天，连用数日	7 天，奶废弃期 2.5 天

续表 A.1

类别	药名	制剂	用法与用量（用量以有效成分计）	休药期
抗菌药	苄星青霉素 benzathine benzylpenicillin	注射用粉针	肌内注射，一次量 2 万～3 万 U/kg 体重，必要时3～4 日重复 1 次	30 天，奶废弃期 3 天
	苄星邻氯青霉素 benzathine cloxacillin	注射液	乳管注入，每乳室 50 万 U	28 天及产犊后 4 天的奶，泌乳期禁用
	青霉素钾（钠） benzylpenicillin potassium (sodium)	注射用粉针	肌内注射，一次量 1 万～2 万 U/kg 体重，(2～3)次/天，连用 2～3 天	奶废弃期 3 天
	硫酸小檗碱 berberine sulfate	注射液	肌内注射，一次量 0.15～0.4 g	0 天
	头孢氨苄 cefalexin	乳剂	乳管注入，每乳室 200 mg，2 次/天，连用 2 天	奶废弃期 2 天
	氯唑西林钠 cloxacillin sodium	注射用粉针	乳管注入，泌乳期奶牛，每乳室 200 mg	10 天奶废弃期 2 天
			乳管注入，干乳期奶牛，每乳室 200～500 mg	30 天
	恩诺沙星 enrofloxacin	注射液	肌内注射，一次量 2.5 mg/kg 体重，1～2 次日，连用 2～3 天	28 天，泌乳期禁用
	乳糖酸红霉素 erythromycin lactobionate	注射用粉针	静脉注射，一次量 3～5 mg/kg 体重，2 次/天，连用 2～3 天	21 天，泌乳期禁用
	恩诺沙星 enrofloxacin	注射液（长效）	肌内注射，一次量 10～20 mg/kg 体重	28 天，泌乳期禁用
	盐酸土霉素 oxytetracycline hydrochloride	注射用粉针	静脉注射，一次量 5～10 mg/kg 体重，2 次/天，连用 2～3 天	19 天，泌乳期禁用
	普鲁卡因青霉素 procaine benzylpenicillin	注射用粉针	肌内注射，一次量 1 万～2 万 U/kg 体重，1 次/天，用 2～3 天	10 天，奶废弃期 3 天
	硫酸链霉素 streptomycin sulfate	注射用粉针	肌内注射，一次量 10～5 mg/kg 体重，2 次/天，连用 2～3 天	14 天，奶废弃期 2 天

续表 A.1

类别	药名	制剂	用法与用量（用量以有效成分计）	休药期
抗菌药	碘胺嘧啶 sulfadiazine	片剂	内服，一次量，首次量 0.14～0.2 g/kg 体重，维持量 0.07～0.1 g/kg 体重，2 次/天，连用 3～5 天	8 天，泌乳期禁用
	磺胺嘧啶钠 sulfadiazine sodium	注射液	静脉注射，一次量 0.05～1 g/kg 体重，1～3 次/天，连用 2～3 天	10 天，奶废弃期 2.5 天
	复方磺胺嘧啶钠 compound sulfadiazine sodium	注射液	肌内注射，一次量 20～0 mg/kg 体重（以磺胺嘧啶计），1～2 次/天，连用2～3 天	10 天，奶废弃期 2.5 天
	磺胺二甲嘧啶 sulfadimidine	片剂		

附录四　无公害食品 奶牛饲养管理准则

发布日期：2001-09-03　实施日期：2001-10-01

发布部门：中华人民共和国农业部　代号：NY/T 5049—2001

1　范围

本标准规定了无公害牛奶生产过程中引种、环境、饲养、消毒、用药、防疫、牛奶收集和废弃物处理各环节应遵循的准则。

本标准适用于所有奶牛养殖场无公害牛奶生产的饲养与管理。

2　规范性引用文件

下列文件中的条款通过本标准的引用而成为本标准的条款。凡是注日期的引用文件，其随后所有的修改单（不包括勘误的内容）或修订版均不适用于本标准，然而，鼓励根据本标准达成协议的各方研究是否可使用这些文件的最新版本。凡是不注日期的引用文件，其最新版本适用于本标准。

GB 16548 畜禽病害肉尸及其产品无害化处理规程

GB 16567 种畜禽调运检疫技术规范

NY/T 388 畜禽场环境质量标准

NY 5027 无公害食品 畜禽饮用水水质

5045 无公害食品 生鲜牛乳

NY 5046 无公害食品 奶牛饲养兽药使用准则

NY 5047 无公害食品 奶牛饲养兽医防疫准则

NY 5048 无公害食品 奶牛饲养饲料使用准则

奶牛营养需要和饲养标准(第2版)

3 术语和定义

下列术语和定义适用于本标准。

3.1 净道 non-pollution road

牛群周转、饲养员行走、场内运送饲料、奶车出入的专用道路。

3.2 污道 pollution road

粪便等废弃物、淘汰牛出场的道路。

3.3 牛场废弃物 cattle farm waste

主要包括牛粪、尿、死牛、褥草、过期兽药、残余疫苗、疫苗瓶和污水。

4 引种

4.1 引进种牛,应按照GB 16567进行检疫。

4.2 引进的种牛,隔离观察至少30~45天,经兽医检疫部门检查确定为健康合格后,方可供繁殖使用。

4.3 不应从疫区引进种牛。

5 牛场环境与工艺

5.1 奶牛场应建在地势平坦干燥、背风向阳,排水良好,场地水源充足、未被污染和没有发生过任何传染病的地方。

5.2 牛舍应具备良好的清粪排尿系统。

5.3 牛舍内的温度、湿度、气流(风速)和光照应满足奶牛不同饲养阶段的需求,以降低牛群发生疾病的机会。

5.4 牛舍内空气质量应符合NY/T 388的规定。

5.5 牛舍地面和墙壁应选用适宜材料,以便于进行彻底清洗消毒。

5.6 牛场内应分设管理区、生产区及粪污处理区，管理区和生产区应处上风向，粪污处理区应处下风向。

5.7 牛场净道和污道应分开，污道在下风向，雨水和污水应分开。

5.8 牛场周围应设绿化隔离带。

5.9 牛场排污应遵循减量化、无害化和资源化的原则。

6 饲养条件

6.1 饲料和饲料添加剂

6.1.1 饲料及添加剂的使用应符合 NY 5048 的规定。

6.1.2 奶牛的不同生长时期和生理阶段至少应达到《奶牛营养需要和饲养标准》(第二版)要求，可参考使用地方奶牛饲养规范(规程)。

6.1.3 不应在饲料中额外添加未经国家有关部门批准使用的各种化学、生物制剂及保护剂(如抗氧化剂、防霉剂)等添加剂。

6.1.4 应清除饲料中的金属异物和泥沙。

6.2 兽药使用

6.2.1 对于治疗患疾病奶牛及必须使用药物处理时，应按照 NY 5046 执行。

6.2.2 泌乳牛在正常情况下禁止使用任何药物，必须用药时，在药物残留期间的牛乳不应作为商品牛乳出售，牛乳在上市前应按规定停药，应准确计算停药时间和弃乳期。

6.2.3 不应使用未经有关部门批准使用的激素类药物(如促卵泡发育、排卵和催产等药剂)及抗生素。

6.3 防疫

牛群的免疫应符合 NY 5047 的规定。

6.4 饮水

6.4.1 场区应有足够的生产和饮用水，饮水质量应达到 NY 5027 的规定。

6.4.2 经常清洗和消毒饮水设备，避免细菌滋生。

6.4.3 若有水塔或其他贮水设施，则应有防止污染的措施，并予以定期清洗和消毒。

7 卫生消毒

7.1 消毒剂

消毒剂应选择对人、奶牛和环境比较安全、没有残留毒性，对设备没有破坏和在牛体内不应产生有害积累的消毒剂。可选用的消毒剂有：石炭酸(酚)、煤酚、双酚类、次氯酸盐、有机碘混合物(碘附)、过氧乙酸、生石灰、氢氧化钠(火碱)、高锰酸钾、硫酸铜、新洁尔灭、松油、酒精和来苏尔等。

7.2 消毒方法

7.2.1 喷雾消毒

用一定浓度的次氯酸盐、有机碘混合物、过氧乙酸、新洁尔灭、煤酚等,用喷雾装置进行喷雾消毒,主要用于牛舍清洗完毕后的喷洒消毒、带牛环境消毒、牛场道路和周围和进入场区的车辆。

7.2.2 浸液消毒

用一定浓度的新洁尔灭、有机碘混合物或煤酚的水溶液,进行洗手、洗工作服或胶靴。

7.2.3 紫外线消毒

对人员人口处常设紫外线灯照射,以起到杀菌效果。

7.2.4 喷洒消毒

在牛舍周围、入口、产床和牛床下面撒生石灰或火碱杀死细菌或病毒。

7.2.5 热水消毒

用35～46℃温水及70～75℃的热碱水清洗挤奶机器管道,以除去管道内的残留矿物质。

7.3 消毒制度

7.3.1 环境消毒

牛舍周围环境(包括运动场)每周用2%火碱消毒或撒生石灰1次;场周围及场内污水池、排粪坑和下水道出口,每月用漂白粉消毒1次。在大门口和牛舍入口设消毒池,使用2%火碱或煤酚溶液。

7.3.2 人员消毒

7.3.2.1 工作人员进入生产区应更衣和紫外线消毒,工作服不应穿出场外。

7.3.2.2 外来参观者进入场区参观应彻底消毒,更换场区工作服和工作鞋,并遵守场内防疫制度。

7.3.3 牛舍消毒

牛舍在每班牛只下槽后应彻底清扫干净,定期用高压水枪冲洗,并进行喷雾消毒或熏蒸消毒。

7.3.4 用具消毒

定期对饲喂用具、料槽和饲料车等进行消毒,可用0.1%新洁尔灭或0.2%～0.5%过氧乙酸消毒;日常用具(如兽医用具、助产用具、配种用具、挤奶设备和奶罐车等)在使用前后应进行彻底消毒和清洗。

7.3.5 带牛环境消毒

定期进行带牛环境消毒,有利于减少环境中的病原微生物。可用于带牛环境消毒的消毒药有:0.1%新洁尔灭,0.3%过氧乙酸,0.1%次氯酸钠,以减少传染病和蹄病等发生。带牛环境消毒应避免消毒剂污染到牛奶中。

7.3.6 牛体消毒

挤奶、助产、配种、注射治疗及任何对奶牛进行接触操作前,应先将牛有关部位如乳房、乳头、阴道口和后躯等进行消毒擦拭,以降低牛乳的细菌数,保证牛体健康。

8 管理

8.1 总的管理

8.1.1 奶牛场不应饲养任何其他家畜家禽,并应防止周围其他畜禽进入场区。

8.1.2 保持各生产环节的环境及用具的清洁,保证牛奶卫生。坚持刷拭牛体,防止污染乳汁。

8.1.3 成乳牛坚持定期护蹄、修蹄和浴蹄。

8.2 人员管理

牛场工作人员应定期进行健康检查,发现有传染病患者应及时调出。

8.3 饲喂管理

8.3.1 按饲养规范饲喂,不堆槽,不空槽,不喂发霉变质和冰冻的饲料。应捡出饲料中的异物,保持饲槽清洁卫生。

8.3.2 保证足够的新鲜、清洁饮水,运动场设食盐、矿物质(如矿物质舔砖等)补饲槽和饮水槽,定期清洗消毒饮水设备。

8.4 挤奶管理

8.4.1 贮奶罐、挤奶机使用前后都应清洗干净,按操作规程要求放置。

8.4.2 乳房炎病牛不应上机挤奶,上机时临时发现的乳房炎病牛不应套杯挤奶,应转入病牛群手工挤净后治疗。

8.4.3 牛奶出场前先自检,不合格者不应出场。

8.4.4 机械设备应定期检查、维修和保养。

8.5 灭蚊蝇、灭鼠

8.5.1 搞好牛舍内外环境卫生、消灭杂草和水坑等蚊蝇滋生地,定期喷洒消毒药物,或在牛场外围设诱杀点,消灭蚊蝇。

8.5.2 定期投放灭鼠药,控制啮齿类动物。投放灭鼠药应定时、定点,及时收集死鼠和残余鼠药，做无害化处理。

9 病死牛及产品处理

9.1 对于非传染病及机械创伤引起的病牛只，应及时进行治疗，死牛应及时定点进行无害化处理，应符合 GB 16548 的规定。

9.2 使用药物的病牛生产的牛奶(抗生素奶)不应作为商品牛奶出售。

9.3 牛场内发生传染病后，应及时隔离病牛，病牛所产乳及死牛应作无害处理，应符合 GB 16548 的规定。

10 牛奶盛装、贮藏和运输应符合 NY 5045 的规定。

11 废弃物处理

11.1 场区内应于生产区的下风处设贮粪场，粪便及其他污物应有序管理。每天应及时除去牛舍内及运动场褥草、污物和粪便，并将粪便及污物运送到贮粪场。

11.2 场内应设牛粪尿、褥草和污物等处理设施，废弃物应遵循减量化、无害化和资源化的原则。

12 资料记录

12.1 繁殖记录：包括发情、配种、妊检、流产、产犊和产后监护记录。

12.2 兽医记录：包括疾病档案和防疫记录。

12.3 育种记录：包括牛只标记和谱系及有关报表记录。

12.4 生产记录：包括产奶量、乳脂率、生长发育和饲料消耗等记录。

12.5 病死牛应做好淘汰记录，出售牛只应将抄写复本随牛带走，保存好原始记录。

12.6 牛只个体记录应长期保存，以利于育种工作的进行。

附录五　无公害食品 奶牛饲养兽医防疫准则

发布日期：2001-09-03　实施日期：2001-10-01

发布部门：农业部　代号：NY/T 5047—2001

1　范围

本标准规定了生产无公害食品的奶牛场在疫病的预防、监测、控制和扑灭方面的兽医防疫准则。

本标准适用于生产无公害食品奶牛场的卫生防疫。

2　规范性引用文件

下列文件中的条款通过本标准的引用而成为本标准的条款。凡是注日期的引用文件，其随后所有的修改单(不包括勘误的内容)或修订版均不适用于本标准，然而，鼓励根据本标准达成协议的各方研究是否可使用这些文件的最新版本。凡是不注日期的引用文件，其最新版本适用于本标准。

GB 16568　奶牛场卫生及检疫规范

GB/T 16569　畜禽产品消毒规范

NY/T 388　畜禽场环境质量标准

NY 5027　无公害食品 畜禽饮用水水质

NY 5046　无公害食品 奶牛饲养兽药使用准则

NY 5048　无公害食品 奶牛饲养饲料使用准则

NY/T 5049　无公害食品 奶牛饲养管理准则

中华人民共和国动物防疫法

3　术语和定义

下列术语和定义适用于本标准。

3.1　动物疫病 animal epidemic disease

动物的传染病和寄生虫病。

3.2　病原体 pathogen

能引起疾病的生物体，包括寄生虫和致病微生物。

3.3 动物防疫 animal epidemic prevention

动物疫病的预防、控制、扑灭和动物、动物产品的检疫。

4 疫病预防

4.1 环境卫生条件

奶牛场的环境卫生质量应符合 NY/T 388 规定的要求。

4.2 奶牛场的卫生条件

4.2.1 具有清洁、无污染的水源，应符合 NY 5027 规定的要求。

4.2.2 奶牛场应设管理和生活区、生产和饲养区、生产辅助区、畜粪堆贮区和病牛隔离区，各区应相互隔离。运送饲料和生奶的道路与装运牛粪的道路应分设，并尽可能减少交叉点。

4.2.3 非生产人员一般不允许进入生产区。特殊情况下，非生产人员需经淋浴消毒后方可入场，并遵守场内的一切防疫制度。

4.2.4 应按照 NY/T 5049 规定的要求建立规范的消毒方法。

4.2.5 奶牛场内不准屠宰和解剖牛只。

4.2.6 不从有牛海绵状脑病的国家引进牛只；外来或购入的奶牛需有兽医检疫部门的检疫合格证，并经隔离观察和检疫后，确认无传染病时方可并群饲养。

4.2.7 挤奶人员须经奶牛泌乳生理和挤奶操作工艺的培训合格后才能上岗操作。

除上述规定外，奶牛场的选址、布局、设施及其卫生要求、工作人员健康卫生要求、生奶存放及运输卫生要求、防疫卫生等应符合 GB 16568 及 NY/T 5049 规定的要求。

4.3 饲料、饲料添加剂和兽药的要求

4.3.1 饲料和饲料添加剂的使用应符合 NY 5048 规定的要求，禁止饲喂反刍动物源性肉骨粉。

4.3.2 兽药的使用应符合 NY 5046 规定的要求。

4.4 饲养管理要求

奶牛场的饲养管理应符合 NY/T 5049 规定的要求。

4.5 免疫接种

奶牛场应根据《中华人民共和国动物防疫法》及其配套法规的要求，结合当地实际情况，有选择地进行疫病的预防接种工作，并注意选择适宜的疫苗、免疫程序和免疫方法。

5 疫病监测

5.1 奶牛场应依照《中华人民共和国动物防疫法》及其配套法规的要求，结合当地实际情况，制定疫病监测方案。

5.2 奶牛场常规监测的疾病至少应包括：口蹄疫、蓝舌病、炭疽、牛白血病、结核病、布鲁氏菌病。同时需注意监测我国已扑灭的疫病和外来病的传入，如牛瘟、牛传染性胸膜肺炎、牛海绵状脑病等。

除上述疫病外，还应根据当地实际情况，选择其他一些必要的疫病进行监测。

5.3 母牛在干乳前 15 天作隐性乳腺炎检验，在干乳时用有效的抗菌制剂封闭治疗。

5.4 根据当地实际情况由动物疫病监测机构定期或不定期进行必要的疫病监督抽查，并将抽查结果报告当地畜牧兽医行政管理部门。

6 疫病控制和扑灭

奶牛场发生疫病或怀疑发生疫病时，应依据《中华人民共和国动物防疫法》及时采取以下措施。

6.1 驻场兽医应及时进行诊断，并尽快向当地畜牧兽医行政管理部门报告疫情。

6.2 确诊发生口蹄疫、牛瘟、牛传染性胸膜肺炎时，奶牛场应配合当地畜牧兽医管理部门，对牛群实施严格的隔离、扑杀措施；发生牛海绵状脑病时，除了对牛群实施严格的隔离、扑杀措施外，还需追踪调查病牛的亲代和子代；发生炭疽时，只扑杀病牛；发生蓝舌病、牛白血病、结核病、布鲁氏菌病等疫病时，应对牛群实施清群和净化措施；全场进行彻底的清洗消毒，病死或淘汰牛的尸体按 GB 16548 进行无害化处理，消毒按 GB/T 16569 进行。

7 记录

每群奶牛都应有相关的资料记录，其内容包括：奶牛来源，饲料消耗情况，发病率、死亡率及发病死亡原因，无害化处理情况，实验室检查及其结果，用药及免疫接种情况。所有记录应在清群后保存 2 年以上。

附录六 奶牛场卫生及检疫规范

1 主题内容与适用范围

本标准规定了奶牛场的环境设计与设施、饲草料及饮水、饲养管理、挤奶人员、生产工艺、鲜奶贮藏及运输的卫生和防疫、检疫的要求。本标准适用于国有、集体和中外合资、中外合作经营、外商独资奶牛场。个体户也应参照执行。

2 引用标准

GB 5749 生活饮用水卫生标准

GB 6914 生鲜牛乳收购标准

GB 7959 粪便无害化卫生标准

GB 8978 污水综合排放标准

GB 12693 乳品厂卫生规范

GB 13078 饲料卫生标准

GB 16567 种畜禽调运检疫技术规范

3 奶牛场的环境设计与设施的卫生

3.1 场址要求

奶牛场应建立在交通方便、水质良好、水量充沛、地势高燥、环境幽静、无有害体、烟雾、灰沙及其他污染的地区，并且远离学校、公共场所、居民住宅区。

3.2 场区的布局与设施要求

3.2.1 场内的饲养区、生活区布置在场区的上风、高燥处，兽医房、产房、隔离病房、贮粪场和污水处理池应布置在场区的下风、较低处。

3.2.2 场区内的道路坚硬、平坦、无积水。牛舍、运动场、道路以外地带应绿化。

3.2.3 场区牛舍应坐北朝南，坚固耐用，宽敞明亮，排水畅通，通风良好，能有效地排出潮湿和污浊的空气，夏季应增设电风扇或排风扇通风降温。饲养区门口通道地面设 3.8 m×3 m×0.1 m 的消毒池，人行通道除设地面消毒池外，增设紫外线消毒灯。

3.2.4　场区内应有牛粪尿处理设施，处理后应符合 GB 7959 的规定，排放出场的污水必须符合的有关 GB 8978 规定。

3.2.5　场区内必须设有更衣室、厕所、淋浴室、休息室。更衣室内应按人数配备衣柜，厕所内应有冲水装置、非手动开关的洗手设施和洗手用的清洗剂。

3.2.6　场内必须设有与生产能力相适应的微生物和产品质量检验室，并配备工作所需的仪器设备和经专业培训、考核合格的检验人员。

3.2.7　场内需设置专用危险品库房、橱柜，存放有毒、有害物品，并贴有醒目的“有害”标记。在使用危险品时需经专门管理部门核准并在指定人员的严格监督下使用。

3.3　场区的供、排水系统

3.3.1　场区内应有足够的生产用水，水压和水温均应满足生产需要，水质应符合 GB 5749 的规定。如需配备贮水设施，应有防污染措施，并定期清洗、消毒。

3.3.2　场区内应具有能承受足够大负荷的排水系统，并不得污染供水系统。

4　饲草

4.1　饲草

各种饲草应干净、无杂质，不霉烂变质。

4.2　饲料

各种饲料收购和贮藏应符合 GB 13078 的规定。

4.3　饮水

饮水卫生应符合 GB 5749 的规定。饮水池应定期清洗、换水。

5　饲养管理

5.1　饲喂前饲草应铡短，扬弃泥土，清除异物，防止污染；块根、块茎类饲料需清洗、切碎，冬季防冷冻。

5.2　每天应清洗牛舍槽道、地面、墙壁、除去褥草、污物、粪便。清洗工作结束后应及时将粪便及污物运送到贮粪场。运动场牛粪派专人每天清扫，集中到贮粪场。

5.3　场区内应定期或在必要时进行除虫灭害，清除杂草，防止害虫滋生，但药液不得直接触及牛体和盛奶用具。

5.4　场内不得饲养其他家畜家禽，并防止其进入场区。

6 工作人员的健康与卫生要求

6.1 场内饲养、挤奶人员每年进行健康检查，在取得健康合格证后方可上岗工作。场有关部门应建立职工健康档案。

6.2 患有下列病症之一者不得从事饲草、饲料收购、加工、饲养和挤奶工作：

a. 痢疾、伤寒、弯杆菌病、病毒性肝炎等消化道传染病（包括病原携带者）；

b. 活动性肺结核、布鲁氏菌病；

c. 化脓性或渗出性皮肤病；

d. 其他有碍食品卫生、人畜共患的疾病。

6.3 挤奶员手部受刀伤和其他开放性外伤，未愈前不能挤奶。

6.4 饲养员和挤奶员工作时必须穿戴工作服、工作帽和工作鞋（靴）。挤奶员工作时不得佩带饰物和涂抹化妆品，并经常修剪指甲。

6.5 饲养、挤奶人员的工作帽、工作服、工作鞋（靴）应经常清洗、消毒；对更衣室、淋浴室、休息室、厕所等公共场所要经常清扫、清洗、消毒。

7 生产工艺

7.1 手工挤奶

7.1.1 奶牛进牛舍后必须先冲洗，刮刷牛体，然后再饲喂挤奶。

7.1.2 挤奶前应先清除牛床上粪便，固定牛尾，使用40～45℃温水清洗、按摩、擦干乳房。一牛一条毛巾，一牛一桶水，乳头严禁涂布润滑油脂。

7.1.3 挤奶开始第一、二把奶应丢弃。

7.1.4 挤奶时，若遇牛排尿或排粪应及时避让。

7.1.5 挤奶后应对奶牛乳头逐个进行药浴消毒。

7.1.6 挤奶应先挤健康牛，再挤病牛。病牛的奶，尤其是患乳房炎病牛的奶应单独存放，另行处理。

7.1.7 盛奶用具使用前、后必须彻底清洗、消毒。

7.2 机器挤奶

7.2.1 机器挤奶机在使用时应保持性能良好，送奶管和贮奶缸使用后应及时清洗、消毒。

7.2.2 挤奶开始前逐一对每头牛每个乳区作乳房炎的检查，阳性牛改为手工挤奶。

7.2.3 挤奶前用温水清洗乳房和乳头，并用一次性纸巾擦干。

7.2.4 挤奶后用消毒液喷淋乳头消毒。

8 鲜奶盛装、贮藏与运输卫生

8.1 鲜奶应设高单间存放，与牛舍隔离，并且有防尘、防蝇、防鼠的设施。

8.2 鲜奶必须由过滤器或多层纱布进行过滤才能装入容器贮藏，2 小时内应冷却到 4℃以下。

8.3 鲜奶必须使用密闭的，清洁的经消毒的奶槽车或桶装运。应符合 GB 12693 中的有关规定。

8.4 鲜奶从挤出至加工前防止污染，质量应符合 GB 6914 的规定。

9 防疫

9.1 进出车辆与人员要严格消毒。

9.2 场内应建立必要的消毒制度。每旬一次牛槽消毒，每月一次牛舍消毒，每季一次全场消毒。

9.3 初生牛犊 7 天内每天应饮足其母牛的初乳，第一次饮奶时间应在出生后 1 小时之内。

9.4 每年三四月间，全群进行无毒炭疽芽孢苗的防疫注射，密度不得低于 95％。

10 检疫

10.1 每年春季或秋季对全群进行布鲁氏菌病和结核病的实验室检验，检疫密度不得低于 90％。在健康牛群中检出的阳性牛扑杀，深埋或火化；非健康牛群的阳性牛及可疑阳性牛可隔离分群饲养，逐步淘汰净化。

10.2 对下列疾病进行临床检查，必要时作实验室检验：口蹄疫、蓝舌病、牛白血病、副结核病、牛肺病。牛传染性鼻气管炎和膜病。

检测方法同 GB 16567 中种牛检疫的规定，检出的阳性后按有关兽医法规处理。

10.3 多雨年份的秋季应作肝片吸虫的检查。

附加说明：

本标准由农业部畜牧兽医司提出。

本标准由农业部动物检疫所、徐州市乳品公司负责起草。

本标准主要起草人陈炳洲、郑志刚、杨承谕、仰惠芬。

附录七 无公害食品 鲜牛乳

发布日期：2003-11-18

技术要求

1. 生鲜牛乳产地环境要求

应符合无公害食品产地的环境标准。

2. 感官要求

符合下表规定。

项　目	指　　标
色泽	呈乳白色或稍带微黄色
组织状态	呈均匀的胶态流体，无沉淀，无凝块，无肉眼可见杂质和其他异物
滋味与气味	具有新鲜牛乳固有的香味，无其他异味

3. 理化要求

符合下表规定。

项　目	指　　标
相对密度 d420	10.28～1.032
脂肪(%)	≥3.2
蛋白质(%)	≥3.0
非脂乳固体(%)	≥8.3
酸度(oT)	≤18.0
杂质度(mg/kg)	≤4

4. 卫生要求

符合下表规定。

项　目	指　标
汞(以 Hg 计)(mg/kg)	≤0.01
铅(以 Pb 计)(mg/kg)	≤0.05
砷(以 As 计)(mg/kg)	≤0.2
铬(以 Cr 计)(mg/kg)	≤0.3
硝酸盐(以 $NaNO_3$ 计)(mg/kg)	≤8.0
亚硝酸盐(以 $NaNO_2$ 计)(mg/kg)	≤0.2
六六六(BHC)(mg/kg)	≤0.05
滴滴涕(DDT)(mg/kg)	≤0.02
黄曲霉素 M1(ug/kg)	≤0.2
抗生素	不得检出
妈拉硫磷(mg/kg)	≤0.10
倍硫磷(mg/kg)	≤0.01
甲胺磷(mg/kg)	≤0.2

5. 微生物指标

微生物指标应符合下表规定。

项　目	指　标
菌落总数(cfu/g)	≤500 000

6. 掺假项目

不得在生鲜牛乳中掺入碱性物质、淀粉、食盐、蔗糖等非乳物质。

附录八 生鲜牛乳收购标准

中国乳及乳制品产品质量标准，中华人民共和国国家标准

生鲜牛乳收购标准 GB 6914—86

Standards for the qualifications of raw and fresh milk received from farms

本标准适用于收购的生鲜牛乳的检验和评级。

1 定义

1.1 收购的生鲜牛乳：收购的生鲜牛乳系指从正常饲养的、无传染病和乳房炎的健康母牛乳房内挤出的常乳。

2 收购的生鲜牛乳的质量要求

2.1 理化指标

理化指标只有合格指标，不再分级，见表1。

表1

项目	指标
脂肪(%)	≥3.10
蛋白质(%)	≥2.95
密度(20℃/4℃)	≥1.028 0
酸度(以乳酸表示)(%)	≤0.162
杂质度(ppm)	≤4
汞(ppm)	≤0.01
六六六、滴滴涕(ppm)	≤0.1

2.2 感官指标

正常牛乳应为乳白色或微带黄色，不得含有肉眼可见的异物，不得有红色、绿色或其他异色。不能有苦、咸、涩的滋味和饲料、青贮、霉等其他异常气味。

2.3 细菌指标

收购牛乳细菌指标计有下列两个，每个均可采用。采用平皿细菌总数计算法，按表 2 每毫升内细菌总数分级指标进行评级；采用美蓝还原褪色法按表 8 美蓝褪色时间分级指标进行评级。两者只许采用一个，不能重复。

表 2

分级（级）	平皿细菌总数分级指标（万个/mL）
Ⅰ	≤50
Ⅱ	≤100
Ⅲ	≤200
Ⅳ	≤400

表 3

分级（级）	美蓝褪色时间分级指标
Ⅰ	≥4 小时
Ⅱ	≥2.5 小时
Ⅲ	≥1.5 小时
Ⅳ	≥40 分钟

3 检验方法

3.1 乳的取样法

3.1.1 适用范围：本法记述从大型容器或小型容器中，取得具有代表性样品的生乳及消毒乳取样的方法。

3.1.2 规定：样品的采取必须由公认的、具有一定技术的代理人进行。该代理人必须无传染性疾病。样品应附有负责取样者签名的报告书，该报告书应详细记载取样的场所、奶别、货主、日期、时间、取样者和到场者的姓名及职称，必要时还应包括包装形式、大气温度、湿度、取样器具的灭菌方法、样品防腐剂添加与否及有关的特殊情况。

3.1.3 各样品必须贴上标签并密封之，必要时还要写明样品的重量。样品采取后必须在 24 小时内，迅速送往试验室进行检验。检验细菌的样品采样后应立即于 4℃下冷藏，并于 18 小时内送到试验室进行检验；如无冷藏设备，必须于采样后 2 小时内进行检验。

3.1.4 化学分析用样品采样所用器具及样品容器都必须清洁干燥。细菌检验用的取样器具必须清洁灭菌，灭菌方法应根据不同材质容器，采用不同灭菌法。

3.1.4.1 在170℃高温热气中保持2小时(能在无菌条件下放置更好)。

3.1.4.2 在120℃蒸气(高压锅)中保持15～20分钟(能在无菌条件下放置更好)。

3.1.4.3 在100℃开水中浸泡1分钟(器具立即使用)。

3.1.4.4 在70%酒精中浸泡，使用之前再用火焰烧去酒精。

取样容器以玻璃材料、不锈钢和某些塑料制品为好，须配有合适的橡胶塞、塑料塞或螺旋塞盖紧。使用橡胶塞时，须用不吸附的无臭物质(例如某种塑料)套好盖在容器上，也可用合适的塑料袋。

3.1.5 小型容器取样，应该用密封完整的容器的内容物作为样品。化学分析的鲜乳样品，可加适量对分析没有影响的防腐剂，并在标签和报告中注明。细菌和感官检验用的样品不得使用防腐剂，但必须保存在0～5℃冷藏容器中，运输途中也不可超过10℃，并须防止日光直射。

3.1.6 大容器取样前，应上、下持续搅拌25次以上，直至充分混匀，然后直接用长柄匙取样。

3.1.7 检验前，无论是理化质量检验或卫生质量检验，所有生奶及消毒奶样品由冷藏处取出后均须升温至40℃，剧烈颠覆上下摇荡，使内部脂肪完全融化并混合均匀后，再降温至20℃，用吸管取样进行检验。

3.2 乳中脂肪含量的测定

3.2.1 方法及处理

按照罗兹-格特里(Rose-Gettlieh)的乳脂肪测定法，将定量乳汁溶于含氨的酒精溶液中，用乙醚及石油醚将脂肪抽出，再蒸发去溶剂，称量残留物质测定其中乳脂的重量。

3.2.2 试剂和溶液

3.2.2.1 氨水(GB 631—77)。

3.2.2.2 95%乙醇(GB 679—80)。

3.2.2.3 乙醚(HG 3—1002—76)和石油醚(HG 3—1003—76)1∶1混合溶液。

3.2.3 仪器和设备

3.2.3.1 化学天平：感量0.1 mg。

3.2.3.2 抽出管：具有磨口玻璃塞、软木塞或对所使用的溶剂没有腐蚀污染的塞子。使用软木塞时将良质的软木塞用乙醚继而用石油醚进行处理，再将其放在60℃或60℃以上的热水中至少浸泡20分钟以上，用水冷却，这样再使用时便饱和了。

3.2.3.3　烧瓶：250 mL 或 150 mL。

3.2.3.4　干燥箱：能调节到(102±2)℃使用。

3.2.3.5　电加热板：配有安全装置。

3.2.4　操作方法

3.2.4.1　样品制备：参照 3.1.7 进行样品处理，但摇荡时不可过分强烈以至乳起泡和出现黄油脂肪搅乳。

3.2.4.2　空白试验：在测定样品脂肪含量时，用同型的抽出管，同量的试剂，以 10 mL 蒸馏水进行空白试验。该空白试验值超过 0.5 mg 时，检查所用试剂，不纯的要换。

3.2.4.3　将烧瓶置于干燥箱中加热 0.5～1 小时(在后面除去溶剂时用的浮石也一并放入)，当烧瓶冷却至天平室温度时称重。

3.2.4.4　立即将 10～11 g 充分混合了的样品置入抽出管中，在天平上直接称重或称其重量差。然后加入 25%的氨溶液 1.5 mL 或相应数量的已知更浓的氨溶液充分混合。在不加塞的容器里加入乙醇 10 mL，将其液体缓慢地、充分地混合，再加入乙醚 25 mL，将容器塞紧，用力摇荡 1～2 分钟，冷却。必要时可在流水中冷却。

小心取下塞子，加入石油醚 25 mL，摇荡 0.5～15 分钟。将容器静置约 30 分钟，至上层变得透明并与水层清晰地分离。取下塞子，用混合溶剂数毫升冲洗塞子及容器口部的内壁，所有冲洗液均注入容器中。仔细地用移液管或虹吸管尽可能多地将上层清液移入烧瓶中。

注：在不使用虹吸管移液操作时，为了便于倾倒，必须加入少量的水使两层间的界面上升。

用混合溶剂数毫升冲洗容器口部的内外壁或虹吸管前端的下部分。冲洗容器外壁的冲洗液流入烧瓶中，冲洗口部内壁及虹吸管的冲洗液则流入抽出瓶中。

3.2.4.5　用 15 mL 乙醚和 15 mL 石油醚重复上述操作，进行第二次抽出。重复上述操作进行第三次抽出，唯略去最后的冲洗过程。

3.2.4.6　要注意尽可能地将溶剂(包含乙醇)蒸发或蒸馏去。在烧瓶容量小的时候，须用上述方法将抽出的各种溶剂先除去一部分。如果溶剂的气味已经消失，将烧瓶侧放在干燥箱中加热 1 小时，然后冷却至室温，称重，重复烘烤，直至恒重。

如果抽出物中有不溶或有怀疑争议时，重复加入石油醚并缓慢加温摇动，将烧瓶中的脂肪完全抽出。此时，在倾倒前要使不溶物质沉淀，烧瓶口的外壁冲洗

3次。

如前所述，将烧瓶横放在干燥箱中加热1小时后，冷却至天平室温度，称重，脂肪的重量，用3.2.4.6的重量与此次最后重量之差表示之。

3.2.5 计算

样品的脂肪含量按式(1)计算。

$$F=\frac{a}{W}\times 100\% \qquad (1)$$

式中：F——样品的脂肪含量，%；

a——脂肪重量，g；

W——样品重量，g。

两次平行测定结果之差，对于100 g牛乳不超过0.03 g。

3.3 乳汁中蛋白质含量的测定

3.3.1 方法原理

用半微量凯氏定氮法，测定乳汁中氮的含量，从而计算出该乳汁中蛋白质的含量(%)。

3.3.2 试剂和溶液

3.3.2.1 盐酸(GB 622—77)：0.05N标准溶液。

3.3.2.2 氢氧化钠(GB 629—81)：饱和溶液。

3.3.2.3 硼酸(GB 628—78)：2%溶液。

3.3.2.4 混合催化剂：无水硫酸钾或硫酸钠、硫酸铜、硒按100∶10∶2的重量比配制而成。

3.3.2.5 混合指示液：以0.2%甲基红与0.1%次甲基蓝相等体积混合配成。

3.3.3 仪器和设备

3.3.3.1 电炉：1～2组附有支撑架的可调电炉。

3.3.3.2 凯氏烧瓶：250 mL。

3.3.3.3 半微量凯氏定氮仪。

3.3.3.4 容量瓶：100 mL。

3.3.4 操作

3.3.4.1 在干净的凯氏烧瓶里，加入约2 g催化剂，然后用10 mL移液管吸取经40℃升温并冷却至20℃左右的混合均匀的牛乳样品10 mL，称重后直接注入凯氏烧瓶底部，再沿瓶壁徐徐加入15～20 mL浓硫酸，并轻轻摇荡，使样品全部被硫酸脱水炭化。

3.3.4.2 将加好试剂的凯氏烧瓶放入通风橱内的可调电炉上，先小火加热，至冒出白烟后加大火力，直至瓶内溶液变成透明蓝色后，再继续加热 20～30 分钟即可。

3.3.4.3 将已冷却的溶液移入 100 mL 容量瓶内，并用蒸馏水重复冲洗凯氏烧瓶 5～6 次，全部冲洗液倒入容量瓶中，最后在液温 20℃时定容至 100 mL 刻度线处。

3.3.4.4 蒸馏：吸取容量瓶内样品 10 mL 放入半微量凯氏定氮仪的反应室内，加入约 4 mL 饱和氢氧化钠，放开蒸汽管夹，在通入的热蒸汽作用下，样品与饱和氢氧化钠反应，放入 NH_3，经冷却管冷却后流入盛有 2% 的硼酸溶液接受杯中，成为 $NH_4HB_4O_7$，使原来淡紫红色的硼酸溶液（内加有适量的混合指示剂）变为淡苹果绿色，直至硼酸接受杯中溶液增加至约 30 mL 时取下接受杯，同时用蒸馏水少许将冷却管末端（浸入接受杯部分）残余液滴冲洗入接受杯内。

3.3.4.5 滴定：将接受杯内液体用 0.05N 盐酸标准溶液滴定，至出现淡紫红色时为止，读出所消耗的盐酸毫升数。

3.3.5 结果与计算

$$CP=\frac{N\times V\times 0.014\times 6.38}{W\times \frac{10}{100}}\times 100\% \qquad (2)$$

式中：CP——蛋白质含量，%；

N——盐酸当量浓度；

V——滴定消耗的盐酸标准溶液的体积，mL；

0.014——1.0 mL 的一个当量盐酸溶液相当于 0.014 g 氮；

6.38——为将牛乳中氮的含量转算为蛋白质量的转换值；

W——牛乳样品重，g。

3.4 乳汁密度的测定

3.4.1 仪器设备

温度计：0～100℃；

牛奶密度计（乳稠计）：20℃/4℃；

量筒：250 mL、直径大小应使在沉入乳稠计时，乳稠计的周边和量筒内壁间的距离不小于 0.5 cm。

3.4.2 操作

将牛乳样品升温至 40℃，上下颠倒摇荡，混合均匀后，降温至 20℃（10～25℃）左右，小心地注入高度大于密度计长度，容积约 250 mL 的玻璃量筒中，加到量筒容积的3/4时为止。注入牛乳时应防止牛乳生成泡沫。放入乳稠计时，应手持乳稠计上部，小心地把它沉入量筒内的乳汁中，让它自由浮动，要使它不与量筒壁接触。等乳稠计静止2～3分钟后，双眼对准筒内乳液表面的高度。由于牛乳表面与乳稠计接触处形成新月形，此新月形表面的顶点处乳稠计标尺的高度，即密度的数值。

3.4.3 结果的表示

所用的乳稠计要以20℃时的数值表示。因此，如果乳样具有另一温度，则须对温度的差异加以校正。温度以20℃每高出1℃时，要在得出的乳稠计度数上加0.2°，或在密度数值上加上0.000 2；而温度比20℃每低1℃时，要从得出的乳稠计度数上减0.2°，或在密度数值上减去0.000 2。如遇到旧式密度计，标尺是在15℃/15℃时刻成的，须在15℃的同一温度下测定和读数。此密度数值，比在20℃时用20℃/4℃刻度的密度计测定牛乳所得的数值高0.002或较后一种密度计读数高2°。

3.5 乳汁酸度的测定

3.5.1 试剂和溶液

3.5.1.1 95％乙醇(GB 679—80)：0.5％中性酚酞溶液。

3.5.1.2 氢氧化钠(GB 629—81)(无碳酸盐)：1/9N溶液。

3.5.1.3 冰乙酸(GB 676—78)。

3.5.1.4 乙酸玫瑰苯胺浓溶液：称取0.12 g乙酸玫瑰苯胺，逐渐加入95％乙醇(内有0.5 mL冰乙酸)50 mL，再加入95％乙醇稀释成100 mL。

3.5.1.5 乙酸玫瑰苯胺稀溶液：吸取上述溶液1 mL，用1：1蒸馏水稀释过的95％乙醇溶液稀释至500 mL。上述两种溶液应于阴暗处保存在棕色小口瓶中，用橡皮塞塞紧待用。

3.5.1.6 酚酞(HGB 3039—59)：0.5％中性溶液的配制，取1 g酚酞溶于110 mL 95％乙醇中，加入80 mL蒸馏水，再用约0.1 N氢氧化钠溶液一滴一滴的加入，直至溶液呈淡红色为止，再加入蒸馏水稀至200 mL即可。

3.5.2 仪器和设备

3.5.2.1 酸式滴定管、碱式滴定管：各10 mL。

3.5.2.2 容量瓶：100 mL、500 mL。

3.5.3 操作

用吸管取两份10 mL牛乳，分别放入两个50 mL三角瓶中，其中一瓶加入1 mL稀释的乙酸玫瑰苯胺溶液作为颜色对照；在另一瓶中加入1 mL酚酞溶液，再由滴管中迅速加入1/9N氢氧化钠溶液1 mL，然后继续逐滴加入，不停摇动，直至呈现的颜色与对照瓶内淡品红色相同时为止。

全部滴定时间应当为20秒左右。滴定工作最好能在白昼进行。如在夜晚进行须用荧光灯照明,如不用玫瑰苯胺颜色作对照,滴定终点可决定于奶样呈现淡品红色后,维持5秒不褪即可。

3.5.4　结果的表示

每100 mL牛乳内含有乳酸克数＝滴定10 mL牛乳时消耗1/9N氢氧化钠溶液的毫升数÷10(乳酸克分子量设为90)。

也可用每100 mL乳样内乳酸克数＝奶样酸度°T×0.009(0.009为乳酸换算系数，即1 mL 0.1N)氢氧化钠相当于0.009 g乳酸)。

注:牛乳"°T"滴定法:取10 mL待测的牛乳加20 mL蒸馏水,再加入0.5%中性酚酞溶液1.5 mL,用0.1N氢氧化钠标准溶液滴定,直至溶液呈淡品红色在30秒内不消失为止,消耗0.1N氢氧化钠标准溶液的毫升数乘以10,即得酸度°T。两次平行试验结果差值不得大于0.5°T。

还可以用酒精试验快速测定收购生乳的鲜度。酒精试验方法是在试管内用1～2 mL中性酒精与牛乳等量混合,摇荡后不出现絮片的乳样即符合下列酸度标准,出现絮片的牛乳为酒精试验阳性乳,表示其酸度高。试验时温度为20℃为标准。

酒粗浓度 不出现絮片的酸度

68°　20°T以下

70°　19°T以下

72°　18°T以下

3.6　乳汁杂质度的测定

3.6.1　方法原理

取定量的牛乳样通过一定大小口径的棉质过滤板过滤,用特制的含有不同杂质沉淀量的各标准比色板与此过滤板的杂质沉淀颜色相比可以测出该乳样内杂质的浓度。

3.6.2　仪器和设备

3.6.2.1　棉质过滤板:直径32 mm。

3.6.2.2　抽气泵:368 W。

3.6.2.3　标准比色板:直径为28.6 mm。

3.6.3　操作

取奶样500 mL,加热至60℃,于棉质过滤板上过滤,为了加快过滤速度,可用真空泵抽滤,用水冲洗粘附在过滤板上的牛乳。将过滤板置于烘箱中烘干后,再与标准比色板比较,即可得出过滤板上的杂质量。

3.6.4　结果的表示

根据前述选出的与棉质过滤板颜色最近似的标准比色板所代表的每 500 mL 牛乳中含有的杂质毫克数,即可读出乳样每 500 mL 中含有的杂质毫克数。如以此数乘 2,即可得出乳样内以 ppm 为单位的杂质浓度,或每千克含有杂质的毫克数。

3.7　乳汁中汞的测定

乳汁中汞的测定按 GB 5009.1～5009.70—85《食品卫生检验方法 理化部分》中 GB 5009.17—85 进行。

3.8　乳汁中六六六、滴滴涕残留量的测定

乳汁中六六六、滴滴涕残留量按照 GB 5009.1～5009.70—85 中 GB 5009.19—85 进行。

3.9　乳汁中细菌总数的测定

乳汁中细菌总数的测定按照 GB 4789.1～4789.28—84《食品卫生检验方法 微生物学部分》中 GB 4789.2—84 进行。

3.10　牛乳美蓝还原褪色试验

3.10.1　定义

本方法中所指牛乳卫生质量包括细菌的浓度和代谢强度以及体细胞代谢消耗一定量的所需要的时间。

3.10.2　方法原理

利用微生物及体细胞浓度愈大，代谢愈旺盛，单位时间内消耗氧愈多，美蓝还原褪色时间相应变短；反之，美蓝褪色时间则相应变长。在一定容量的牛乳内加入定量的美蓝,上覆少量消毒的液体石蜡以隔绝外界氧,在 38℃水浴中静置观察美蓝褪色时间的长短。

3.10.3　试剂

美蓝溶液的配制:称取分析纯美蓝 4.9 mL,在 100 mL 定容瓶内加部分蒸馏水使之全部溶解后定容至 100 mL,塞上瓶盖,于冰箱中贮存备用,使用期限为 14 日。

液体石蜡(分析纯),使用前须蒸煮 30 分钟消毒。

3.10.4　仪器设备

分析天平：感量 0.1 mg；

定温浴槽(内高不低于 21 cm)；

试管：18 cm×1.8 cm；

金属试管架；

吸管：1 mL 和 20 mL。

玻璃器皿使用前均须进行灭菌，吸管上端须放有脱脂棉以防操作时唾液进入样品。

3.10.5 操作方法

用消毒吸管吸取每个待测乳样 20 mL，分别放入顺序排列在试管架上、编有代号的试管中，再在每个试管内加入 1 mL 美蓝标准溶液，然后用一小张干净硫酸纸盖住管口，再用拇指压紧，分别颠倒摇荡混匀后，顺序放在试管架上。在每个试管上部加入少许消毒液体石蜡封闭，然后将试管连同管架放入 38℃ 恒温浴槽中，应使槽中水面不低于试管内乳样高度。

记录开始时间，经常注意观察每支试管的颜色变化。当某一试管的颜色由蓝变白（底部或表层余有少许蓝色者也应算其褪色完毕）即算褪色完毕，记录其褪色时间。

3.10.6 结果的表示

用小时和分钟作为时间单位，表示每个样品的美蓝还原褪色时间。

附加说明：

本标准由中华人民共和国农牧渔业部和卫生部提出。

本标准由中国农业科学院畜牧研究所负责起草。

本标准主要起草人王鹏。

自本标准实施之日起，GB 5408—85《消毒牛乳》中附录 A（补充件）“生鲜牛乳的一般技术要求”作废。

参考文献

[1] 韩向敏. 奶牛营养与饲料.北京:中国农业大学出版社,2003.
[2] 胡元亮. 兽医处方手册. 2版.北京:中国农业大学出版社,2005.
[3] 李建国. 家庭奶牛饲养指南.北京:中国农业大学出版社,2003.
[4] 李建国,安永福. 奶牛标准化参考技术. 北京:中国农业大学出版社.2003.
[5] 李建国. 奶牛饲养与繁殖技术指南. 北京:中国农业大学出版社.2003.
[6] 刘静. 奶牛全混合日粮. 中国动物保健.2005(9):41-43.
[7] 刘太宇. 奶牛精养技术指南.北京:中国农业大学出版社,2003.
[8] 刘敏雄. 反刍动物消化生理学. 北京:北京农业大学,1991.
[9] 梁学武. 现代奶牛生产.北京:中国农业出版社,2002.
[10] 萨仁娜,佟建明,张琪,等. 简明饲料配方手册.北京:中国农业大学出版社,2002.
[11] 孙国强,武瑞. 规模化安全养奶牛综合新技术 . 北京:中国农业出版社,2005.
[12] 孙国强,杨振宇. 奶牛饲养手册.北京:中国农业大学出版社,2004.
[13] 王福兆,耿世祥,高国梁,等. 乳牛学. 北京:科技文献出版社,2004.
[14] 王中华. 高产奶牛饲养技术指南.北京:中国农业大学出版社,2003.
[15] 谢运,刘文奇. 奶牛高产高效饲养管理新工艺.北京:中国农业大学出版社,2003.
[16] 肖定汉. 奶牛病学.2版.北京:中国农业大学出版社,2001.
[17] 尹兆正. 奶牛标准化养殖技术.北京:中国农业大学出版社,2003.
[18] 郑伟. 奶牛标准化生产技术.黑龙江:黑龙江科学技术出版社,2004.
[19] 张兴隆,李胜利. 全混合日粮(TMR)技术的探索及应用. 乳业科学与技术.2002(4):25-26.
[20] 王加启.现代奶牛养殖科学.北京:中国农业出版社,2006.

图书在版编目(CIP)数据

奶牛阶段饲养管理与疾病防治/杨红建主编．—北京：中国农业大学出版社，2007.11

ISBN 978-7-81117-214-0

Ⅰ.奶…　Ⅱ.杨…　Ⅲ.①乳牛-饲养管理 ②乳牛-牛病-防治　Ⅳ.S823.9 S868.23

中国版本图书馆 CIP 数据核字(2007)第 086883 号

书　　名	奶牛阶段饲养管理与疾病防治		
主　　编	杨红建 主编		
策划编辑	童　云	**责任编辑**	陈艳燕　童　云
封面设计	郑　川	**责任校对**	陈　莹　王晓凤
出版发行	中国农业大学出版社		
社　　址	北京市海淀区圆明园西路 2 号	**邮政编码**	100193
电　　话	发行部 010-62731190,2620	读者服务部	010-62732336
	编辑部 010-62732617,2618	出　版　部	010-62733440
网　　址	http://www.cau.edu.cn/caup	**e-mail**	cbsszs @ cau.edu.cn
经　　销	新华书店		
印　　刷	北京时代华都印刷有限公司		
版　　次	2007 年 11 月第 1 版　2008 年 10 月第 2 次印刷		
规　　格	787×980　16 开本　18.25 印张　336 千字		
印　　数	3 001～5 000		
定　　价	32.00 元		